河（湖）长制系列培训教材

水 污 染 防 治

河海大学河长制研究与培训中心　组织编写

李一平　主编

中国水利水电出版社
www.waterpub.com.cn
·北京·

内 容 提 要

本教材共八章，阐述了水污染防治的基本理论与方法以及河长制水污染防治方案编制与案例，分别为绪论、水污染防治基本理论与方法、工矿企业污染防治、城镇生活污染防治、农业农村生活及内源污染防治、地下水污染防治、入河排污口整治及水污染事件应急预案、河长制水污染防治方案的编制及案例。研究成果可为国内外水污染防治、水环境治理、水资源保护、河湖水域岸线管理保护、水生态修复、执法监管提供重要参考。

本教材主要供水利水务部门、环境保护部门、城市建设管理部门的管理者与决策者以及相关专业的科研人员参考使用。

图书在版编目（ＣＩＰ）数据

水污染防治 / 李一平主编 ；河海大学河长制研究与培训中心组织编写. -- 北京 ：中国水利水电出版社，2018.7
河（湖）长制系列培训教材
ISBN 978-7-5170-6644-6

Ⅰ．①水… Ⅱ．①李… ②河… Ⅲ．①水污染防治—教材 Ⅳ．①X52

中国版本图书馆CIP数据核字(2018)第163965号

书 名	河（湖）长制系列培训教材 **水污染防治** SHUI WURAN FANGZHI
作 者	河海大学河长制研究与培训中心　组织编写 李一平　主编
出版发行	中国水利水电出版社 （北京市海淀区玉渊潭南路 1 号 D 座　100038） 网址：www. waterpub. com. cn E - mail：sales@waterpub. com. cn 电话：(010) 68367658（营销中心）
经 售	北京科水图书销售中心（零售） 电话：(010) 88383994、63202643、68545874 全国各地新华书店和相关出版物销售网点
排 版	中国水利水电出版社微机排版中心
印 刷	北京瑞斯通印务发展有限公司
规 格	184mm×260mm　16 开本　13 印张　308 千字
版 次	2018 年 7 月第 1 版　2018 年 7 月第 1 次印刷
印 数	0001—3000 册
定 价	**49.00 元**

本书编审委员会名单

组织单位：河海大学河长制研究与培训中心

主　　审：王沛芳

主　　编：李一平

副 主 编：彭文启　贾　鹏　田卫红　吴俊锋　蒋　咏

编　　委：刘晓波　董　飞　王　华　朱立琴　柯雪松

　　　　　罗　凡　陈丽娜　周玉璇　李　建　韩　敏

　　　　　许益新　朱晓琳　庞晴晴　盖永伟　牛　川

　　　　　章双双　韩　祯　王伟杰

序

江河湖泊是水资源的重要载体，是生态系统和国土空间的重要组成部分，是经济社会发展的重要支撑，具有不可替代的资源功能、生态功能和经济功能。2016年11月，中共中央办公厅 国务院办公厅印发《关于全面推行河长制的意见》（厅字〔2016〕42号）（以下简称《意见》）。2017年12月，中共中央办公厅 国务院办公厅印发《关于在湖泊实施湖长制的指导意见》（厅字〔2017〕51号）。全面推行河长制、湖长制是落实绿色发展理念、推进生态文明建设的内在要求，是解决我国复杂水问题、维护河湖健康生命的有效举措，是完善水治理体系、保障国家水安全的制度创新。

全面推行河长制一年来，地方各级党委政府作为河湖管理保护责任主体，各级水利部门作为河湖主管部门，深刻认识到全面推行河长制的重要性和紧迫性，切实增强使命意识、大局意识和责任意识，扎实做好全面推行河长制各项工作。水利部党组高度重视河长制工作，建立了十部委联席会议机制、河长制工作月调度机制和部领导牵头、司局包省、流域机构包片的督导检查机制。2017年5月和2018年1月，两次在北京召开全面推行河长制工作部际联席会议全体会议。一年来，水利部会同联席会议各成员单位迅速行动、密切协作，第一时间动员部署，精心组织宣传解读，与环境保护部联合印发《贯彻落实〈关于全面推行河长制的意见〉实施方案》（水建管函〔2016〕449号）（以下简称《方案》），全面开展督导检查，加大信息报送力度，建立部际协调机制。地方各级党委、政府和有关部门把全面推行河长制作为重大任务，主要负责同志亲自协调、推动落实。全国各地上下发力，水利、环保等部门联动。水利部成立了"全面推进河长制工作领导小组办公室"（以下简称"部河长办"），全国各地成立了省、市、县三级河长制办公室。

一年来，水利部会同有关部门多措并举、协同推进，地方党委政府担当尽责、狠抓落实，全面推行河长制工作总体进展顺利，取得了重要的阶段性成果。在方案制度出台方面，31个省、自治区、直辖市和新疆生产建设兵团的省、市、县、乡四级工作方案全部印发实施，省、市、县配套制度全部出台。各级部门结合实际制定出台了水资源条例、河道管理条例等地方性法规，对河长巡河履职、考核问责等作出明确规定。在河长体系构建方面，全国已明确省、市、县、乡四级河长超过 32 万名，其中省级河长 336 人，55 名省级党政主要负责同志担任总河长。各地还因地制宜设立村级河长 68 万名。在河湖监管保护方面，各地加快完善河湖采砂管理、水域岸线保护、水资源保护等规划，严格河湖保护和开发界线监管，强化河湖日常巡查检查和执法监管，加大对涉河湖违法、违规行为的打击力度。在开展专项行动方面，各地坚持问题导向，积极开展河湖专项整治行动，有的省份实施"生态河湖行动""清河行动"，河湖水质明显提升；有的省份开展消灭垃圾河专项治理，"黑、臭、脏"水体基本清除；有的省份实行退圩还湖，湖泊水面面积不断增加。在河湖面貌改善方面，通过实施河长制，很多河湖实现了从"没人管"到"有人管"、从"多头管"到"统一管"、从"管不住"到"管得好"的转变，推动解决了一大批河湖管理难题，全社会关爱河湖、珍惜河湖、保护河湖的局面基本形成，河畅、水清、岸绿、景美的美丽河湖景象逐步显现。全国 23 个省份已在 2017 年年底前全面建立河长制，8 个省份和新疆生产建设兵团将在 2018 年 6 月底前全面建立河长制，中央确定的 2018 年年底前全面建立河长制任务有望提前实现。

一年来，水利部河长办、河海大学举办多次河长制培训班；各省、地或县均按各自的需求举办河长制培训班；各相关机构联合举办了多场以河长制为主题的研讨会。上下各级积极组织宣传工作。2017 年 4 月 28 日，河海大学成立"河长制研究与培训中心"。2017 年 6 月 27 日修订发布的《中华人民共和国水污染防治法》第五条写到："省、市、县、乡建立河长制，分级分段组织领导本行政区域内江河、湖泊的水资源保护、水域岸线管理、水污染防治、水环境治理等工作"，河长制纳入到法制化轨道。

总体来看，全国各地河长制工作全面开展，部分地区已结合实际情况在体制机制、政策措施、考核评估及信息化建设等方面取得了创新经验，形成了"水陆共治，部门联治，全民群治"的氛围，各地形成了"政府主导，属地负责，行业监管，专业管护，社会共治"的格局。河长制工作取得了很大进展和成效，但在全面推行河长制工作过程中，也发现存在一些苗头性的问题。有的地方政府存在急躁情绪，想把河湖几十年来积淀下来的问题通过河长制一下子全部解决，不能科学对待河湖管理保护是项长期艰巨的任务，对河湖治理的科学性认识不足；有的地方河长才刚刚开始履职，一河一策方案还没有完全制定出来，有的地方河长刚刚明确，还没有去检查巡河，各地进展不是很平衡；有的地方对反映的河湖问题整改不及时，整改对策存在一定的局限性等。

为了响应河长制、湖长制《意见》的全面落实和推进，为河（湖）长制工作提供有力支撑和保障，在水利部河长办、相关省河长办的大力支持下，河海大学河长制研究与培训中心会同中国水利水电出版社在先期成功举办多期全国河长制培训班的基础上，通过与各位学员、各级河长及河长办工作人员的沟通交流，广泛收集整理了河（湖）长制资料与信息，汲取已成功实施全面推行河（湖）长制部分省、市的先进做法、好的制度、可操作的案例等，组织参与河（湖）长制研究与培训教学的授课专家编写了《河（湖）长制系列培训教材》，培训教材共计 10 本，分别为：《河长制政策及组织实施》《水资源保护与管理》《河湖水域岸线管理保护》《水污染防治》《水环境治理》《水生态修复》《河（湖）长制执法监管》《河（湖）长制信息化管理理论与实务》《河（湖）长制考核》《湖长制政策及组织实施》。相信通过这套系列教材的出版，能进一步提高河（湖）长制工作人员的工作能力和业务水平，促进河（湖）长制管理的科学化与规范化，为我国河湖健康保障作出应有的贡献。

践行河长制，我们所需要的……

——写在《水污染防治》出版之际

2016年11月，中共中央办公厅　国务院办公厅印发《关于全面推行河长制的意见》（厅字〔2016〕42号），河长制正式向全国提出。各级河长的工作职责、主要任务也一一明确。文件明确规定：各级河长负责组织领导相应河湖的管理和保护工作，包括水资源保护、水域岸线管理、水污染防治、水环境治理等。牵头组织对侵占河道、围垦湖泊、超标排污、非法采砂、破坏航道、电毒炸鱼等突出问题依法进行清理整治，协调解决重大问题；对跨行政区域的河湖明晰管理责任，协调上下游、左右岸，实行联防联控；对相关部门和下一级河长履职情况进行督导，对目标任务完成情况进行考核，强化激励问责。文件规定了建立河长制的六项重要任务。其中最重要的任务就是加强水资源保护、加强水污染防治、加强水环境治理、加强水生态修复。

可以看出，在河流湖泊中，我们面临最为严重的问题是污染问题。以保护水资源、防治水污染、改善水环境、修复水生态为涉水的主要四项任务，涵盖了河流湖泊所面临的不同阶段的问题。对于现在还处于良好状态的水域，要从水量水质两个不同的方面加强保护，防止被破坏或者污染；对于向水体排放污染的污染源无论其来自岸上还是水里，都要统筹治理，落实《水污染防治行动计划》，水体要有保护目标，有防控预案，有管理手段，有严格的管理标准；对重点水域如饮用水水源地要有强有力的保护措施；对于那些已经被占用、被破坏的水域，尤其是对那些有重要生态功能的水生态空间，要采取措施修复，改善其生态功能，如退田还湖等；按照山、水、林、田、湖、草是一个共同体的生态理念，加强水陆结合的管理，保护水源涵养区。

上述任务对河长来说是责任重大，任务艰巨。要用系统治理的思维，统筹协调综合施策，不仅需要一定的行政管理手段，还需要相关专业知识，特别是涉水方面的专业知识，不仅要了解河流湖泊的自然演变规律，还需要了解河流湖泊可能受到哪些外界因素影响以及可能发生的演变及其后果；既要了解河湖污染的原因，更要知道采取哪些措施能够预防、治理和修复；既要知道河湖水体，更要清楚来自城市生活、工厂、农田等陆域污染源的情况；既要了解基本的污染源处理工艺，也要知道经济和市场是改善水环境、治理水污染的重要措施。

　　为此，水利部及其有关部门有针对性地对各级河长开展了多次培训，他们大多来自基层，工作经历不同，专业背景不同，经过短期培训，他们普遍的反应和感受是，这样的培训是非常必要的，既有理论高度，又有专业知识，尤其希望将培训的内容分门别类地汇编成册，以备他们工作之用。

　　本书是河（湖）长制系列培训教材中关于水污染防治的部分。在此部分中，系统阐释了水污染防治的基本理论与方法，包括工矿企业污染防治、城镇生活污染防治、农业农村生活及河道内源污染防治、地下水污染防治、入河排污口监管及水污染事件应急预案；解析了编制水污染防治方案的方法及典型案例。参与编写的作者都是来自长期从事水资源环境管理与保护的高等院校、科研机构、地方水资源管理部门、企业等单位。相信这本教材的出版，能够在河长制的全面推行和落实中发挥重要作用。作为一名长期从事水资源保护工作的老兵，我衷心感谢诸位作者的辛勤付出，也希望这些内容在实践中不断推陈出新。

水利部水资源司　石秋池

2018 年 1 月

前言

　　水污染防治事关人民群众切身利益，事关全面建成小康社会，事关实现中华民族伟大复兴中国梦。近年来，我国水污染防治工作取得明显成效，但当前部分区域水环境质量较差、水生态受损较重、环境隐患较多、污染物排放总量与水环境承载能力不匹配等问题依然较为突出，与全面建成小康社会的环境质量要求和人民群众不断增长的环境质量需求相比仍有不小差距。现有法律法规对部门涉水管理职责规定多有重叠和模糊，导致我国水环境管理和水污染防治实际上政出多门，水利、交通、农业、林业等部门与环保部门职责交叉，且缺乏有效的协调沟通机制，条块分割严重，已经严重不适应"山水林田湖草生命共同体"的自然属性管理需求。此外，从"水十条"实施以来的经验来看，许多部门虽被赋予污染防治和监督管理的职责，但落实不到位，各项污染防治措施实施难度仍然很大。为进一步落实绿色发展理念，推进生态文明建设，维护河湖健康生命，完善水治理体系，河长制的全面推行十分必要。

　　河长制首创于太湖地区水环境治理，它是在太湖蓝藻暴发后，由江苏省无锡市首创，是无锡市委、市政府自加压力的举措，针对的是无锡市水污染严重、河道长时间没有清淤整治、企业违法排污、农业面源污染严重等现象。2007 年 8 月 23 日，无锡市委办公室和无锡市人民政府办公室印发了《无锡市河（湖、库、荡、氿）断面水质控制目标及考核办法（试行）》，明确指出：将河流断面水质的检测结果纳入各市（县）、区党政主要负责人政绩考核内容，各市（县）、区不按期报告或拒报、谎报水质检测结果的，按照有关规定追究责任。这份文件的出台，被认为是无锡推行河长制的起源。2008 年，江苏省政府决定在太湖流域借鉴和推广无锡首创的河长制，之后江苏全省 15 条主要入太湖河流全面实行"双河长制"，每条河由省、市两级领导共同担任河长，"双河长"分工合作，协调解决太湖和河道治理的重任。其他地方也积极开展了河长制的创新试点工作。2016 年 11 月 28 日，中共中央办公厅　国务院办公厅印发《关于全面推行河长制的意见》（厅字〔2016〕42 号），对全面推行河长制作出总体部署、提出明确要求。为确保《关于全面推行河长制的意见》提出的各项目标任务落实和取得实效，水利部　环境保护部制定了《贯彻落实〈关于全面推行河长制的意见〉实施方案》（水建管函〔2016〕449号）。2016年12月13日，水利部、环境保护部、发展改革委、财政部、国土资源部、住建部、交通运输部、农业部、卫计委、林业局等十部委在北京召开视频会议，部署全面推行河长制各项工作，确保如期实现到2018年年底前全面建立河长制的目标任务。2017年11月20日，习近平总书记主持召开十九届中央全面深化改革领导小组第一次会议，审议通过《关于在湖泊实施湖长制的指导意见》，各省（自治区、直辖市）要将本行政区域内所有湖泊纳入全面推行湖长制工作范围，到2018年年底前在湖泊全面建立湖长制。2018年1月12日，水利部发布了《水利部办公厅关于印发〈河长制湖长制管理信息系统建设指导意见〉〈河长制湖长制管理信息系统建设技术指南〉的通知》（办建管〔2018〕10号），规范河（湖）长制管理和系统建设。

全面推行河（湖）长制是落实绿色发展理念、推进生态文明建设的内在要求，是解决我国复杂水问题、维护河湖健康生命的有效举措，是完善水污染治理体系、保障国家水安全的制度创新。相关河（湖）长制的实践充分证明，由党政领导担任河长，依法依规落实地方主体责任，协调整合各方力量，有力促进了水资源保护、水域岸线管理、水污染防治、水环境治理等工作。本书的研究成果可为国内类似研究提供借鉴，具有积极的理论与实践参考意义。

本书第一章由贾鹏、李一平、蒋咏、许益新编写，第二章由彭文启、董飞、刘晓波、王伟杰编写，第三章由贾鹏、朱立琴、章双双、朱晓琳编写，第四章由李一平、罗凡编写，第五章由吴俊锋、陈丽娜、牛川、韩敏、李建编写，第六章由田卫红、柯雪松、周玉璇编写，第七章由蒋咏、李一平、王华、韩祯、庞晴晴编写，第八章由田卫红、李一平、蒋咏编写。

由于时间以及对该领域的研究认识水平有限，书中可能存在一些不足与错误之处，恳请读者批评指正。

编者
2018年4月

目录

序

践行河长制，我们所需要的⋯⋯

　　——写在《水污染防治》出版之际

前言

第一章

绪　　论

　　本章主要介绍河（湖）长制出台的背景及相关的政策法规剖析，共包含三节，分别是：我国水污染形势及河（湖）长制出台的背景、河长制政策解读及"一河一策"实施方案、河（湖）长制与相关政策法规剖析。第一节简要介绍我国水污染形势和水污染防治行业存在的问题，进而提出河长制与湖长制的出台背景；第二节介绍国务院《关于全面推行河长制的意见》的政策解读以及水利部一河（湖）一策方案编制的要求，分析了各省、市、县全面推行河长制"一河一策"实施方案上不同的特色和重点；第三节主要介绍河（湖）长制与《水污染防治行动计划》《水污染防治法》、最严格水资源管理制度的意见、水体达标方案及城市黑臭水体整治的内在联系与区别。

第一节　我国水污染形势及河（湖）长制出台的背景

一、我国水污染形势

　　随着我国社会生产力水平明显提高和人民生活显著改善，我国社会主要矛盾已经转化为人民日益增长的美好生活需要和不平衡不充分的发展之间的矛盾。当前，我国大江大河干流水质稳步改善，但部分重点流域的支流污染严重，重点湖库和部分海域富营养化问题突出，城市黑臭水体大量存在，饮用水安全保障有待加强。严重的生态环境问题已成为民生之患、民心之痛，生态环境成为满足人民美好生活需要的短板。党的十八大以来，我国环境治理力度明显加大，环境状况得到改善。但总体上看，长期快速发展中累积的资源环境约束问题日益突出，生态环境保护仍然任重道远。必须着力解决突出环境问题，为人民创造良好的生产生活环境。近年来，我国水污染仍存在水环境质量不高，饮用水环境隐患较多，水生态系统受损较重，未来水环境压力增大等问题，具体如下。

　　（1）部分地表水环境质量依然有待改善。2017年，长江、黄河、珠江、松花江、淮河、海河、辽河七大流域和浙闽片河流、西北诸河、西南诸河的1617个水质断面中，Ⅰ类水质断面35个，占2.2%；Ⅱ类水质断面594个，占36.7%；Ⅲ类水质断面532个，占32.9%；Ⅳ类水质断面236个，占14.6%；Ⅴ类水质断面84个，占5.2%；劣Ⅴ类水质断面136个，占8.4%。与2016年相比，Ⅰ类水质断面比例上升0.1个百分点，Ⅱ类下降5.1个百分点，Ⅲ类上升5.6个百分点，Ⅳ类上升1.2个百分点，Ⅴ类下降1.1个百分点，劣Ⅴ类下降0.7个百分点。总体而言，水质整体改善，但各流域仍存在局部问题。长江流域水质良好，干流水质为优，主要支流水质良好；黄河流域为轻度污染，干流水质为优，主要支流为中度污染；珠江流域水质良好，干流和主要支流水质均为良好；松花江流域为轻度污染，干流水质良好，主要支流为轻度污染，绥芬河水质良好，黑龙江水系、图们江水系、乌苏里江水系为轻度污染；淮河流域为轻度污染，干流和主要支流均为轻度污染，山东半岛独流入海河流为中度污染；海河流域为中度污染，主要支流为中度污染，滦河水系、徒骇马颊河水系、冀东沿海诸河水系为轻度污染；辽河流域为轻度污染，干流为轻度污染，主要支流为重度污染，大辽河水系为中度污染，大凌河水系为轻度污染，鸭绿江水系水质为优；浙闽片河流水质良好，西北诸河、西南诸河水质为优。

2017 年，112 个重要湖泊（水库）中，Ⅰ类水质的湖泊（水库）6 个，占 5.4%；Ⅱ类水质的湖泊（水库）27 个，占 24.1%；Ⅲ类水质的湖泊（水库）37 个，占 33.0%；Ⅳ类水质的湖泊（水库）22 个，占 19.6%；Ⅴ类水质的湖泊（水库）8 个，占 7.1%；劣Ⅴ类水质的湖泊（水库）12 个，占 10.7%。主要污染指标为总磷、化学需氧量和高锰酸盐指数。109 个监测营养状态的湖泊（水库）中，贫营养的 9 个，中营养的 67 个，轻度富营养的 29 个，中度富营养的 4 个。太湖湖体为轻度污染，环湖河流为轻度污染；巢湖湖体为中度污染，环湖河流为中度污染；滇池湖体为重度污染，环湖河流为轻度污染。

（2）饮用水水源地环境风险隐患较多。2017 年，全国地级及以上城市 898 个在用集中式生活饮用水水源监测断面（点位）中，有 85 个存在不达标现象，占 9.5%。其中地表水水源监测断面（点位）569 个，有 36 个存在不达标现象，占 6.3%。2016 年，广州绿网环境保护服务中心对 31 个省级环境保护部门（不含新疆生产建设兵团、香港、澳门、台湾）的水源水质公开情况进行了观察，得出《2016 年全国饮用水水源水质观察报告》，该报告指出，2016 年仅有 7 个省（自治区、直辖市）未发生过饮用水水源水质超标，16 处水源全年 12 个月连续超标，地下水水源超标比例明显高于地表水，带来重大饮用水安全风险。

经研究发现全国近 80% 的化工、石化项目布设在江河沿岸、人口密集区等敏感区域，水污染突发环境事件频发，对饮用水安全保障的风险压力不容忽视；部分饮用水水源保护区内仍有违法排污、交通线路穿越等现象，已划定的保护区内存在农田、住户、公用设施等可能污染饮用水水源的问题，有的水源地上游分布着高风险污染行业。

（3）水生态系统受损严重。2017 年，全国渔业生态环境监测网对黑龙江流域、黄河流域、长江流域和珠江流域的 80 个重要鱼、虾类的产卵场、索饵场、洄游通道、增养殖区及自然保护区进行了监测，监测水域总面积 187.3 万 hm^2。江河重要渔业水域主要污染指标为总氮。总氮、高锰酸盐指数、总磷、铜、石油类、挥发性酚和非离子氨监测浓度优于评价标准的面积占所监测面积的比例分别为 4.0%、58.0%、60.9%、86.3%、99.1%、99.2% 和 99.95%。湖泊和水库重要渔业水域主要污染指标为总氮、总磷和高锰酸盐指数。总氮、总磷、高锰酸盐指数、石油类、铜和挥发性酚监测浓度优于评价标准的面积占所监测面积的比例分别为 8.8%、14.6%、34.8%、86.3%、91.9% 和 98.2%。对41 个国家级水产种质资源保护区（内陆）进行了监测，监测面积为 372.2 万 hm^2，主要污染指标为总氮。总氮、非离子氨、高锰酸盐指数、石油类、挥发性酚和总磷监测浓度优于评价标准的面积占所监测面积的比例分别为 0.9%、80.1%、93.9%、94.4%、96.1% 和 98.2%。此外，近年来我国湿地、海岸带、湖滨、河滨等自然生态空间不断减少，全国湿地面积近年来每年减少约 510 万亩[1]，三江平原湿地面积已由中华人民共和国成立初期的 5 万 km^2 减少至 0.91 万 km^2，海河流域主要湿地面积减少了 83%，自然岸线保有率大幅降低。

（4）未来水环境压力增大。主要体现在以下几个方面：①城镇人口数量的增加，经济规模的增大，带来经济社会持续高速发展，但同时也导致了污染物排放强度高、污染负荷大；②气候变化带来径流性水量减少，导致水体自净能力下降，从而降低水环境质量，同时，气候变化引起的温度变化对蓝藻生长繁殖有促进作用，导致蓝藻水华暴发和蓝藻腐烂，对河湖水质与富营养化产生较大影响；③我国面临复杂的水环境问题，污染物呈现叠加性和复合型特征，新型和有毒有害污染物健康风险增大，持久性有机污染物（如 DDT、多氯联苯等）具有持久性、生物累积性、远距离环境迁移性和毒性等特征，呈现污染加剧趋势，直接危害到环境安全和人体健康；④由于自然灾害、机械故障、人为因素及其他不确定性因素引发固定或移动的潜在污染源偏离正常运行状况突然排放污染物，经过各种途径进入水体，造成的突发性水污染事故危害大，呈现频率增加的趋势。突发性水污染事故涉及因素较多，且事发突然，危害强度大，必须快速、及时、有效地处理，特别是突发性流域水污染事件，处理难度相当大，主要依靠水体自净作用减缓危害，故对应急预案、应急监测、应急反应的要求更高。

党的十八大以来，以习近平同志为核心的党中央始终把生态环境保护放在治国理政的突出位置，我国生态环境保护从认识到实践发生了历史性、转折性、全局性变化，思想认识程度之深、污染治理力度之大、制度出台频度之密、执法督察尺度之严、环境改善速度之快前所未有，生态文明建设取得显著成效，美丽中国建设迈出重要步伐。截至 2017 年 12 月，我国大力推进环保体制改革，持续推进省以下环保机构垂直管理制度改革。中共中央办公厅　国务院办公厅印发按流域设置环境监管和行政执法机构、设置跨地区环保机构试点方案；实施控制污染物排放许可制，已出台《排污许可管理办法（试行）》和《固定源排污许可分类管理名录》（2017 年版），发布 15 个行业技术规范，建成全国排污许可证管理信息平台；建设生态环境监测网络，中共中央办公厅　国务院办公厅印发《关于深化环境监测改革提高环境监测数据质量的意见》，完成 2050 个国家地表水监测断面事权上收，全面实施"采测"分离，实现监测数据全国互联共享；加快生态保护红线划定，中共中央办公厅　国务院办公厅印发《关于划定并严守生态保护红线的若干意见》；推进环评改革，印发《"三线一单"编制技术指南（试行）》，修订《建设项目环境影响评价分类管理名录》。此外，中共中央办公厅　国务院办公厅印发《生态环境损害赔偿制度改革方案》，深入实施《水污染防治行动计划》（以下简称"水十条"），制定发布 20 项配套政策措施。截至 2017 年 11 月底，36 个重点城市排查确认的黑臭水体中，74.3% 完成整治任务。截至 2017 年年底，地级及以上城市集中式饮用水水源中 97.7% 完成保护区标志设置；全国 2198 家省级及以上工业集聚区建成集中污水处理设施，占总数的 93%；完成 2.8 万个村庄环境整治任务；非法或设置不合理的入海排污口得到全面清理。

2018 年 3 月 28 日，召开的中央全面深化改革委员会第一次会议，强调党的十八大以

---

[1]　1 亩≈666.67m^2，余同。

来，党中央部署开展第一轮中央环境保护督察，坚持问题导向，敢于动真碰硬，取得显著成效。督察进驻期间，共问责党政领导干部 1.8 万多人，受理群众环境举报 13.5 万件，直接推动解决群众身边的环境问题 8 万多个。经过党中央、国务院批准，第一批中央环境保护督察"回头看"于 2018 年 5 月全面启动，河南、内蒙古、宁夏等 10 省（自治区）作为首批接受再次检验。"回头看"的启动，是国家再次向地方党委政府传递出的明确信号，中央环保督察绝不是"一阵风"，绝不是走过场，在问题整改上，绝不容许弄虚作假，绝不容许形式主义，绝不容许敷衍应付。随着督察制度的不断完善，更多轮次的中央环保督察和"回头看"将成为常态。中央要求各级党委、政府及相关部门务必要切实提高政治站位，真正强化环保责任担当，切实解决突出环境问题，不断改善环境质量。中央要求各级政府下一步要以解决突出环境问题、改善环境质量、推动经济高质量发展为重点，夯实生态文明建设和环境保护政治责任，推动环境保护督察向纵深发展，中央环保督察工作将继续推进深化，再用三年左右时间完成第二轮中央环保督察全覆盖。全面启动 2018 年"七大专项行动"，包括"绿盾 2018"自然保护区监督检查专项行动，重点区域大气污染综合治理攻坚，落实《禁止洋垃圾入境推进固体废物进口管理制度改革实施方案》，打击固体废物及危险废物非法转移和倾倒，垃圾焚烧发电行业达标排放，城市黑臭水体整治及城镇和园区污水处理设施建设，集中式饮用水水源地环境整治，作为打好"污染防治攻坚战"的标志性工程。

2018 年 5 月 18—19 日，习近平总书记在全国生态环境保护大会上强调生态文明建设是关系中华民族永续发展的根本大计，生态兴则文明兴，生态衰则文明衰。总体上看，我国生态环境质量持续好转，出现了稳中向好趋势，但成效并不稳固。生态文明建设正处于压力叠加、负重前行的关键期，已进入提供更多优质生态产品以满足人民日益增长的优美生态环境需要的攻坚期，也到了有条件、有能力解决生态环境突出问题的窗口期。大会强调要自觉把经济社会发展同生态文明建设统筹起来，充分发挥党的领导和我国社会主义制度能够集中力量办大事的政治优势，充分利用改革开放 40 年来积累的坚实物质基础，加大力度推进生态文明建设、解决生态环境问题，坚决打好污染防治攻坚战，推动我国生态文明建设迈上新台阶。新时代推进生态文明建设，必须坚持好以下原则：①坚持人与自然和谐共生，坚持节约优先、保护优先、自然恢复为主的方针；②绿水青山就是金山银山，贯彻创新、协调、绿色、开放、共享的发展理念；③良好生态环境是最普惠的民生福祉，坚持生态惠民、生态利民、生态为民；④山水林田湖草是生命共同体，要统筹兼顾、整体施策、多措并举；⑤用最严格制度、最严密法治保护生态环境，加快制度创新，强化制度执行；⑥共谋全球生态文明建设，深度参与全球环境治理。同时要加快构建生态文明体系，加快建立健全以生态价值观念为准则的生态文化体系、以产业生态化和生态产业化为主体的生态经济体系、以改善生态环境质量为核心的目标责任体系、以治理体系和治理能力现代化为保障的生态文明制度体系和以生态系统良性循环和环境风险有效防控为重点的生态安全体系。要通过加快构建生态文明体系，确保到 2035 年生态环境质量实现根本好转，美丽中国目标基本实现。到本世纪中叶，物质文明、政治文明、精神文明、社会文明、生态文明全面提升，绿色发展方式和生活方式全面形成，人与自然和谐共生，生态环境领域国家治理体系和治理能力现代化全面实现，建成美丽中国。生态文明建设必须加强党的领导，地方各级党委和政府主要领导是本行政区域生态环境保护第一责任人。

二、水污染防治行业存在的问题

水污染防治涉及因素多、治理难度大，当前我国水污染防治模式已从传统的单纯采取污水处理或者河道治理的"末端治理"转向现代的管网、污水处理厂、河道、岸线景观、水质监测等"全流域、全系统治理"。"流域统筹、系统治理"逐步成为水污染防治行业的共识，该理念实施落地，需要政策法规体系、政府管理体系、完整产业链等协同发力。当前我国水污染防治在政府管理体制机制、水污染防治行业、水污染防治市场、水污染防治模式四个方面还需要进一步完善。

（1）政府管理体制机制方面。水污染防治系统性强，监管面广，涉及水利、环保、住建、国土、农业、林业、交通、电力、市政等众多主管部门。当出现管理职责交叉、分工不明确时，容易出现部门协调配合不到位、管理脱节等问题，在一定程度上引发管理混乱，造成行政资源浪费。此外，项目审批环节复杂，行政协调和资源整合难度大，尤其对于跨行政区域分界河流的水污染防治工程，面临更多问题和难点。"环保不下河、水利不上岸、住建不出城"是对当前政府水环境管理体制机制系统性、协同性不够的形象比喻。

（2）水污染防治行业方面。水污染防治属于跨行业、多专业交叉的环保行业细分领域，涉及水利水务工程、海绵城市、生态修复、滨水景观等多种工程和水利、市政、给排水、生态景观、运行维护等多项专业技术，全流域治理需要综合性的技术标准体系支撑。由于我国还未建立统一规范的行业技术标准体系，故上下游企业之间沟通交流渠道不够顺畅，水污染防治领域还未形成完整的产业链，难以提供水污染防治项目综合系统解决方案，水质难以实现根本性的好转。

（3）水污染防治市场方面。受国家环境保护政策驱动，我国水环境流域治理释放出万亿级市场空间，水环境治理行业发展进入高速发展的"黄金期"。由于行业技术标准体系不够完善，市场准入门槛低，传统水利水务、建筑、园林、环保设备、运营等企业纷纷进入。但参与市场竞争的企业规模普遍偏小、技术能力偏弱且略显单一，行业缺乏综合性大体量的主体企业引领，市场集中度不高。水污染防治市场总体较为混乱，不利于行业健康持续发展。

（4）水污染防治模式方面。水污染治理项目实施模式上，由于受到各方面压力的影响，流域治理涉及的给水排水管道建设、污水处理设置、防洪除涝工程、生态修复工程等难以实现联动协调和一体化推进，系统性和整体性较差，目标不明、责任不清的问题没有得到根本性解决，治理效果还不理想。项目商业模式上，水污染防治属于公共服务类项目，主要依靠政府投资。目前主要有设计与施工分包和EPC总承包，全生命周期实施模式主要以EPC＋O（设计、采购、施工＋运营）和PPP（Public-Private-Partnership，公共私营合作制）为主。在政府负债日趋收紧的背景下，准经营性或公益性PPP模式将成为未来主要的发展方向，但该商业模式尚未成熟，风险控制机制尚未明确，盈利模式有待进一步明晰，特别是水污染防治复杂边界涉及的运行考核机制尚不成熟，风险程度高，在一定程度上削弱了社会资本参与水污染防治项目的积极性。

综上，我国水污染防治仍滞后于经济社会发展，水环境承载能力已经达到或接近上限，水环境污染重、水生态受损大、水环境风险高成为全面建成小康社会的突出短板。党的十九大报告将坚持人与自然和谐共生作为新时代坚持和发展中国特色社会主义的基本方略之一，将建设美丽中国作为全面建设社会主义现代化国家的重大目标，提出着力解决突出环境问题。这是以习近平同志为核心的党中央坚持以人民为中心的发展思想、贯彻新发展理念、牢牢把握我国发展的阶段性特征、牢牢把握人民对美好生活的向往而作出的重大决策部署，具有重大现实意义和深远历史意义。

三、河长制出台的背景

河湖管理保护是一项复杂的系统工程，涉及上下游、左右岸、不同行政区域和行业。近年来，一些地区积极探索河长制，由党政领导担任河长，依法依规落实地方主体责任，协调整合各方力量，有力促进了水资源保护、水域岸线管理、水污染防治、水环境治理等工作。全面推行河长制是落实绿色发展理念、推进生态文明建设的内在要求，是解决我国复杂水问题、维护河湖健康生命的有效举措，是完善水治理体系、保障国家水安全的制度创新。

河长制即由各级党政主要负责人担任河长，负责辖区内河流的污染治理。河长制是从河流水质改善领导督办制、环保问责制所衍生出来的水污染治理制度，目的是为了保证河流在较长的时期内保持河清水洁、岸绿鱼游的良好生态环境。

河长制由江苏省无锡市首创，是太湖蓝藻暴发后，无锡市委、市政府自加压力的举措，针对的是无锡市水污染严重、河道长时间没有清淤整治、企业违法排污、农业面源污染严重等现象。2007年8月23日，无锡市委办公室和无锡市人民政府办公室印发了《无锡市河（湖、库、荡、氿）断面水质控制目标及考核办法（试行）》，明确指出：将河流断面水质的检测结果纳入各市（县）、区党政主要负责人政绩考核内容，各市（县）、区不按期报告或拒报、谎报水质检测结果的，按照有关规定追究责任。这份文件的出台被认为是无锡推行河长制的起源。自此，无锡市党政主要负责人分别担任了64条河流的河长，真正把各项治污措施落实到位。

2008年，江苏省政府决定在太湖流域借鉴和推广无锡首创的河长制。之后，江苏全省15条主要入湖河流全面实行双河长制。每条河由省、市两级领导共同担任河长，双河长分工合作，协调解决太湖和河道治理的重任。2008年至2016年12月下旬，江苏省各级党政主要负责人担任的河长已遍布全省727条骨干河道1212个河段，一些地方还设立了市、县、镇、村的四级河长管理体系，这些自上而下、大大小小的河长实现了对区域内河流的"无缝覆盖"，强化了对入湖河道水质达标的责任。

其他省、市也积极开展了河长制的创新试点工作。北京市委市政府先后出台了《关于加强河湖生态环境建设和管理工作的意见》《北京市实施河湖生态环境管理"河长制"工作方案》。海淀区作为水利部第一批河湖管护体制机制创新试点，于2015年起先行探索区、镇两级河长制，落实河长及其工作职责，编制管理考核标准和工作台账，设立专项经费并与考核结果直接挂钩。2015—2016年，重庆市市政府出台《河道管理范围划定管理办法》《河道采砂管理办法》，有关部门编制完成涉河事项验收、砂石资源开采可行性论证等一系列技术标准，初步形成推行河长制的法规体系。荣昌区作为县一级中国河湖管护体制机制创新试点，组建河长办，落实人、财、物，实施考核问责等制度，并统筹部门力量，制定"一河一策"整治管护方案，引入社会化服务负责城区河道保洁。

　　大量"一河一策"的实践充分证明，由党政领导担任河长，依法依规落实地方主体责任，协调整合各方力量，有力促进了水资源保护、水域岸线管理、水污染防治、水环境治理等工作。2016 年 10 月 11 日，习近平总书记主持召开中央全面深化改革领导小组第 28 次会议，审议通过由水利部牵头起草的《关于全面推行河长制的意见》。2016 年 11 月 28 日，中共中央办公厅　国务院办公厅联合印发《关于全面推行河长制的意见》（厅字〔2016〕42 号），对全面推行河长制作出总体部署、提出明确要求。全面推行河长制是落实绿色发展理念、推进生态文明建设的内在要求，是解决我国复杂水问题、维护河湖健康生命的有效举措，是完善水治理体系、保障国家水安全的制度创新。

　　为确保《关于全面推行河长制的意见》提出的各项目标任务落实和取得实效，水利部、环境保护部制定了《贯彻落实〈关于全面推行河长制的意见〉实施方案》（水建管函〔2016〕449 号）。

　　2016 年 12 月 13 日，水利部、环境保护部、发展改革委、财政部、国土资源部、住建部、交通运输部、农业部、卫计委、林业局等十部委在北京召开视频会议，部署全面推行河长制各项工作，确保实现 2018 年年底前全面建立河长制的目标任务。强化落实河长制，从突击式治水向制度化治水转变。加强后续监管，完善考核机制；加快建章立制，促进河长制体系化；狠抓截污纳管，强化源头治理，堵疏结合，标本兼治。为及时掌握各地全面推行河长制的贯彻落实情况，2017 年 1 月 9 日，水利部、环境保护部联合下发了《关于建立河长制工作进展情况信息报送制度的通知》要求，自 2017 年起，水利部、环境保护部建立了河长制工作进展情况信息报送制度，实行进展情况月报告和年度报告。

　　河长制实施以来，地方各级党委政府狠抓落实，省、市、县、乡四级 30 多万名河长上岗履职，河湖专项整治行动深入开展，全面推行河长制工作取得重大进展，河道管护责任更加明确，很多河流实现了从"没人管"到"有人管"、从"多头管"到"统一管"、从"管不住"到"管得好"的转变，生态系统逐步恢复，环境质量不断改善，受到人民群众的好评。

四、湖长制出台的背景

　　湖泊是江河水系的重要组成部分，是蓄洪储水的重要空间，在防洪、供水、航运、生态等方面具有不可替代的作用。长期以来，一些地方围垦湖泊、侵占水域、超标排污、违法养殖、非法采砂，造成湖泊面积萎缩、水域空间减少、水质恶化、生物栖息地破坏等问题突出，湖泊功能严重退化。

　　为了进一步加强湖泊管理保护工作，针对湖泊自身特点和突出问题，在全面推行河长制的基础上，2017 年 11 月 20 日，习近平总书记主持召开十九届中央全面深化改革领导小组第一次会议，审议通过《关于在湖泊实施湖长制的指导意见》。2018 年 1 月 4 日，中共中央办公厅、国务院办公厅印发了《关于在湖泊实施湖长制的指导意见》（以下简称《指导意见》），要求各省（自治区、直辖市）要将本行政区域内所有湖泊纳入全面推行湖长制工作的范围，到 2018 年年底前在湖泊全面建立湖长制，建立健全以党政领导负责制为核心的责任体系，落实属地管理责任。

　　在湖泊实施湖长制是贯彻党的十九大精神、加强生态文明建设的具体举措，是关于全面推行河长制的意见提出的明确要求，是加强湖泊管理保护、改善湖泊生态环境、维护湖泊健康生命、实现湖泊功能永续利用的重要制度保障。湖长制是河长制的及时和必要的补充，实行湖长制是将湖泊绿色发展和生态文明建设，从理念向行动转化的具体制度安排，也是中国湖泊管理制度和运行机制的重大创新，使责任主体更加明确，管理方法更加具体，管理机制更加有效。

同时，在湖泊实施湖长制具有特殊性：一是湖泊一般有多条河流汇入，河湖关系复杂，湖泊管理保护需要与入湖河流通盘考虑、统筹推进；二是湖泊水体连通，边界监测断面不易确定，准确界定沿湖行政区域管理保护责任较为困难；三是湖泊水域岸线及周边普遍存在种植养殖、旅游开发等活动，管理保护不当极易导致无序开发；四是湖泊水体流动相对缓慢，水体交换更新周期长，营养物质及污染物易富集，遭受污染后治理修复难度大；五是湖泊在维护区域生态平衡、调节气候、维护生物多样性等方面功能明显，遭受破坏对生态环境影响较大，管理保护必须更加严格。在湖泊实施湖长制，必须坚持问题导向，明确各方责任，细化实化措施，严格考核问责，确保取得实效。

为了规范湖长制管理和系统建设，2018 年 1 月 12 日，水利部印发了《河长制湖长制管理信息系统建设指导意见》和《河长制湖长制管理信息系统建设技术指南》。《河长制湖长制管理信息系统建设指导意见》明确了河长制湖长制管理信息系统建设的总体要求、主要目标、主要任务和保障措施。按照信息资源整合共享、业务协同的基本原则，《河长制湖长制管理信息系统建设技术指南》在明确河长制湖长制管理信息系统总体架构的基础上，重点对管理数据库建设技术要求、主要管理业务范围、相关业务协同工作和信息安全等建设内容进行了明确。文件的印发，对进一步推进和规范各地系统建设，加强互联互通，避免重复建设，充分发挥系统应用实效，具有重要的现实意义和长远的指导意义。

第二节　河长制政策解读及"一河一策"实施方案

中共中央办公厅　国务院办公厅于 2016 年 11 月 28 日联合印发的《关于全面推行河长制的意见》（厅字〔2016〕42 号），要求全面建立省、市、县、乡四级河长体系，并制定相应的"一河（湖）一策"实施方案。全国 31 个省份和新疆生产建设兵团均设置了省级河长制办公室，全国 99％的地市、99％的区县设立了河长办。全国省级和地市级河长制工作方案已全部印发实施，99％的县区、98％的乡镇已印发工作方案，30 个省份和新疆生产建设兵团的省、市、县、乡四级工作方案全部出台。已明确省、市、县、乡四级河长近 31 万名，其中，省级河长 331 名，53 名省级主要负责同志担任总河长。结合中央环保督察、最严格水资源管理制度考核、生态红线管控、黑臭水体整治、农村垃圾治理、规范畜禽养殖等要求，各级政府组织制定、积极编制并有效落实了"一河（湖）一策"实施方案。但由于各省、市、县地域特色不同、面临的主要问题不同、预定的治理目标也不同，在具体"一河（湖）一策"方案的制定和落实上也呈现出不同的特色和重点，总体来说河长制工作进展顺利、效果显著。

一、《关于全面推行河长制的意见》政策解读

（一）国务院《关于全面推行河长制的意见》简介

中共中央办公厅　国务院办公厅于 2016 年 11 月 28 日联合印发的《关于全面推行河

长制的意见》(厅字〔2016〕42号)(以下简称《意见》)是落实绿色发展理念、推进生态文明建设的内在要求,是解决我国复杂水问题、维护河湖健康生命的有效举措,是完善水治理体系、保障国家水安全的制度创新,是为进一步加强河湖管理保护工作,落实属地责任,健全长效机制,就全面推行河长制提出的指导性意见。《意见》包括总体要求、主要任务和保障措施3个部分,共14条。主要内容如下。

(1)河长制的组织形式。《意见》提出全面建立省、市、县、乡四级河长体系。各省(自治区、直辖市)设立总河长,由党委或政府主要负责同志担任;各省(自治区、直辖市)行政区域内的主要河湖设立河长,由省级负责同志担任;各河湖所在市、县、乡均分级分段设立河长,由同级负责同志担任。县级及以上河长设置相应的河长制办公室。

(2)河长的职责。各级河长负责组织领导相应河湖的管理和保护工作,包括水资源保护、水域岸线管理、水污染防治、水环境治理等,牵头组织对侵占河道、围垦湖泊、超标排污、非法采砂等突出问题进行清理整治,协调解决重大问题,对相关部门和下一级河长履职情况进行督导,对目标任务完成情况进行考核。各有关部门和单位按职责分工,协同推进各项工作。

(3)河长制工作的主要任务。河长制工作的主要任务包括六个方面:①加强水资源保护,全面落实最严格水资源管理制度,严守"三条红线";②加强河湖水域岸线管理保护,严格水域、岸线等水生态空间管控,严禁侵占河道、围垦湖泊;③加强水污染防治,统筹水上、岸上污染治理,排查入河湖污染源,优化入河排污口布局;④加强水环境治理,保障饮用水水源安全,加大黑臭水体治理力度,实现河湖环境整洁优美、水清岸绿;⑤加强水生态修复,依法划定河湖管理范围,强化山水林田湖系统治理;⑥加强执法监管,严厉打击涉河湖违法行为。

(4)河长制的监督考核。《意见》提出,县级及以上河长负责组织对相应河湖下一级河长进行考核,考核结果作为地方党政领导干部综合考核评价的重要依据。实行生态环境损害责任终身追究制,对造成生态环境损害的,严格按照有关规定追究责任。

(二)《意见》对水污染防治工作的要求

《意见》中对水污染防治工作的要求是:落实《水污染防治行动计划》,明确河湖水污染防治目标和任务,统筹水上、岸上污染治理,完善入河湖排污管控机制和考核体系。排查入河湖污染源,加强综合防治,严格治理工矿企业污染、城镇生活污染、畜禽养殖污染、水产养殖污染、农业面源污染、船舶港口污染,改善水环境质量。优化入河湖排污口布局,实施入河湖排污口整治。

二、国家层面全面推行河长制"一河(湖)一策"实施方案

为深入贯彻落实中共中央办公厅 国务院办公厅印发的《意见》,指导各地做好"一河(湖)一策"方案编制工作,水利部从国家层面组织制定了《"一河(湖)一策"方案编制指南(试行)》(办建管函〔2017〕1071号)(以下简称《编制指南》)。

(一)总体要求

《编制指南》适用于指导设省级、市级河长的河湖编制"一河(湖)一策"方案。只设县级、乡级河长的河湖,"一河(湖)一策"方案编制可予以简化,总体要求如下。

(1)坚持问题导向。围绕《意见》提出的"加强水资源保护、加强河湖水域岸线管理保护、加强水污染防治、加强水环境治理、加强水生态修复、加强执法监管"六大任务，梳理河湖管理保护存在的突出问题，因河（湖）施策，因地制宜设定目标任务，提出针对性强、易于操作的措施，切实解决影响河湖健康的突出问题。

（2）"一河一策"方案以整条河流或河段为单元编制，"一湖一策"原则上以整个湖泊为单元编制。支流"一河一策"方案要与干流方案衔接，河段"一河一策"方案要与整条河流方案衔接，入湖河流"一河一策"方案要与湖泊方案衔接。

（3）"一河（湖）一策"方案由省、市、县级河长制办公室负责组织编制。最高层级河长为省级领导的河湖，由省级河长制办公室负责组织编制；最高层级河长为市级领导的河湖，由市级河长制办公室负责组织编制；最高层级河长为县级及以下领导的河湖，由县级河长制办公室负责组织编制。其中，河长最高层级为乡级的河湖，可根据实际情况采取打捆、片区组合等方式编制。"一河（湖）一策"方案可采取自上而下、自下而上、上下结合的方式进行编制，上级河长确定的目标任务要分级分段分解至下级河长。

（4）编制"一河（湖）一策"，在梳理现有相关涉水规划成果的基础上，要先行开展河湖水资源保护、水域岸线管理保护、水污染、水环境、水生态等基本情况调查，开展河湖健康评估，摸清河湖管理保护存在的主要问题及原因，以此作为确定河湖管理保护目标任务和措施的基础。

（5）"一河（湖）一策"方案要重点制定好问题清单、目标清单、任务清单、措施清单和责任清单，明确时间表和路线图。

（6）"一河（湖）一策"方案由河长制办公室报同级河长审定后实施。省级河长制办公室组织编制的"一河（湖）一策"方案应征求流域机构意见。对于市、县级河长制办公室组织编制的"一河（湖）一策"方案，若河湖涉及其他行政区的，应先报共同的上一级河长制办公室审核，统筹协调上下游、左右岸、干支流目标任务。

（7）"一河（湖）一策"方案实施周期原则上为2～3年。河长最高层级为省级、市级的河湖，方案实施周期一般为3年；河长最高层级为县级、乡级的河湖，实施周期一般为2年。

（8）"一河（湖）一策"实施方案编制流程如图1-1所示。

（二）"一河（湖）一策"实施方案对水污染防治工作的要求

《编制指南》中对水污染防治方案也提出了具体的要求，包括河湖污染源情况、水污染问题、水污染防治目标、水污染防治任务、水污染防治措施等五个方面，具体如下。

（1）河湖污染源情况。一般包括河湖流域内工业、农业种植、畜禽养殖、居民聚集区污水处理设施等情况，水域内航运、水产养殖等情况，河湖水域岸线船舶港口情况等。

（2）水污染问题。一般包括工业废污水、畜禽养殖排泄物、生活污水直排偷排河湖的问题，农药、化肥等农业面源污染严重的问题，河湖水域岸线内畜禽养殖污染、水产养殖污染的问题，河湖水面污染性漂浮物的问题，航运污染、船舶港口污染的问题，入河湖排污口设置不合理的问题，电、毒、炸鱼的问题等。

（3）水污染防治目标。一般包括入河湖污染物总量控制、河湖污染物减排、入河湖排污口整治与监管、面源与内源污染控制等指标。

（4）水污染防治任务。开展入河湖污染源排查与治理，优化调整入河湖排污口布局，

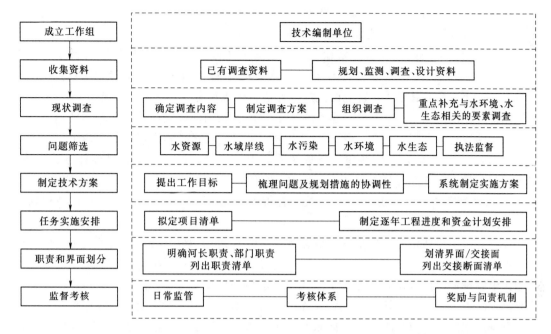

图 1-1 "一河(湖)一策"实施方案编制流程图

开展入河排污口规范化建设,综合防治面源与内源污染,加强入河湖排污口监测监控,开展水污染防治成效考核等。

(5)水污染防治措施。加强入河湖排污口监测和整治,加大直排、偷排行为处罚力度,督促工业企业全面实现废污水处理,有条件的地区可开展河湖沿岸工业、生活污水的截污纳管系统建设、改造和污水集中处理,开展河湖污泥清理等。大力发展绿色产业,积极推广生态农业、有机农业、生态养殖,减少面源和内源污染,有条件的地区可开展畜禽养殖废污水、沿河湖村镇污水集中处理等。

三、各省全面推行河长制"一河一策"实施方案

根据《意见》要求,在水利部办公厅印发《编制指南》的基础上,各省紧密结合当地实际情况,针对河长制展开"一河(湖)一策"的编制工作,在具体方案的制定和落实上也呈现出不同的特色和重点。下面以江苏省、浙江省、广东省等为例,分析说明各省全面推行河长制"一河一策"实施方案的特点和重点。

(一)江苏省全面推行河长制"一河一策"实施方案

(1)总体要求。

江苏省委办公厅、省政府办公厅于 2017 年 3 月 2 日印发的《关于在全省全面推行河长制的实施意见》(苏办发〔2017〕18 号)的通知,在国务院提出的六大任务基础上,提出"严格水资源管理、加强河湖资源保护、推动河湖水污染防治、开展水环境综合治理、实施河湖生态修复、推进河湖长效管护、强化河湖执法监督、提升河湖综合功能"八大任务,增加了河湖长效管护和河湖综合功能提升两大任务,将河湖水域岸线管理保护改为河湖资源保护。此外,在国务院提出的省、市、县、乡四级河长体系的基础上,增加了村(居)级河长,建立了省、设区市、县(市、区)、乡镇(街道)、村(居)五级河长体系,省、设区市、县（市、区）、乡镇四级设立总河长，成立河长制办公室。跨行政区域的河湖由上一级设立河长，本行政区域河湖相应设置河长。

为明确"一河一策"行动计划编制思路、范围和目标任务，江苏省河长制办公室于2017年6月组织制定《江苏省河长制"一河一策"行动计划编制指南》（苏河长办〔2017〕6号），用于指导江苏省境内流域性河道、区域性骨干河道、大中型水库、重要湖泊编制的"一河一策"行动计划，其他河道、水库、湖泊的"一河一策"行动计划可适当简化进行编制。江苏省"一河一策"行动计划编制的主要任务是形成"五个清单"和"两张表"，即：问题清单、目标清单、任务清单、措施清单、责任清单和目标任务分解表、实施计划安排表。编制年限一般取2017—2020年，现状年一般取2016年（资料可借用2010年以来各类调查评价成果），分年度目标可根据各地五年规划要求和相关流域规划目标，通过内插方式确定。

（2）对水污染防治工作的要求。江苏省"一河（湖）一策"行动计划编制指南中，更加侧重太湖、长江沿岸、京杭大运河、通榆河等重点河湖的水污染防治，提出了"依据水功能区限制排放总量提出陆域排放量的控制要求与分片分解方案，强化源头控制，坚持水陆兼治，统筹水上、岸上污染治理，加强排污口监测与管理。实施太湖一级保护区、长江沿岸重点规划区域、京杭大运河（南水北调东线）、通榆河清水通道等重点区域化工企业关停并转迁"。

江苏省政府关于印发《江苏省生态河湖行动计划（2017—2020年）》（苏政发〔2017〕130号）的通知，明确提出要加强水污染防治，主要从优化产业结构、加强工业污染治理、加强城乡生活污水处理、加强农村面源污染治理、加强水上交通污染治理等五个方面提出具体的要求，这五个方面与河长制中水污染防治的内容密切衔接，要求江苏省各级政府要把生态河湖行动计划作为全面推行河长制的重要举措，依托河长制组织体系，建立全省统筹、河长主导、部门联动、分级负责的工作机制。

（二）浙江省全面推行河长制"一河一策"实施方案

（1）总体要求。

浙江省委办公厅、省政府办公厅《关于全面深化落实河长制进一步加强治水工作的若干意见》（浙委办发〔2017〕12号）和《浙江省全面深化河长制工作方案》，提出"加强水污染防治、加强水资源保护、加强河湖管理保护、加强水环境治理、加强水生态修复、加强执法监管"六大任务，与国务院六大任务相比，将河湖水域岸线管理保护改为河湖管理保护。此外，在国务院提出的省、市、县、乡四级河长体系的基础上，提出建立健全省、市、县（市、区）、乡镇（街道）、村（社区）五级河长体系，实现江河、湖泊河长全覆盖，并延伸到沟、渠、溪、塘等小微水体。并按照《浙江省劣Ⅴ类水剿灭行动方案》要求，全省河湖库塘及小微水体全面消除劣Ⅴ类水。省河长制办公室与省"五水共治"工作领导小组办公室合署，办公室主任和常务副主任由省"五水共治"工作领导小组办公室的主任和常务副主任兼任。

为进一步落实河长制工作，浙江省"五水共治"工作领导小组办公室、浙江省河长制办公室制定《浙江省河长制"一河（湖）一策"编制指南（试行）》（浙治水办发〔2017〕26号），用于指导县级及以上级别的领导担任河长的河道（或湖泊），县级以下河道（或湖泊、小微水体)参照执行。"一河(湖)一策"实施方案由河长牵头组织联系部门和相关部门编制。以问题导向,对照河长制六大任务和河道存在的问题,提出相应的治理目标和对策措施,治理目标要与存在的问题相匹配。

(2)对水污染防治工作的要求。

浙江省"一河(湖)一策"编制指南中,水污染防治主要包括工业污染治理、城镇生活污染防治、农业农村生活污染防治、船舶港口污染控制四个方面。其中:工业污染治理包括各类污染企业整治、工业集聚区污染防控、重点污染行业废水处理;城镇生活污染防治包括城镇污水收集能力建设、改善处理设施运行状况、加快配套纳污管网建设和旧管更新、推进雨污分流和排污(水)口排查整治、提升污泥处理技术创新水平和无害化利用效率、加大河道两岸地表100m范围内的污染物入河管控措施;农业农村生活污染防治包括畜禽养殖污染防治、农业面源污染治理、水产养殖污染防治、农村环境综合整治;船舶港口污染控制包括老旧船舶更新、港口污染管控、河道泥浆运输管理。

(三)广东省全面推行河长制"一河一策"实施方案

(1)总体要求。

广东省委办公厅、省政府办公厅印发的《广东省全面推行河长制工作方案》(粤委办〔2017〕42号)在国务院提出的六大任务基础上,提出"保护水资源、保障水安全、防治水污染、改善水环境、修复水生态、管理保护水域岸线、强化执法监管"七大任务,增加水安全保障任务。此外,在国务院提出的省、市、县、乡四级河长体系的基础上,建立区域与流域相结合的省、市、县、镇、村五级河长体系。结合珠三角和粤东西北地区的不同特点和发展定位,按照"构建绿色生态水网"和"打造平安生态水系"两种模式分类推进河长制。

为进一步落实河长制工作,广东省水利厅制定《广东省全面推行河长制"一河一策"实施方案(2017—2020年)编制指南》,以河流为单元编制一河一策方案,对于河段资料比较充足、任务比较明确、编制主体技术能力较强的,可以河段为单元编制。

(2)对水污染防治工作的要求。

广东省"一河(湖)一策"实施方案编制指南中,水污染防治主要包括入河排污口整治、工矿企业污染防治、城镇生活污染防治、畜禽养殖污染防治、水产养殖污染防治、农业面源污染防治、船舶港口污染防治、入河排污口监测、突发水污染事件应急预案等9项内容。与国务院水污染防治工作要求相比,增加入河排污口监测和突发水污染事件应急预案两项内容。其中,入河排污口监测包括提出主要入河排污口监测原则,对主要江河、重要饮用水水源地上游的重大排污口,加大监督监测力度;制定和完善水污染事故处置应急预案,落实责任主体,明确预警预报与响应程序、应急处置及保障措施等内容,依法及时公布预警信息。

四、各市县全面推行河长制"一河一策"实施方案

各市县在中共中央办公厅、国务院办公厅和省委办公厅、省政府办公厅颁布的河长制工作方案的基础上,结合地域实际情况,制定切实可行的工作方案。下面以地级市苏州市及其辖区县级市张家港市、福州市及其辖区平潭综合实验区为例分述市级、县级城市在制定河长制改革的实施方案的异同。

（一）苏州市、张家港市全面推行河长制"一河一策"实施方案

（1）总体要求。

苏州市委办公室、市政府办公室印发的《关于全面深化河长制改革的实施方案》（苏委办发〔2017〕41号）在国务院六大任务、江苏省八大任务的基础上，紧密结合"两减六治三提升"专项行动和供给侧结构性改革"补短板"关键工作，提出"加强水污染防治和水环境治理，加强水域岸线保护和执法监管，加强水资源保护和生态修复，加强长效管护和水文化弘扬"四大任务，大力弘扬水文化，加强水文化基地和载体建设，建设一批有代表性的水利风景区和水文化主题公园。通过推进《苏州市河道管理条例》修订、《苏州市节约用水条例》修订、《苏州市供水条例》制定，全面深化河长制改革，基本实现"河畅、水清、岸洁、景美"的治理目标。

张家港市委办公室、市政府办公室印发的《张家港市关于全面深化河长制改革的工作方案》（张委办〔2017〕28号）沿用苏州市四大任务，提出"加强水污染防治和水环境治理，加强河湖资源保护和执法监管，加强水资源保护和生态修复，加强长效管护和能力建设"四大任务，将水域岸线保护改为河湖资源保护，将水文化弘扬改为能力建设。

（2）对水污染防治工作的要求。

苏州市《关于全面深化河长制改革的实施方案》（苏委办发〔2017〕41号）中将水污染防治和水环境治理进行了合并，提出以《苏州市水污染防治工作方案》（苏府〔2016〕60号）为指导，强调以国考、省考断面周边地区、城镇建成区等环境敏感脆弱地区为重点进行入河排污口整治，增加完善水污染防治考核机制和建设海绵城市等任务。

《张家港市关于全面深化河长制改革的工作方案》（张委办〔2017〕28号）延续苏州市实施方案对水污染防治和水环境治理进行了合并，全面落实《苏州市水污染防治工作方案》（苏府〔2016〕60号）的同时，结合张家港市"两减六治三提升"专项行动实施方案。从张家港市紧邻长江的优势出发，继续完善"三大水循环体系"，提高水体自净能力和水生态环境容量。同时，对危化消防应急救援预案和水污染应急预案以及船舶污染应急和水污染应急能力建设作了要求。最后，根据张家港市实际情况，提出"到2020年'两减六治三提升'专项行动确定的各项任务全面完成，建成区生活污水基本实现全收集、全处理，污水处理率达到98%，镇（区）污水处理率达到92%，农村生活污水处理率达到85%，全市规模化养殖场治理率达到90%以上"的目标。

（二）福州市、平潭综合实验区全面推行河长制"一河一策"实施方案

（1）总体要求。

《福州市全面推行河长制实施方案》在国务院六大任务、福建省四大任务的基础上，提出"加强水资源保护、加强水污染防治、加强水环境治理、加强水生态修复"四大任务，与福建省四大任务保持一致。与国务院六大任务相比，减少河湖水域岸线管理保护和执法监管两大任务。

《平潭综合实验区河长制实施方案》在国务院六大任务、福建省四大任务、福州市四大任务的基础上，提出"加强水资源保护、加强水污染防治、加强水环境治理、加强水生态修复"四大任务，与福建省和福州市四大任务保持一致。

（2）对水污染防治工作的要求。

《福州市全面推行河长制实施方案》水污染防治任务中，根据地域现状及规划，在福建省河长制水污染防治任务目标的基础上，提出"到 2020 年，全市生猪年出栏总量控制在 200 万头以内，全面完成可养区生猪规模养殖场标准化改造任务（2017 年 3 月底前完成），规模化养殖场、养殖小区配套建设废弃物处理设施比例达到 100％以上；全市市城区污水处理率达到 95％，县城区污水污水处理率达到 90％"的更高目标。

《平潭综合实验区河长制实施方案》水污染防治任务指出全区工业园区实行排污自动监控，敏感区域（重点湖泊、重点水库、近岸海域汇水区域）城镇污水处理设施应于 2017 年底前全面达到一级 A 排放标准。到 2020 年，测土配方施肥技术推广覆盖率达到 90％以上，化肥利用率提高到 40％以上，农作物病虫害统防统治覆盖率达到 40％以上。此外，根据平潭综合实验区沿海的地理特色，对船舶、港口、码头的污染防治作更深的要求，2018 年起投入使用的沿海船舶执行新的标准，其他船舶于 2020 年年底前完成改造，经改造仍不能达到要求的，限期予以淘汰。加快港口码头垃圾接收、转运及处理处置设施建设，提高含油污水、化学品洗舱水等接收处置能力及污染事故应急能力。港口、码头、装卸站的经营人应制定防治船舶及其有关活动污染水环境的应急计划。

第三节　河（湖）长制与相关政策法规剖析

全面推行河（湖）长制是落实绿色发展理念、推进生态文明建设的内在要求，是解决我国复杂水问题、维护河湖健康生命的有效举措，是完善水治理体系、保障国家水安全的制度创新。通过水资源保护、水域岸线管理、水污染防治、水环境治理等工作的全面推行，对落实《水污染防治行动计划》《水污染防治法》、最严格水资源管理制度的意见、水体达标方案以及城市黑臭水体整治具有十分重要的意义。不同政策法规在责任主体、主要目标、主要任务与措施、考核内容等方面存在一定的差异，本节对此部分内容展开描述。

一、河长制与《水污染防治行动计划》关联剖析

2015 年 4 月 2 日，国务院印发《水污染防治行动计划》（国发〔2015〕17 号），标志着我国水环境保护工作进入崭新的阶段。"水十条"是当前和今后一个时期全国水污染防治工作的行动指南。"水十条"共 10 条 35 款 238 项具体措施，明确了未来中长期的水体治理目标。到 2020 年，长江、黄河、珠江、松花江、淮河、海河、辽河等七大重点流域水质优良（达到或优于Ⅲ类）比例总体达到 70％以上，地级及以上城市建成区黑臭水体均控制在 10％以内，地级及以上城市集中式饮用水水源水质达到或优于Ⅲ类比例总体高于 93％，全国地下水质量极差的比例控制在 15％左右，近岸海域水质优良（Ⅰ类、Ⅱ类）比例达到 70％左右。京津冀区域丧失使用功能（劣于Ⅴ类）的水体断面比例下降 15 个百分点左右，长三角、珠三角区域力争消除丧失使用功能的水体。到 2030 年，全国七大重点流域水质优良比例总体达到 75％以上，城市建成区黑臭水体总体得到消除，城市集中式饮用水水源水质达到或优于Ⅲ类比例总体为 95％左右。"水十条"发布以后，环保部门已与各省签订了目标责任书，把"水十条"目标任务、工作分工细化到了各个地方。各个地方又参照国家的做法进一步细化到各个市、县，细化到基层，使每一级党委政府，每一个治污的责任主体都承担相应的责任。

由此可见，"水十条"主要统筹水污染防治工作，而水污染防治是河长制工作的六大任务之一。"水十条"提出了水污染防治的具体内容，在此基础上河长制则从管理体制上进一步明确了如何落实和实施水污染防治工作，突出了河湖管理工作的制度创新。两者相互促进、彼此依托、相辅相成。河长制是"水十条"实施的有力抓手，对"水十条"任务的实施具有显著的促进作用。

一是河长制能够有效地对岸上与水上、左岸与右岸、上游与下游之间的关系进行统筹，为全面推进"水十条"各项污染防治措施的顺利实施奠定良好的基础。长期以来，由于我国流域水环境管理的滞后，流域发展无序化、布局不合理性、产业低端化及同构化等问题，生态产品低输出、污染物高排放、容量超承载等情况普遍突出存在。同时，由于上游与下游之间缺乏合理的水资源分配，常常存在着竞争性蓄水与用水的问题，使得河道自身的生态用水难以得到有效的保障，甚至引起部分中小河流断流的现象。而河长制以具体河湖作为完整的水管理对象，通过设置河长进行分级、分段管理，很好地统筹了岸上与水上、左岸与右岸、上游与下游之间的利益关系，充分考虑了各个地区之间不同的用水、排污需求，从而实现对流域的系统管理，也为"水十条"的实施治理奠定了良好的基础。

二是河长制能够有效地促进地方党政领导对各种资源的整合，保障了"水十条"实施的高协调性与强执行力。传统的水管理分属于水资源保护、水资源开发等不同的部门，"环保不下河、水利不上岸"，各个部门之间的权责不明晰，定位不清，导致多头管理与各自为政的现象层出不穷，甚至诸多部门对权利锱铢必争，而对应当承担的责任则相互推诿，不仅无法形成合力，还使得行政成本大大增加，行政效率严重下降。"水十条"实施中，具体治理任务依然分散在环境保护部、水利部、住建部、国土资源部、农业部等具体部门。河长制的推行，以地方党政领导作为河长，并将流域的治理与地方政府的政绩相捆绑起来，将水资源的配置与开发、水污染的治理、水生态环境的保护等"水十条"实施的诸多任务措施有效串联起来，有力地促使地方党政领导对各种行政资源进行有效的整合，并对各部门之间的权责矛盾与利益冲突进行调解统筹，使得流域水污染防治体制不再破碎，而是形成强大的合力，进而有效促进了"水十条"的实际开展与实施。同时，为了确保"水十条"治理目标如期实现，作为河长的地方党政领导必然会积极地参与到水污染防治的具体工作中，并对其进行有效把控，进而更好地促进"水十条"各项工作的开展与落实。

三是河长制使得"水十条"责任制得以延伸。"水十条"虽然明确提出"强化地方政府水环境保护责任，地方政府是实施本行动计划的主体"的要求，但并没有从制度上对此进行明确规定。河长制的推行，使得流域水污染的目标责任人得以明确，即各级地方人民政府及其负责人，同时通过目标责任制及考核评价制度的施行，将流域的水污染防治目标细化到区域的地方党政领导，明确了流域水污染防治的职责范围，也使得"水十条"实施的目标责任制得到了有效的深化和落实。同时，河长制将"水十条"水污染防治目标与区域治理任务进行了有效结合，通过将水污染防治的责任、资金、项目、任务、目标等由省级政府细化到县市级的行政区域，使得各区域与流域的水污染防治工作得到紧密的衔接与协调，促进了"水十条"治理空间目标责任制的细化。

综上所述，河长制的实施关系着实现"河湖有人管，管得住，管得好"的目标能否实现，关系着"水十条"所确定的水体治理目标能否如期实现。为此，环保部明确要求，将河长制的建立和落实情况纳入中央环保督察；同时，水利部将把全面推行河长制纳入到最严格的水资源管理制度的考核。全面落实河长制工作的必须要求，结合"水十条"实施情况考核，强化信息公开、行政约谈和区域限批，切实推动各地落实环境保护的责任，是"水十条"目标得以实现的制度保障。

河长制将推动水利部、环境保护部、住建部、农业部等部门的更好合作。河长制的实施没有改变原来部门之间的职责分工，而是搭建了在党委政府的统筹和统一领导下各部门合作与协作的平台。在中央层面，各部委将联合成立一个部际联席会议制度，一些重大的问题要提交这个部际联席会议进行协调。在县级及以上层面，河长制办公室承担河长制组织实施具体工作，落实河长确定的事项。

针对水利部门，河长制将推动河湖水域岸线保护利用管理工作，将更好地保障最严格水资源管理制度落实到位。针对环境保护主管部门，推行河长制与落实水污染防治计划工作的举措，可概括为"一个落实、三个结合"：一个落实，就是要按照中央关于全面建立省、市、县、乡四级河长体系的要求，把"河长制"的建立和落实情况纳入中央环保督察；第一个结合是与依法治污有机结合，国务院会议审议通过的《水污染防治法》修正草案为水污染防治工作提供更加强有力的法律支撑，环保部门将会按照新环保法、水污染防治法等法律法规的要求，依法行政、严格执法，为全面推行"河长制"提供有力的法律保障；第二个结合是与科学治污有机结合，国务院发布了《"十三五"生态环境保护规划》，以落实这个规划为抓手，以改善环境质量为核心。环保部门将会立足流域的每一个控制单元，来统筹建立污染防治、循环利用、生态保护的综合治理体系，把责任细化到每一个治污的主体，环境保护部还会指导各地科学地筛选项目，务实、具体、有力地推动流域环境质量逐年改善、持续进步；第三个结合是与深化改革有机结合，按照党中央国务院的统一部署，环境保护部目前正在组织开展控制污染物排放许可制的改革，同时在部分流域探索建立按流域设置环境监管和行政执法机构的改革试点，形成的一批可复制、可推广的经验模式可为全面推行"河长制"提供重要支撑和补充。

二、河长制与《水污染防治法》关联剖析

为在法律层面支撑、统领今后一个时期我国水污染防治工作，2017年6月27日，第十二届全国人大常委会第二十八次会议决定对水污染防治法进行第二次修正，新修订的《中华人民共和国水污染防治法》（以下简称《水污染防治法》）于2018年1月1日起正式施行。为了明确各级政府的水环境质量责任，新修订的《水污染防治法》将第四条第二款修改为："地方各级人民政府对本行政区域的水环境质量负责，应当及时采取措施防治水污染"，增加了"省、市、县、乡建立河长制，分级分段组织领导本行政区域内江河、湖泊的水资源保护、水域岸线管理、水污染防治、水环境治理等工作""有关市、县级人民政府应当按照水污染防治规划确定的水环境质量改善目标的要求，制定限期达标规划，采取措施按期达标"等内容，同时规定"市、县级人民政府每年在向本级人民代表大会或者其常务委员会报告环境状况和环境保护目标完成情况时，应当报告水环境质量限期达标规划执行情况，并向社会公开"。

新修订的《水污染防治法》充分贯彻了中共中央关于生态文明建设的基本思想，强化了河长制工作的责任要求，规定了河长的主要任务：一是首次将河长制写入法律，明确要求建立省、市、县、乡四级河长体系，强化了党政领导落实对所在区域河湖水污染防治、水环境治理的属地责任制的要求；二是将《关于全面推行河长制的意见》的要求以法律性的形式进行了确认，规定了河长制工作的主要任务，明确各级河长的主要职责包括分级分段组织领导本行政区域内江河、湖泊的水资源保护、水域岸线管理、水污染防治、水环境治理等工作。

因此，修改后的《水污染防治法》的颁布实施体现依法行政、依法治污理念，对河长制的实施提供了重要的法律保障，必将有效地推动河长制工作的有效开展。

三、河长制与最严格水资源管理制度关联剖析

为贯彻落实好中央水利工作会议和《中共中央国务院关于加快水利改革发展的决定》，2012 年，国务院发布了《国务院关于实行最严格水资源管理制度的意见》（国发〔2012〕3 号），确立了"三条红线"，分别是水资源开发利用控制红线、用水效率控制红线、水功能区限制纳污红线。提出严格水功能区监督管理、加强饮用水水源保护、推进水生态系统保护与修复等加强水功能区限制纳污红线管理，严格控制入河湖排污总量的措施。2013 年，国务院发布了《国务院办公厅关于印发实行最严格水资源管理制度考核办法的通知》（国办发〔2013〕2 号）。2014 年，水利部等十部委联合出台了《实行最严格水资源管理制度考核工作实施方案》（水资源〔2014〕61 号）。以上文件的发布突出了落实最严格的水资源管理制度的重要性和紧迫性。

最严格水资源管理制度与河长制在责任主体、主要目标、主要任务与措施、考核内容等方面存在一定的联系与差异。

（1）责任主体方面，河长制的责任主体为各级河长，而各省、自治区、直辖市人民政府是实行最严格水资源管理制度的责任主体。

（2）主要目标方面，河长制主要目标是构建责任明确、协调有序、监管严格、保护有力的河湖管理保护机制，维护河湖健康生命、实现河湖功能永续利用；最严格水资源管理制度的主要目标是确立水资源开发利用控制红线，用水效率控制红线和水功能区限制纳污红线。

（3）主要任务与措施方面，河长制包括"加强水资源保护，加强河湖水域岸线管理保护，加强水污染防治，加强水环境治理，加强水生态修复，加强执法监管"六大任务，其中加强水资源保护以落实最严格水资源管理制度为重点，严守水资源开发利用控制、用水效率控制、水功能区限制纳污三条红线。

（4）考核内容方面，河长制考核内容为县级及以上河长负责组织对相应河湖下一级河长进行考核，实行差异化绩效评价考核和生态环境损害责任终身追究制；最严格水资源管理制度则由水利部等十部门组成考核工作组，负责具体组织实施对全国 31 个省级行政区落实最严格水资源管理制度情况进行考核，考核对象为各省级行政区人民政府，考核内容为最严格水资源管理制度目标完成、制度建设和措施落实情况，每五年为一个考核期，采用年度考核和期末考核相结合的方式进行。

中共中央出台《关于全面推进河长制的意见》，对水资源保护、水污染防治、水环境治理等都提出了明确要求，作为河长制的主要任务，特别强调要强化水功能区的监督管

理，明确要根据水功能区的功能要求，对河湖水域空间确定纳污容量，提出限排要求，把限排要求作为陆地上污染排放的重要依据，强化水功能区的管理，强化入河湖排污口的监管，这些要求与最严格水资源管理制度、"三条红线"、总量控制、效率控制，特别是水功能区限制纳污控制的要求，以及入河湖排污口管理、饮用水水源地管理、取水管理等这些要求充分对接。河长制在落实三条红线管控上内容很具体，任务也很明确，责任更加清晰、更加具体到位。河长制的制度要求从体制机制上能够更好地保障最严格水资源管理制度各项措施落实到位。同时，"十三五"期间在最严格水资源管理制度考核时，要把河长制落实情况纳入到最严格水资源管理制度的考核，做到有效对接。

四、河长制与水体达标方案关联剖析

《中华人民共和国环境保护法》规定，未达到国家环境质量标准的重点区域、流域的有关地方人民政府，应当制定限期达标规划，并采取措施按期达标。《水污染防治行动计划》要求，未达到水质目标要求的地区要制定达标方案，将治污任务逐一落实到汇水范围内的排污单位，明确防治措施及达标时限。为深入贯彻落实《中华人民共和国环境保护法》和《水污染防治行动计划》，加大水污染防治力度，切实推进水污染防治工作，2015年10月环境保护部印发《水体达标方案编制技术指南（试行）》（环办函〔2015〕1711号），指导未达到水质目标要求的地区制定未达标水体达标方案。其中，"未达标水体"是指未达到目标责任书和各级人民政府制定的水污染防治工作方案水质目标要求的水体，主要针对重点流域、集中式饮用水水源地、近岸海域等类型。

水体达标方案与河长制在编制主体、主要目标、主要任务与措施等方面存在一定的联系与差异。

（1）编制主体方面，"一河（湖）一策"方案由省、市、县级河长制办公室负责组织编制；未达标水体达标方案主要以地级市（包括地区、自治州、盟，下同）行政区域为单元编制。

（2）主要目标方面，河长制的主要目标是以问题为导向，构建责任明确、协调有序、监管严格、保护有力的河湖管理保护机制，维护河湖健康生命、实现河湖功能永续利用；水体达标方案以水环境质量改善目标导向，以水质达标倒逼任务措施，水陆统筹、河海兼顾、地表与地下污染共治，有针对性地提出整治对策和措施，促进水体达标。

（3）主要任务与措施方面，河长制包括"加强水资源保护，加强河湖水域岸线管理保护，加强水污染防治，加强水环境治理，加强水生态修复，加强执法监管"六大任务；水体达标方案以水质达标为核心，系统推进"调结构优布局""控源减排""节水及水资源保护调度""生态环境综合治理"和"执法监管与强化管理"等五大任务措施。

水体达标方案技术路线如图1-2所示。

五、河长制与城市黑臭水体整治方案剖析

城市黑臭水体不仅给群众带来了极差的感官体验，也是直接影响群众生产生活的突出水环境问题。国务院颁布的《水污染防治行动计划》提出"到2020年，地级及以上城市建成区黑臭水体均控制在10％以内，到2030年，城市建成区黑臭水体总体得到消除"的控制性目标。为贯彻落实《水污染防治行动计划》，加快城市黑臭水体整治，住建部会同环境保护部、水利部、农业部组织制定了《城市黑臭水体整治工作指南》，指导地方各级

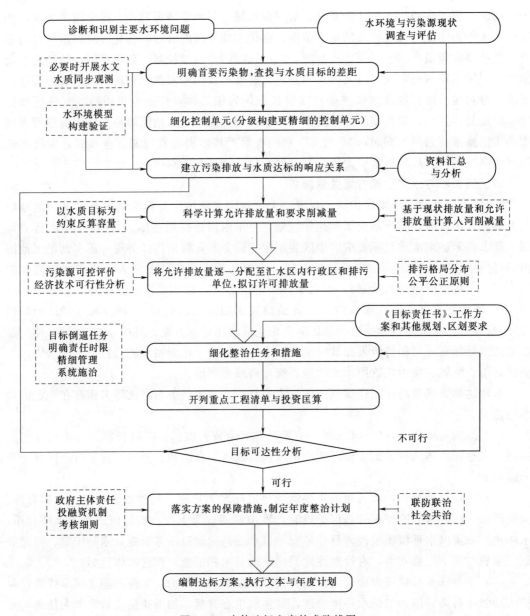

图 1-2 水体达标方案技术路线图

人民政府加快推进城市黑臭水体整治工作，改善城市生态环境。

城市黑臭水体整治与河长制在编制范围、主要目标、主要任务与措施等方面存在一定的联系与差异。

（1）编制范围方面，"一河（湖）一策"方案编制范围为设省级、市级、县级、乡级以及村级河长的河湖；城市黑臭水体整治方案编制范围为城市建成区内的水体。

（2）主要目标方面，河长制的主要目标是构建责任明确、协调有序、监管严格、保护有力的河湖管理保护机制，维护河湖健康生命、实现河湖功能永续利用；城市黑臭水体整治的主要目标是城市建成区黑臭水体总体得到消除。

（3）主要任务与措施方面，河长制包括"加强水资源保护，加强河湖水域岸线管理保护，加强水污染防治，加强水环境治理，加强水生态修复，加强执法监管"六大任务，其中，在加强水环境治理任务方面，明确提出"结合城市总体规划，因地制宜建设亲水生态岸线，加大黑臭水体治理力度，实现河湖环境整洁优美、水清岸绿"。城市黑臭水体整治方案的主要任务与措施包括控源截污、内源治理，活水循环、清水补给，水质净化、生态修复。

城市黑臭水体分级的评价指标包括透明度、溶解氧（DO）、氧化还原电位（ORP）和氨氮（NH_3-N），分级标准见表1-1。

表1-1　　　　　　　　　　城市黑臭水体污染程度分级标准

特征指标	无黑臭	轻度黑臭	重度黑臭
透明度/cm	＞25	25～10	＜10
溶解氧/(mg/L)	＞2.0	0.2～2.0	＜0.2
氧化还原电位/mV	＞50	−200～50	＜−200
氨氮/(mg/L)	＜8.0	8.0～15	＞15

注　水深不足25cm时，透明度指标按水深的40%取值。

城市黑臭水体整治方案技术路线如图1-3所示。

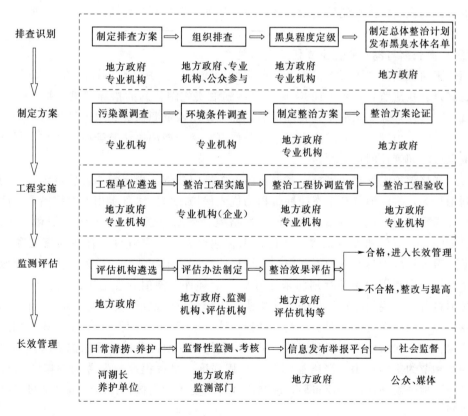

图1-3　城市黑臭水体整治方案技术路线图

六、河长制与湖长制关联剖析

（一）河长制与湖长制在管理体系上的关联

与省、市、县、乡四级河长体系一样，《关于在湖泊实施湖长制的指导意见》要求全面建立省、市、县、乡四级湖长体系。各省（自治区、直辖市）行政区域内主要湖泊，跨省级行政区域且在本辖区地位和作用重要的湖泊，由省级负责同志担任湖长；跨市地级行政区域的湖泊，原则上由省级负责同志担任湖长；跨县级行政区域的湖泊，原则上由市地级负责同志担任湖长。同时，湖泊所在市、县、乡要按照行政区域分级分区设立湖长，实行网格化管理，确保湖区所有水域都有明确的责任主体。

（二）河长制与湖长制在管理职责上的关联

湖长与河长的职责需要相衔接，湖长要统筹协调湖泊与入湖河流的管理保护工作，确定湖泊管理保护目标任务，组织制定"一湖一策"方案，明确各级湖长职责，协调解决湖泊管理保护中的重大问题，依法组织整治围垦湖泊、侵占水域、超标排污、违法养殖、非法采砂等突出问题。其他各级湖长对湖泊在本辖区内的管理保护负直接责任，按职责分工组织实施湖泊管理保护工作。

流域管理机构要充分发挥协调、指导和监督等作用。对跨省级行政区域的湖泊，流域管理机构要按照水功能区监督管理要求，组织划定入河排污口禁止设置和限制设置区域，督促各省（自治区、直辖市）落实入湖排污总量管控责任。要与各省（自治区、直辖市）建立沟通协商机制，强化流域规划约束，切实加强对湖长制工作的综合协调、监督检查和监测评估。

（三）河长制与湖长制在主要任务上的关联

相较于河长制的"水资源保护、河湖水域岸线管理保护、水污染防治、水环境治理、水生态修复、执法监管"六大任务，《关于在湖泊实施湖长制的指导意见》提出"严格湖泊水域空间管控，强化湖泊岸线管理保护，加强湖泊水资源保护和水污染防治，加大湖泊水环境综合整治力度，开展湖泊生态治理与修复，健全湖泊执法监管机制"六大任务，强调湖泊水域空间管控的重要性。

（1）严格湖泊水域空间管控。各地区各有关部门要依法划定湖泊管理范围，严格控制开发利用行为，将湖泊及其生态缓冲带划为优先保护区，依法落实相关管控措施。严禁以任何形式围垦湖泊、违法占用湖泊水域。严格控制跨湖、穿湖、临湖建筑物和设施建设，确需建设的重大项目和民生工程，要优化工程建设方案，采取科学合理的恢复和补救措施，最大限度地减少对湖泊的不利影响。严格管控湖区围网养殖、采砂等活动。流域、区域涉及湖泊开发利用的相关规划应依法开展规划环评，湖泊管理范围内的建设项目和活动，必须符合相关规划并科学论证，严格执行工程建设方案审查、环境影响评价等制度。

（2）强化湖泊岸线管理保护。实行湖泊岸线分区管理，依据土地利用总体规划等，合理划分保护区、保留区、控制利用区、可开发利用区，明确分区管理保护要求，强化岸线用途管制和节约集约利用，严格控制开发利用强度，最大程度地保持湖泊岸线的自然形态。沿湖土地开发利用和产业布局，应与岸线分区要求相衔接，并为经济社会可持续发展预留空间。

（3）加强湖泊水资源保护和水污染防治。落实最严格水资源管理制度，强化湖泊水资源保护。坚持节水优先，建立健全集约节约用水机制。严格湖泊取水、用水和排水全过程管理，控制取水总量，维持湖泊生态用水和合理水位。落实污染物达标排放要求，严格按照限制排污总量控制入湖污染物总量、设置并监管入湖排污口。入湖污染物总量超过水功能区限制排污总量的湖泊，应排查入湖污染源，制定实施限期整治方案，明确年度入湖污染物削减量，逐步改善湖泊水质；水质达标的湖泊，应采取措施确保水质不退化。严格落实排污许可证制度，将治理任务落实到湖泊汇水范围内的各排污单位，加强对湖区周边及入湖河流工矿企业污染、城镇生活污染、畜禽养殖污染、农业面源污染、内源污染等综合防治。加大湖泊汇水范围内城市管网建设和初期雨水收集处理设施建设，提高污水收集处理能力。依法取缔非法设置的入湖排污口，严厉打击废污水直接入湖和垃圾倾倒等违法行为。

（4）加大湖泊水环境综合整治力度。按照水功能区区划确定各类水体水质保护目标，强化湖泊水环境整治，限期完成存在黑臭水体的湖泊和入湖河流整治。在作为饮用水水源地的湖泊，开展饮用水水源地安全保障达标和规范化建设，确保饮用水安全。加强湖区周边污染治理，开展清洁小流域建设。加大湖区综合整治的力度，有条件的地区，在采取生物净化、生态清淤等措施的同时，可结合防洪、供用水保障等需要，因地制宜地加大湖泊引水排水能力，增强湖泊水体的流动性，改善湖泊水环境。

（5）开展湖泊生态治理与修复。实施湖泊健康评估。加大对生态环境良好湖泊的严格保护，加强湖泊水资源调控，进一步提升湖泊生态功能和健康水平。积极有序地推进生态恶化湖泊的治理与修复，加快实施退田还湖还湿、退渔还湖，逐步恢复河湖水系的自然连通。加强湖泊水生生物保护，科学开展增殖放流，提高水生生物多样性。因地制宜地推进湖泊生态岸线建设、滨湖绿化带建设、沿湖湿地公园和水生生物保护区建设。

（6）健全湖泊执法监管机制。建立健全湖泊、入湖河流所在行政区的多部门联合执法机制，完善行政执法与刑事司法衔接机制，严厉打击涉湖违法违规行为。坚决清理整治围垦湖泊、侵占水域以及非法排污、养殖、采砂、设障、捕捞、取用水等活动。集中整治湖泊岸线乱占滥用、多占少用、占而不用等突出问题。建立日常监管巡查制度，实行湖泊动态监管。

（四）河长制与湖长制在保障措施上的关联

在河长制"加强组织领导、健全工作机制、强化考核问责、加强社会监督"四项保障措施的基础上，《关于在湖泊实施湖长制的指导意见》提出"加强组织领导、夯实工作基础、强化分类指导、完善监测监控、严格考核问责"五项保障措施，强调工作基础、湖泊管理保护分类指导和监测监控等保障措施的重要性。

（1）加强组织领导。各级党委和政府要以习近平新时代中国特色社会主义思想为指导，把在湖泊实施湖长制作为全面贯彻党的十九大精神、推进生态文明建设的重要举措，切实加强组织领导，明确工作进展安排，确保各项要求落到实处。要逐个湖泊明确各级湖长，进一步细化实化湖长职责，层层建立责任制。要落实湖泊管理单位，强化部门联动，确保湖泊管理保护工作取得实效。水利部要会同全面推行河长制工作部际联席会议各成员单位加强督促检查，指导各地区推动在湖泊实施湖长制工作。

（2）夯实工作基础。各地区各有关部门要抓紧摸清湖泊基本情况，组织制定湖泊名录，建立"一湖一档"。抓紧划定湖泊管理范围，实行严格管控。对堤防由流域管理机构直接管理的湖泊，有关地方要积极开展管理范围划定工作。

（3）强化分类指导。各地区各有关部门要针对高原湖泊、内陆湖泊、平原湖泊、城市湖泊等不同类型湖泊的自然特性、功能属性和存在的突出问题，因湖施策，科学制定"一湖一策"方案，进一步强化对湖泊管理保护的分类指导。

（4）完善监测监控。各地区要科学布设入湖河流以及湖泊水质、水量、水生态等监测站点，建设信息和数据共享平台，不断完善监测体系和分析评估体系。要积极利用卫星遥感、无人机、视频监控等技术，加强对湖泊变化情况的动态监测。跨行政区域的湖泊，上一级有关部门要加强监测。

（5）严格考核问责。各地区要建立健全考核问责机制，县级及以上湖长负责组织对相应湖泊下一级湖长进行考核，考核结果作为地方党政领导干部综合考核评价的重要依据。实行湖泊生态环境损害责任终身追究制，对造成湖泊面积萎缩、水体恶化、生态功能退化等生态环境损害的，严格按照有关规定追究相关单位和人员的责任。要通过湖长公告、湖长公示牌、湖长 APP、微信公众号、社会监督员等多种方式加强社会监督。

第二章

水污染防治基本理论与方法

本章内容作为水污染防治工作的理论基础，共包含四节，分别为入河污染源主要类型及特征、污染源调查与评价方法、污染物排放量与入河量计算方法、水环境容量/水域纳污能力计算方法。第一节按照不同分类方法对污染源进行分类，并全面对水污染防治工作针对的工矿企业污染、城镇生活污染、农村生活污染、农业面源污染、船舶港口及底泥内源污染进行了分析；在对污染源分类的基础上，第二节介绍了工业污染源、生活污染源、农业污染源、移动源、集中式污染治理设施的污染源调查方法，并进一步提出污染源评价方法；根据污染源调查结果，第三节系统介绍了工矿企业废水、城镇生活、农村生活、农田面源、畜禽养殖、水产养殖等六大污染源类型的污染物排放量与入河量计算方法；第四节水环境容量/水域纳污能力计算方法为流域水污染防治规划方案编制提供了理论依据。

第一节　入河污染源主要类型及特征

水污染是指人类活动排放的污染物进入水体，且污染物数量超过了水体的自净能力，使水体理化特性和水环境中的生物特性、组成等发生改变，从而影响水的使用价值，造成水质恶化，乃至危害人体健康或破坏生态环境的现象。污水中的酸、碱、氧化剂，以及铜、镉、汞、砷等化合物，苯、二氯乙烷、乙二醇等有机毒物，会毒死水生生物，影响饮用水源、风景区景观。污水中的有机物被微生物分解时消耗水中的氧，影响水生生物的生命，水中溶解氧耗尽后，有机物进行厌氧分解，产生硫化氢、硫醇等难闻气体，使水质进一步恶化。因此，了解入河污染源的主要类型，各种类型水污染的定义、属性及其带来的危害十分必要。下面就这几个方面分别叙述。

一、水污染的主要类型

进入水体的污染物种类繁多，危害各异，按照不同的分类标准有不同的分类结果。

（1）按污染成因可分为自然污染和人为污染。自然污染主要由自然因素造成，如特殊地质条件使某些地区的某些或某种化学元素大量富集，天然植物腐烂过程中产生的某种毒物，以及降雨淋洗大气和地面后挟带的各种物质流入水体，都会影响该地区的水质。人为污染是人类生产生活中产生的废污水对水体的污染，包括生活污水、工业废水、农田排水和矿山排水等。此外，废渣和垃圾倾倒在水中、岸边，或堆积在土地上经降雨淋洗流入水体，都能造成污染。总体来说，与自然过程相比较，人类活动是造成水体污染的主要原因。

（2）按污染物属性可分为物理性污染、化学性污染和生物性污染。物理性污染可细分为热污染、放射性污染和表观污染；化学性污染可细分为酸碱污染、重金属污染、非金属污染、耗氧有机物污染、农药污染、易分解有毒有机物污染和油类污染；生物性污染可细分为病原菌污染、霉菌污染和藻类污染。

（3）按污染物空间分布方式可分为点源污染和非点源污染。点源污染指有固定排放口（点）的污染源，主要包括工矿企业污染和城镇生活污染。点源污染物通过固定的管道直接排入河湖，没有经过土壤等介质的流域调蓄，其排放量基本上与入河（湖）负荷量相当。非点源污染是指污染物以广域的、分散的、微量的形式进入地表及地下水体，主要包括农村生活污染、畜禽养殖污染、水产养殖污染、农业面源污染和船舶港口污染。非点源污染物常常经过流域土地的过滤作用后再汇入河流和湖泊，污染负荷会有部分损失，最终汇入河流和湖泊的污染物量要小于其产生量。

（4）按产生污染物的行业性质可分成工业污染源、农业污染源、生活污染源和交通运输污染源等。其中工业污染源污染物种类繁多、数量大、毒性差异大、处理困难，是我国目前水污染的主要来源。

（5）按污染源排放特征可分为连续排放源、间接排放源和瞬时排放源等。

此外，还可以根据污染源是否移动分为固定源和移动源，按受纳水体类型分为降水、地表水和地下水污染源等。

二、水污染危害

水污染会对水体产生物理性、化学性和生物性的危害。

（1）物理性危害是指水污染影响人体感官，减弱浮游植物的光合作用，以及热污染、放射性污染带来的一系列不良影响。

1）表观水污染中的悬浮固体增加，不仅会淤塞航道，妨碍航运，还能截断光线，妨碍水生植物的光合作用。

2）热污染会引起水温增高，降低水体的饱和溶解氧浓度，同时促使水中有机物加速分解，增加氧的消耗，从而使水体的溶解氧浓度降低。

3）放射性污染物质的衰变期往往很长，衰变过程中释放的射线会引起生物体细胞、组织和体液中的原子、离子电离，直接破坏机体内的某些大分子结构，使某些生物酶失去活性。

（2）化学性危害是指水中的化学物质降低水体自净能力，毒害动植物，破坏生态系统平衡，引起某些疾病和遗传变异，工程设施腐蚀等不良影响。

1）耗氧有机污染物在微生物作用下发生氧化反应会不断消耗水中的溶解氧，造成水体缺氧，严重时会造成鱼类等水生生物窒息死亡。当水体中的氧耗尽时，有机物将在厌氧微生物作用下分解，产生甲烷、氨、硫化氢等有毒物质，使水体发黑发臭。

2）受酸性物质污染的水（如酸雨），可直接损害各种植物的叶面蜡质层，使植物逐渐枯萎而死亡，此外还可使土壤酸化，导致钙、镁等营养元素淋失；许多工业排出的含氢氧化钠的废水，还影响水体的碱性和 pH 值。

3）工厂和矿山废水中常含有某些重金属，如汞、镉、铅等，这些物质极难降解，虽然在水中的浓度很低，但会在食物链的传递中不断富集，最终给人类带来严重疾病。

4）有毒化学品污染物即使在很低的浓度下，对鱼类和水中微生物也有很强的毒性。

例如农药中的滴滴涕、六六六等不易分解消失，可长期残留在土壤和作物上，在雨水冲刷下进入水体，危害水生生物。

5）油类污染物进入水体后，先形成浮油，后形成油膜和乳化油。油膜在水面上扩展和漂浮，阻碍水分蒸发和氧气进入水体，危及鱼类和鸟类生存。石油在水体中可发生氧化作用而分解，产生多种化合物，有一些甚至是致癌物质。

（3）生物性危害是指病原微生物随水传播造成疾病蔓延，以及水体富营养化造成藻类猛长、水体缺氧、鱼虾大量死亡等不良影响。

1）生物制品厂、制革厂、屠宰厂、医院等排出的废水中常含有各种各样的病毒、病菌、寄生虫虫卵、原生动物，当人们饮用或接触受病原微生物污染的水体时，便会感染许多疾病，引起传染病蔓延。

2）氮、磷等污染物的输入，会引起湖泊、水库、河口等流速缓慢的水体发生富营养化，使藻类异常增殖，覆盖水面，并形成泡沫、浮垢，阻止水体复氧，引起水体浑浊、恶臭等现象。大量的藻类、水草死亡后沉入水底，久而久之，将导致湖泊的淤塞和沼泽化，破坏生态平衡。

三、工矿企业污染

工矿企业是工业和采矿业的统称，两类企业都有具体的产品，两者都属于第二产业，不同的是采矿业的产品更原始一些。工矿企业污染主要是指工矿企业的废水排放对水体的污染，主要包括有机需氧物质污染、化学毒物污染、无机固体悬浮物污染、重金属污染、酸污染、碱污染、植物营养物质污染、热污染、病原体污染等。与城市生活污水相比，工业废水污染物成分复杂、差异大，浓度范围宽、波动大，难生物降解性和毒性，种类多、浓度大，处理目标多样、水质标准差别大。我国排放工业废水的主要行业是食品、化工、黑色金属冶炼、造纸、电力、纺织印染业等行业。工业废水污染物成分随产品的不同将有很大的差异，如造纸厂废水含有大量的木质素、碱和游离氯，煤气厂、焦化厂、炼油厂废水含有较多的酚和氨，电镀厂废水含有重金属铬、镉化合物和剧毒物质氰化物等。

四、城镇生活污染

城镇生活污染源包括城镇生活污水和城镇生活垃圾。城镇生活污水是指城镇居民日常生活中，如淘米、洗菜、洗涤、冲厕等使用后排出的污水对水体的污染。生活污水中含有相当多的淀粉、蛋白质、氨基酸、脂肪、木质素等有机物，并有细菌、寄生虫卵，还可能包括病菌、病毒等致病微生物，但一般不含有毒物质。生活污水的成分一般比较固定，但污水中污染物浓度有地区差异。

城镇生活垃圾是指在城市日常生活中或者为城市日常生活提供服务的活动中产生的固体废物以及法律、行政法规规定视为城市生活垃圾的固体废物，主要包括居民生活垃圾，商业垃圾，集贸市场垃圾，街道垃圾，公共场所垃圾，机关、学校、厂矿等单位的垃圾（工业废渣及特种垃圾等危险固体废物除外）。在收集、运输和处理处置过程中，其含有的和产生的有害成分会对大气、土壤、水体造成污染，不仅严重影响城市环境卫生质量，而且威胁人民身体健康，成为社会公害之一。

五、农村生活污染

农村生活污染指在农村居民日常生活或为日常生活提供服务的活动中产生的生活污

水、生活垃圾、废气、人（畜）粪便等污染，不包括为日常生活提供服务的工业活动（如农产品加工、集中畜禽养殖）产生的污染物。

农村生活污水主要是农村居民生活当中产生的厨房污水、洗涤用水及厕所冲水，其中化学需氧量（COD）、氮磷、悬浮物及病菌等为主要污染物，氨氮、总氮、总磷等污染指标浓度总体较高。随着我国新农村建设的飞速发展，农村地区生产、生活污水的排放量也不断增长。由于农村污水排放管网不完善，农村生活污水一般为粗放型排放，排放量小且分散。污水任意排放导致农村地区河网以及地下水水质持续快速恶化，农灌沟渠及农村河道水环境普遍为劣V类，甚至许多河渠达不到农灌水质标准的要求。

农村生活垃圾主要组成为厨余垃圾，其余为废弃塑料、废纸等可回收垃圾以及灰渣，各地区根据生活习惯的不同，垃圾可降解比例为 42.26%～82.66%。不同地区随着经济发展水平的提高，垃圾组分比例会发生显著的变化。

六、农业面源污染

农业面源污染是指在农业生产活动中，农田中土粒，氮、磷等营养物质，农药以及其他有机或无机污染物质，通过农田的地表径流、农田排水和农田地下渗漏，使大量污染物质进入水体形成的环境污染，或因畜禽养殖业、水产养殖业的任意排放造成的水体污染，主要包括化肥污染、农药污染、畜禽粪便污染、水产养殖污染等。

农业面源污染具有以下特征：

（1）分散性和隐蔽性。农业面源污染随流域内土地利用状况、地形地貌、水文特征、气候、天气等不同而具有空间异质性和时间上的不均匀性。

（2）随机性和不确定性。从农业面源污染的起源和形成过程来看，除与降雨过程、降雨时间、降雨强度密切相关外，面源污染的形成还与其他许多因素，如汇水面性质、地貌形状、地理位置、气候等也密切相关。

（3）广泛性和难监测性。由于农业面源污染涉及多个污染者，在给定的区域内它们的排放是相互交叉的，加之不同的地理、气象、水文条件对污染物的迁移转化影响很大，因此很难具体监测到单个污染者的排放量。

（4）滞后性和风险性。农业污染物质对环境产生影响的过程是一个从量变到质变的积累过程，如各类重金属物质对土壤的污染，其危害表现具有滞后性；农业面源污染物质对生态环境的强破坏作用，其滞后性使各种污染物质的生态风险性很大。

七、船舶港口及底泥内源污染

船舶港口的水污染主要是指船舶在航行、停泊港口、装卸货物的过程中对周围水环境产生的污染，主要污染物有生活污水、含油污水和化学品废水三类，另外也将产生粉尘、化学物品、废气等。船舶港口污染与海洋生态系统紧密相连，造成了其污染具有极大的特殊性，主要表现在以下几个方面。

（1）船舶污染源的复杂性。船舶航行过程中所排放出的油污水、生活污水、毒性有害气体、固体垃圾及噪声等都会对周围的环境造成严重的污染。

（2）船舶污染影响的可传递性。由于船舶污染是在船舶航行的过程中造成的，污染发生之后船舶所到之处都会有船舶污染的影子，河（湖）不断流动更是推波助澜地将污染传递到多个区域。一次污染事故的发生便可能在短时间内波及多个地区，给事后治理带来巨大的难度和治理成本。

（3）船舶污染本身带有侵权行为的色彩。与其他污染不同，由于船舶污染很可能是人为因素造成的（例如船员未按规定将船舶污水进行处理而直接排放入海），根据相关规定侵权人应受到侵权追责和处罚。

底泥内源污染是指底泥中的污染物向外释放造成水体污染及底泥污染导致的底栖生态系统破坏的现象。通常内源污染物可分为氮磷营养盐、重金属和难降解有机物三类。其形成与河道内生物代谢及生物遗体、大气沉降、降水等有关内源污染物的释放受水温、pH值、溶解氧浓度、氧化还原电位、水体扰动、污染物形态及理化性质、底泥结构、微生物活动等多因素影响及外源污染过量输入有关，对其控制相对较为困难。

第二节　污染源调查与评价方法

水环境调查是开展地表水资源以及所有水资源的利用、开发、保护等一系列工作的基础和前提。在水环境调查的基础上，进行水环境质量评价，可以定量地对某个水体的污染程度作出判断，为水污染的防治工作、水资源的合理开发利用提供科学的依据。因此，在开展水污染防治研究时，应首先进行污染源调查与评价。本节主要围绕污染源调查与污染源评价的有关技术事项，提出不同类型的污染物调查与评价方法。

一、污染源调查

1. 污染源调查的内容

以下针对各污染源的调查对象、调查范围、调查内容、调查项目等展开分述。

（1）工业污染源。

1）调查对象：产生废水及固体废物的所有工业行业产业活动单位。

2）调查内容：企业基本情况，原辅材料消耗，产品生产情况，产生污染的设施情况，各类污染物产生、治理、排放和综合利用情况（包括排放口信息、排放量、排放方式、排放去向等），各类污染防治设施建设、运行情况等。首先调查各污染源的废污水排放量和主要污染物排放量，如果污染源过多，全部调查有困难，可调查主要污染源，即污水排放量或污染物排放量较大的污染源必须查清。对缺少资料的工矿企业进行污染源补充调查或补充监测。其中：废水污染物调查项目包括化学需氧量、氨氮、总氮、总磷、石油类、挥发酚、氰化物、汞、镉、铅、铬、砷；工业固体废物调查内容包括一般工业固体废物和危险废物的产生、储存、处置和综合利用情况，工业企业建设和使用的一般工业固体废物及危险废物储存、处置设施（场所）情况，危险废物按照《国家危险废物名录》分类调查。

（2）生活污染源。

1）调查范围：除工业企业生产使用以外所有单位和居民生活使用的锅炉（以下统称"生活源锅炉"），城市市区、县城、镇区的市政入河（湖）排污口，以及城乡居民能源使用情况，生活污水产生、排放情况。

2）调查内容：生活源锅炉基本情况、能源消耗情况、污染治理情况，城乡居民能源使用情况，城市市区、县城、镇区的市政入河（湖）排污口情况，城乡居民用水排水情况。其中，废水污染物调查项目包括化学需氧量、氨氮、总氮、总磷、五日生化需氧量、动植物油。

（3）农业污染源。

1）调查范围：种植业、畜禽养殖业和水产养殖业。

2）调查内容：种植业、畜禽养殖业、水产养殖业生产活动情况，秸秆产生、处置和资源化利用情况，化肥、农药和地膜使用情况，纳入登记调查范围的畜禽养殖企业和养殖户的基本情况、污染治理情况和粪污资源化利用情况。其中，废水污染物调查项目包括氨氮、总氮、总磷、畜禽养殖业和水产养殖业增加的化学需氧量。

（4）移动源。

调查内容为机动车和非道路移动污染源。其中，非道路移动污染源包括飞机、船舶、铁路内燃机车和工程机械、农业机械等非道路移动机械。水污染防治领域涉及的移动源具体指船舶。

（5）集中式污染治理设施。

1）调查范围：集中处理处置生活垃圾、危险废物和污水的单位。其中，生活垃圾集中处理处置单位包括生活垃圾填埋场、生活垃圾焚烧厂以及其他处理方式处理生活垃圾和餐厨垃圾的单位。危险废物集中处理处置单位包括危险废物处置厂和医疗废物处理（处置）厂；危险废物处置厂包括危险废物综合处理（处置）厂、危险废物焚烧厂、危险废物安全填埋场和危险废物综合利用厂等；医疗废物处理（处置）厂包括医疗废物焚烧厂、医疗废物高温蒸煮厂、医疗废物化学消毒厂、医疗废物微波消毒厂等。集中式污水处理单元包括城镇污水处理厂、工业污水集中处理厂和农村集中式污水处理设施。

2）调查内容：分为待处理单元基本情况、废水污染物调查项目、设施运行期间污染排放情况。其中待处理单元基本情况包括污染治理设施处理能力、污水或废物处理情况，次生污染物的产生、治理与排放情况；废水污染物调查项目包括化学需氧量、氨氮、总氮、总磷、五日生化需氧量、动植物油、挥发酚、氰化物、汞、镉、铅、铬、砷；设施运行期间污染排放情况包括污水处理设施产生的污泥、焚烧设施产生的焚烧残渣和飞灰等产生、储存、处置情况。

2. 污染源调查技术路线

（1）工业污染源。

全面入户登记调查单位基本信息、活动水平信息、污染治理设施和排放口信息，基于实测和综合分析，分行业分类制定污染物排放核算方法，核算污染物产生量和排放量。工业园区（产业园区）管理机构填报园区调查信息，工业园区（产业园区）内的工业企业填报工业污染源普查表。

（2）生活污染源。

登记调查生活源锅炉基本情况和能源消耗情况、污染治理情况等，根据产排污系数核算污染物产生量和排放量。

利用行政管理记录，结合实地排查，获取市政入河（湖）排污口基本信息。对各类市政入河（湖）排污口排水（雨季、旱季）水质开展监测，获取污染物排放信息。结合排放去向、市政入河（湖）排污口调查与监测、城镇污水与雨水收集排放情况、城镇污水处理厂污水处理量及排放量，利用排水水质数据，核算城镇水污染物排放量。利用已有统计数据及抽样调查获取农村居民生活用水排水基本信息。

（3）农业污染源。

以已有统计数据为基础，确定抽样调查对象，开展抽样调查，获取普查年度农业生产活动基础数据。

（4）移动源。

利用相关部门提供的数据信息，结合典型地区抽样调查，获取移动源保有量、燃油消耗及活动水平信息。

（5）集中式污染治理设施。

根据调查对象基本信息、废物处理处置情况、污染物排放监测数据和产排污系数，核算污染物产生量和排放量。

二、污染源评价

污染源评价是将调查所得到的大量数据进行处理，以确定各行业、各地区或各流域中的主要污染物和主要污染源。评价过程的实质就是将污染源调查的数据进行"标准化"处理，将其转换成相互可比较的量，据此确认污染源和污染物的相对重要性。

1. 排污量法

采用排污量法的最大优点是简便易行。评价中所用的排污量，可以使用废水量，也可以使用污染物总量。早期多使用废水量作为排污量指标，目前多使用污染物总量作为排污量指标。当采用废水量为排污量指标时，缺点是未考虑废水中污染物的浓度，因为即使等量的废水，其中所含的污染物量也可能相差极大。选用污染物总量作为排污量指标时便可克服这一缺点。然而，这一方法仍不能克服不同浓度或量的污染物所引起污染毒害的程度。尽管排污量法简单、粗糙，但由于其简单易行，至今仍然在不少场合下使用。如在对流域或者全国各城市污染状况进行评价时，还常常采用这一方法。

2. 污径比法

污径比即污染源所排放的废水、污水流量与纳污水体径流量之比。其优点是考虑了纳污水体流量的大小。排污量相同的污染源，在排入流量大的水体的重要性显然要小于流量小的纳污水体。如同样规模的企业，直接排入大江、大河和直接排入小溪所引起的环境效应是完全不同的。

但是，这一方法也有其固有的弱点：一是只考虑了纳污水体的流量，而未考虑纳污水体的本底水质浓度，较大污染源排入十分清洁的水体与较小污染源排入已污染水体的情况无法区别；二是未考虑废水、污水的浓度及污染物质类别不同而引起环境效应的差异，如排污体积虽相同，但废水中所含的污染物浓度不一定相同，并且污染物是否有毒性及是否能降解等特征均无法反映出来。污径比法常被用来比较污染源排污情况在当地环境问题中的重要程度，也同时用来度量纳污水体的污染程度。实际上，当纳污水体流量相近时，所比较的就是排污量，即上节所述的排污量法。

3. 超标法

在环境管理中，往往要求对污染源实行限期治理，使其达到规定的排放标准，以保证环境质量。为此，常常根据污染源是否达到排放标准进行评价与统计。

在这一方法中，常使用工业废水排放标准或行业的废水排放标准来度量废水是否超标，排污物中有一项超标即列为超标排放污染源，超标排放污染源占调查区域中污染源的总数便是污染源超标排放率。由于制定废水排放标准时已考虑了污染物的毒性，所以这一方法已含有其对环境污染的危害程度。

4. 等标污染负荷与等标污染负荷比

(1) 等标污染负荷是以污染物排放标准作为评价标准，对各种污染物进行标准化处理，求出各种污染物的等标污染负荷，并通过求和得到某个污染源（工厂）、某个地区和全区域的等标污染负荷。

1) 某污染物的等标污染负荷（P_i）定义为

$$P_i = \frac{C_i}{C_{oi}} Q_i \qquad (2-1)$$

式中：P_i 为某污染物的等标污染负荷，t/d 或 t/a；C_i 为某污染物的实测浓度，mg/L；C_{oi} 为某污染物的排放标准，mg/L；Q_i 为含某污染物废水排放量，t/d 或 t/a。

2) 各污染物的综合等标污染负荷（P_n）是其所排入的若干种污染物的等标污染负荷之和：

$$P_n = \sum_{i=1}^{n} P_i = \sum_{i=1}^{n} \frac{C_i}{C_{oi}} Q_i \qquad (i = 1, 2, 3, \cdots, n) \qquad (2-2)$$

3) 某个流域（或区域）的等标污染负荷（P_m），是其中若干（m 个）工厂（污染源）的综合等标污染负荷之和。

$$P_m = \sum_{j=1}^{m} P_n \qquad (2-3)$$

根据各类等标污染负荷值即可相应计算出某流域（或区域）、某工厂、某污染物的污染负荷比。对污染负荷比进行分析、比较，就可确定出主要污染源与主要污染物。

某污染物的等标污染负荷（P_i）占综合等标污染负荷（P_n）的百分比，称为等标污染负荷比（K_i），计算公式为

$$K_i = \frac{P_i}{P_n} \qquad (2-4)$$

某流域内工厂污染负荷比用 K_n 表示：

$$K_n = \frac{P_n}{P_m} \qquad (2-5)$$

5. 其他

污染物和污染源对环境潜在污染能力的评价以及污染源的污染程度的比较，除了上述介绍的几种评价方法之外，还可以用单位产量排污系数和单位产值排污系数来评价和比较。这种方法不但可以掌握污染物和污染源对环境污染的潜在影响程度，同时也可以衡量企业的管理水平和技术水平。

(1) 单位产量的污染物排放量：

$$M_i = \frac{Q_i}{W} \qquad (2-6)$$

式中：M_i 为每吨产品某污染物的排放量，kg/t；Q_i 为某污染物的排放量，kg/a；W 为产品年产量，t/a。

（2）单位产值的排污系数：

$$N_i = \frac{Q_i}{U} \tag{2-7}$$

式中：N_i 为每万元产值的某污染物排放量，kg/万元；Q_i 为某污染物排放量，kg/a；U 为产品的产值，万元/a。

第三节　污染物排放量与入河量计算方法

在进行水环境污染相关问题的研究中，估算污染物入河量是一个必要的基础性工作。估算污染物进入目标水体的负荷，不仅可以掌握研究区域水环境污染的现状，还可以为水资源保护和水污染防治工作提供数据支持，本节将介绍各种类型污染物的排放量与入河量计算方法。

一、工矿企业废水排放量及入河量计算方法

（一）工矿企业废水污染物排放量计算方法

（1）使用自动监测数据计算污染物排放量。

1）小时排放量：

$$D_i = \overline{C}_i\,\overline{Q}_i \times 10^{-3} \tag{2-8}$$

式中：D_i 为第 i 小时污染物排放量，kg/h；$\overline{C}_i$ 为第 i 小时污染物浓度小时均值，mg/L；$\overline{Q}_i$ 为第 i 小时废水排放量小时均值，m³/h。

2）日排放量：

$$D_d = \sum_{i=1}^{24} D_i \tag{2-9}$$

式中：D_d 为污染物日排放量，kg；D_i 为第 i 小时污染物排放量，kg/h。

3）月排放量：

$$D_m = \sum D_d \tag{2-10}$$

式中：D_d 为第 d 日污染物排放量，kg；D_m 为第 m 月污染物排放量，kg。

4）季度、年度排放量：

$$D = \sum D_m \tag{2-11}$$

式中：D 为季度或年度污染物排放量，kg；D_m 为第 m 月污染物排放量，kg。

（2）使用监督性监测数据核定污染物排放量。

1）计算时段内排污口污染物排放量：

$$P = CQ\,\frac{1}{F}TG \times 10^{-3} \tag{2-12}$$

式中：P 为排放口计算时段内某污染物排放量，kg；C 为该排放口某污染物监测当日平均浓度，mg/L；Q 为该排放口监测当日废水排放量，m³/d；F 为该排放口当日生产负荷，%；T 为该排放口计算时段内对应的天数，d；G 为该排放口计算时段内对应的企业平均生产负荷，%。

2）年排污口污染物排放量：

计算该排污口废水污染物年排放总量，可将一年内各计算时段的排放量累加，获得全年排放总量。

$$D = \sum_{j=1}^{k} P_j \qquad (2-13)$$

式中：D 为该排放口某污染物年排放总量，kg；k 为计算时段数；P_j 为该排放口第 j 计算时段某污染物排放总量，kg。

（二）工矿企业废水污染物入河量计算方法

（1）入河废污水量核查方法。

1）有在线监测设施的入河排污口，以查阅在线流量数据为主。在线监测数据与填报数据误差超过30%的，应开展必要的监测，按照实测法进行数据核查。无在线监测设施的入河排污口，应按照实测法进行数据核查，也可以通过查阅入河排污口设置单位相关资料，采用计算法进行核查。

2）在线监测设施为累计流量计量设备的入河排污口，应按累计流量统计入河废污水量；监测设施为非累计流量设备时，可根据计量设施工作记录按照下式统计计算入河废污水量。

$$W = \sum_{i=1}^{n} Q_i (1-c) \qquad (2-14)$$

式中：W 为入河年废污水量，m^3/a；Q_i 为第 i 日废污水排放量，m^3；c 为在线监测设施到入河排污口之间废污水量的输水损失系数。

3）无在线监测设施的入河排污口，采用实测法或计算法进行核查。

a. 对于有条件开展或已经开展了监测的入河排污口应采用实测法进行入河废污水量核查。对于连续稳定排放的排污口，可通过监测的瞬时流量结合排污口年排放时间按式（2-15）和式（2-16）计算入河废污水量；季节性排放、间断排放等无规律的排污口，根据实际排放时间按照式（2-15）、式（2-16）计算入河废污水量。

$$W = 3600 Q T_a D \qquad (2-15)$$

$$W = 3600 Q_a T_a D \qquad (2-16)$$

式中：W 为入河年废污水量，m^3；Q 为监测瞬时流量，m^3/s；Q_a 为平均流量，通过多次监测的瞬时流量算术平均获得，m^3/s；T_a 为日平均排放时间，h/d；D 为年排放天数，d/a。

b. 不具备监测条件的入河排污口，可采用计算法进行入河污水量核查。对于用水流程清晰的企业入河排污口，可根据单位产品的用水量和耗水量以及产量按照式（2-17）计算入河废污水量；或根据企业的日取用水量和耗水量以及取水天数按式（2-18）计算入河废污水量。

$$W = k p (Q_u - Q_c) \qquad (2-17)$$

$$W = k t (Q_{ud} - Q_{cd}) \qquad (2-18)$$

式中：W 为入河年废污水量，m^3/a；k 为废污水入河系数；p 为产品年产量，t/a；Q_u 为单位产品用水量，m^3/t；Q_{ud} 为日平均取水量，m^3/d；Q_c 为单位产品耗水量，m^3/t；Q_{cd} 为日平均耗水量，m^3/d。

对于涵闸控制或泵站提取的综合排污口，可查阅提闸或泵站开机记录，根据提闸或泵站运行时间和提闸防水或泵站抽水能力，按照式（2-19）计算入河废污水量。

$$W = tc \tag{2-19}$$

式中：W 为入河年废污水量，m^3/a；t 为年提闸或泵站开机小时数，h/a；c 为每小时抽水能力，m^3/h。

（2）入河污染物量核查方法。

1）入河污染物量的核查应以实测法进行数据核查，也可以通过查阅入河排污口设置单位相关资料，采用计算法进行核查。在线监测数据可作为参考数据。

2）具备监测条件的入河排污口应在确定污染源生产周期和主要污染物种类的基础上，根据生产周期确定监测频次，通过水量水质同步监测，按照式（2-20）进行污染物量核查。

$$W_m = W \sum_{i=1}^{n} Q_i C_i / \sum_{i=1}^{n} Q_i \times 10^{-6} \tag{2-20}$$

式中：W_m 为某种污染物的年入河物质量，t/a；W 为入河年废污水量，m^3/a；Q_i 为第 i 次同步监测时的废污水瞬时流量，m^3/s；C_i 为第 i 次同步监测时某种污染物的浓度，mg/L；n 为总同步监测次数。

3）不具备监测条件的入河排污口可采用计算法进行入河污染物量核查。

a. 企业排污口可在调查原料用量、产品污染物含量及生产过程消耗量的基础上，根据物料平衡关系，按照式（2-21）计算入河污染物量。也可根据生产实际采用相应的计算公式。

$$W_m = W_u - W_{ic} - W_{uc} \tag{2-21}$$

式中：W_m 为某种污染物的年入河污染物量，t/a；W_u 为原料用量，t；W_{ic} 为产品中污染物的含量，t；W_{uc} 为生产过程消耗量，t。

b. 有污水处理设施的，可通过查阅污水处理设施运行记录，得到污水处理设施排放废污水量和污染物平均排放浓度，并通过式（2-22）计算入河污染物量。

$$W_m = Q_s C_{am} \times 10^{-6} \tag{2-22}$$

式中：W_m 为某种污染物的年入河污染物量，t/a；Q_s 为污水处理设施排放年废污水量，m^3/a；C_{am} 为某种污染物平均排放浓度，mg/L。

二、城镇生活污染排放量及入河量计算方法

城市生活污染源的计算方式是利用生活污水平均浓度与排水量的乘积，得到城市生活污染源的污染物排放量。

城市生活污染物排放量＝生活污水平均浓度×城市生活综合排水量

用城市生活污染物排放量除以城市非农业人口数和天数，得到人均每日生活污染物排放量，将其与人均产污系数的经验值进行对比验证，一般城市人均产污系数约为：COD $60\sim100g/$（人·d），氨氮 $4\sim8g/$（人·d）。如人均每日生活污染物排放量位于此范围内，则数值基本符合实际情况；如偏离此范围 20% 以内，应根据实际情况分析其可能性；如偏离此范围 20% 以上，则应修正所得的污染物排放量数据。

（一）自流式生活排污口

对于自流式生活排污口，可查阅市政部门关于市政设施有偿使用的批准文件或收费凭证进行统计核验。也可查阅市政部门下水道服务区域人口、面积等进行计算（有小型企业的，参照单一排污口入河废污水量的计算方法，将计算结果与下列结果相加）。居民生活污水排放量可通过式（2-23）进行计算。

$$W = k(P_s Q_{pd} + Q_e) \quad\quad (2-23)$$

式中：W 为入河年废污水量，m^3/a；k 为废污水入河系数；P_s 为市政设施服务人口，人；Q_{pd} 为人均年废污水排放量，m^3/a；Q_e 为小型企业年废污水排放量，m^3/a。

（二）混合生活排污口

对于混合生活排污口，可调查市政设施服务人口和人均产生的污染物质量，并通过式（2-24）计算入河污染物量。

$$W_m = P_s W_{am} \times 10^{-6} \quad\quad (2-24)$$

式中：W_m 为某种污染物的年入河污染物量，t/a；P_s 为市政设施服务人口，人；W_{am} 为某种污染物年人均排放量，g/a。

三、农村生活污染排放量及入河量计算方法

农村生活污染计算内容分为农村生活污染源源强和排放量调查、入河量估算两部分。一般采用产污系数法计算农村生活污染源源强，采用排放系数或流失系数计算污染物排放量，在污染物排放量的基础上，采用入河系数计算农村生活污染物入河量，有条件的地方也可采用其他合理方法进行估算。

（一）农村生活污染物源源强及排放量调查估算

农村生活污染源源强调查主要包括农村生活污水和生活垃圾的源强，调查农村常住人口数量和人均用水量等指标。

农村生活废水及生活垃圾产生量和排放量估算采用人均产污系数法和人均排污系数法。农村生活污染源源强为农村人口日均每人产生的生活污染物量，农村生活污染排放量为农村人口日均每人排放到户外的生活污染物量。采用典型调查与类比分析相结合的方法确定农村人口产污系数与排污系数。不同地区可根据本地区的实际情况，以乡镇为基本行政单元统计农村人口，并估算其生活污水及生活垃圾产生的污染物量和排放量。

（二）农村生活污染物入河量估算

农村生活污染物入河量是指由农村生活污水和生活垃圾进入河（湖、库）的污染物总量。农村生活污染物入河量计算可采用基于源强、排放量和入河量关系的经验公式进行估算。根据评价流域的地形地貌、土壤类型、植被类型、水文水资源、水系特征等，采用典型监测调查与类比分析相结合的方法，确定农村生活污染物的入河系数。根据排污系数和源强估算排放量，根据入河系数与排放量估算入河量。

四、农业面源污染排放量及入河量计算方法

（一）农田面源污染排放量及入河量计算方法

农田面源污染物是指在农业生产活动中，农田中的泥沙、营养盐、农药及其他污染物。农田面源污染物计算包括农田面源源强和流失量（或排放量）调查、入河量估算两部分。一般采用产污系数法计算污染源源强，流失系数或排污系数法计算污染物流失量或排

放量。在污染物流失量或排放量的基础上，采用入河系数计算污染物入河量，有条件的地方也可采用其他合理方法进行估算。

（1）农田面源源强及流失量调查分析。

1）农田肥料和农药施用量及流失量调查估算。农田面源源强调查包括肥料及农药施用量调查和折纯量计算。肥料指化肥和有机肥，化肥包括氮肥、磷肥、钾肥、复合肥，有机肥包括商品有机肥、畜禽粪便等。肥料调查内容主要为肥料名称、有效成分及其含量、施用量、施用方法等。农药调查内容主要是农药名称、有效成分及其含量、施用量、施用方法等。应将肥料、农药折算成有效成分，肥料的有效成分以 N 和 P_2O_5 计，农药以有机氯、有机磷计。

肥料和农药的流失系数可根据本区域实际情况分析确定，根据肥料和农药的流失系数及其有效成分估算流失量。

2）水土流失污染物流失量调查估算。水土流失污染物流失量调查包括流域的土壤类型及其分区面积、土壤中总氮与总磷的平均含量、土壤流失状况、污染物富集比等。水土流失的污染物流失量采用式（2-25）估算。

$$w = \sum w_i A_i ER_i c_i \times 10^{-6} \qquad (2-25)$$

式中：w 为流域/区域随泥沙运移输出的污染负荷，t；w_i 为一种土地利用类型单位面积泥沙流失量，t/km^2；A_i 为某一种土地利用类型的面积，km^2；ER_i 为污染物富集系数；c_i 为土壤中总氮、总磷平均含量，mg/kg。

（2）面源污染物入河量估算。

农田面源污染物入河量指由农田面源进入河（湖、库）的污染物总量。农田面源污染物入河量估算可根据调查流域的特点及资料状况，选用合适的方法进行。

资料丰富的流域，可采用相对成熟的流域面源数学模型进行估算。模型参数可通过面源径流小区实验数据及流域水文及水质监测数据进行率定验证；资料不足的流域，可采用基于源强、流失量和入河量关系的经验公式进行估算。根据评价流域的地形地貌、土壤类型、植被类型、耕作管理制度、水文水资源、水系特征等，采用典型监测调查与类比分析相结合的方法，确定面源的产污系数和入河系数。根据产污系数和源强估算流失量，根据入河系数与流失量估算入河量。

有水质水量同步监测资料，且每月同步监测次数不少于 1 次的流域，宜通过流域水文断面的基流分割法估算污染物通量。也可根据国家有关水文分析的规定进行基流分割，再根据水质水量同步监测数据进行计算分析。用全年污染物通量扣除基流污染物通量估算流域面源入河量。

（二）畜禽养殖污染排放量及入河量计算方法

畜禽养殖污染是指畜禽养殖产生的水污染物进入水域的污染物量。畜禽养殖污染物计算内容分为畜禽养殖污染物源强和排放量调查、入河量估算两部分。一般采用产污系数法计算污染物源强、排污系数或流失系数计算污染物排放量。在污染物排放量的基础上，采用入河系数计算污染物入河量，有条件的地方也可采用其他合理方法进行估算。

（1）规模化畜禽养殖场、养殖小区污染物产生量与排放量调查估算。

规模化畜禽养殖场、养殖小区包括猪存栏数不少于 500 头，奶牛存栏数不少于 100

头，肉牛存栏数不少于 200 头，蛋鸡和肉鸡存栏数不少于 10000 只的现有和新建畜禽养殖场、养殖小区，也包括专业从事畜禽养殖废弃物综合利用和无害化处理的污染物排放管理单位。对小于上述规模的集中式畜禽养殖场、养殖小区的污染物产生量与排放量估算，各地方也可根据畜牧业发展状况和畜禽养殖污染防治要求，参照规模化畜禽养殖场、养殖小区的计算方法执行。

首先确定畜禽种类及其产污系数和排污系数，根据畜禽种类和数量，采用产污系数和排污系数法，估算畜禽养殖产生的污染物量与排放量。根据规模化畜禽养殖场、养殖小区的入河距离、渠道特性、气象条件等，确定入河系数，计算规模化畜禽养殖场、养殖小区污染物的入河量。

（2）分散式畜禽养殖污染物产生量与排放量调查估算。

分散式畜禽养殖污染主要调查猪、奶牛、肉牛、羊、大牲畜（马、驴、骡）、蛋鸡、肉鸡等的养殖数量，估算畜禽养殖产生的污染物量、排放量与入河量。

根据畜禽种类和数量，采用典型调查与类比分析相结合的方法确定产污系数和排污系数，根据产污系数和排污系数，估算畜禽养殖产生的污染物量与排放量。根据分散式畜禽养殖所在流域的地形地貌、土壤类型、植被类型、水文水资源、水系特征等，确定入河系数，计算分散式畜禽养殖污染物的入河量。

（三）水产养殖污染排放量及入河量计算方法

水产养殖涉及的污染物包括池塘、工厂化养殖模式产生的污染物，主要指标为总氮、总磷、COD、铜、锌五项指标；网箱、围栏养殖模式产生的污染物主要为总氮、总磷、铜、锌四项指标，COD 为研究推算所得的参考值，具体参见《全国污染源普查水产养殖业污染源产排污系数手册》。

水产养殖污染物产生量的计算方法为

$$污染物产生量＝产污系数×养殖增产量$$

污染物排放量的计算方法为

$$污染物排放量＝排污系数×养殖增产量$$

污染物入河量的计算方法为

$$污染物入河量＝入河系数×污染物排放量$$

其中，养殖增产量＝产量－投放量。

第四节　水环境容量/水域纳污能力计算方法

在流域水污染防治规划编制过程中，有两个重要问题需要明确：①根据规划区域水污染调查监测资料及地表水环境质量监测数据，明确各水污染源是否实现达标排放及满足总量控制的要求，区域地表水环境质量是否符合水体使用功能要求；②如果地表水环境质量及区域水污染源满足环保要求，则可分析计算出研究水域剩余水环境容量，为区域社会经济发展及水污染源的总量控制提供依据；如果地表水质及区域水污染源达不到环保要求，则需分析计算出目标水域削减污染负荷量，为地表水质达到水域功能要求与水污染源的达标治理合理控制提供依据。因此，不论是前者还是后者，都需要进行水体的水环境容量计算，以利于流域水污染防治规划方案的编制，及区域水污染源的控制与水环境质量达到水体功能要求，本节将阐述河流与湖（库）的水环境容量计算方法。

一、水环境容量/水域纳污能力定义

水环境容量也称为水域纳污能力，我国水利部门采用"水域纳污能力"一词，环境保护主管部门采用"水环境容量"一词。

水利部门对水域纳污能力的定义为：在设计水文条件下，满足计算水域的水质目标要求时，该水域所能容纳的某种污染物的最大数量。环境保护主管部门对水环境容量的定义为：在给定水域范围和水文条件、规定排污方式和水质目标的前提下，单位时间内该水域最大允许纳污量。

二、河流水环境容量/水域纳污能力数学模型

（一）河流零维模型

污染物在河段内均匀混合，可采用河流零维模型计算水域纳污能力。主要适用于河网地区的河段。根据入河污染物的分布情况，应划分不同浓度的均匀混合段，分段计算水域纳污能力，其计算模型如下。

（1）河段的污染物浓度按式（2-26）计算：

$$C = \frac{C_p Q_p + C_0 Q}{Q_p + Q} \tag{2-26}$$

式中：C 为混合后水质浓度，mg/L；C_p 为排污口废水浓度，mg/L；Q_p 为排污口废水水量，m^3/s；C_0 为初始断面的污染物浓度，mg/L；Q 为初始断面的入流流量，m^3/s。

（2）相应的水域纳污能力按式（2-27）计算：

$$M = (C_s - C_0)(Q + Q_P) \tag{2-27}$$

式中：M 为水域纳污能力，g/s；C_s 为水质目标浓度值，mg/L。

（二）河流一维模型

污染物在横断面上均匀混合，可采用河流一维模型计算水域纳污能力。主要适用于 $Q < 150 m^3/s$ 的中小型河段。其计算模型如下：

（1）河段的污染物浓度按式（2-28）计算：

$$C_x = C_0 \exp\left(-\frac{k}{u}x\right) \tag{2-28}$$

式中：C_x 为流经 x 距离后的污染物浓度，mg/L；x 为沿河段的纵向距离，m；u 为设计流量下河道断面的平均流速，m/s；k 为污染物综合衰减系数，1/s。

（2）相应的水域纳污能力按下式计算：

$$M = (C_s - C_x)(Q + Q_P) \tag{2-29}$$

（三）河流二维模型

污染物在河段横断面上非均匀混合，可采用河流二维模型计算水域纳污能力，主要适用于 $Q \geqslant 150 m^3/s$ 的大型河段。

对于顺直河段，忽略横向流速及纵向离散作用，且污染物排放不随时间变化时，二维对流扩散方程为

$$u\frac{\partial C}{\partial x} = \frac{\partial}{\partial y}\left(E_y\frac{\partial C}{\partial y}\right) - KC \tag{2-30}$$

式中：E_y 为污染物的横向扩散系数，m^2/s；y 为计算点到岸边的横向距离，m。

二维对流扩散方程式（2-30）的求解方法如下：

（1）式（2-30）的解析解按式（2-31）计算：

$$c(x,y) = \exp\left(-K\frac{x}{u}\right)\left[C_0 + \frac{m}{h(\pi E_y x u)^{1/2}}\exp\left(-\frac{u y^2}{4x E_y}\right)\right] \tag{2-31}$$

式中：$c(x,y)$ 为计算水域代表点的污染物平均浓度，mg/L；其余符号意义同前。

（2）相应的水域纳污能力按式（2-32）计算：

$$M = [C_s - C(x,y)]Q \tag{2-32}$$

三、湖（库）水环境容量/水域纳污能力数学模型

（一）湖（库）均匀混合模型

污染物均匀混合的湖（库）应采用均匀混合模型计算水域纳污能力，主要适用于中小型湖（库）。其计算模型如下：

（1）污染物平均浓度的计算：

$$C(t) = \frac{m+m_0}{K_h V} + \left(C_h - \frac{m+m_0}{K_h V}\right)\exp(-K_h t) \tag{2-33}$$

其中

$$K_h = \frac{Q_L}{V} + K \tag{2-34}$$

$$m_0 = C_0 Q_L \tag{2-35}$$

式中：K_h 为中间变量，$1/s$；C_h 为湖（库）现状污染物浓度，mg/L；m_0 为湖（库）入流污染物排放速率，g/s；V 为设计水文条件下的湖（库）容积，m^3；Q_L 为湖（库）出流量，m^3/s；t 为计算时段长，s；$C(t)$ 为计算时段 t 内的污染物浓度，mg/L；其余符号意义同前。

（2）当流入和流出湖（库）的水量平衡时，小型湖（库）的水域纳污能力按下式计算：

$$M = (C_s - C_0)V \tag{2-36}$$

（二）湖（库）非均匀混合模型

污染物非均匀混合的湖（库）应采用非均匀混合模型计算水域纳污能力，主要适用于大中型湖（库）。根据入湖（库）的排污口分布和污染物扩散特征，宜划分不同的计算水域，分区计算水域纳污能力。当污染物入湖（库）后，污染仅出现在排污口附近水域时，按下式计算水域纳污能力：

$$M = (C_s - C_0)\exp\left(\frac{K\Phi h_L r^2}{2Q_p}\right)Q_p \tag{2-37}$$

式中：Φ 为扩散角，由排放口附近的地形决定，排放口在开阔的岸边垂直排放时，$\Phi = \pi$，排放口在湖（库）中排放时，$\Phi = 2\pi$；h_L 为扩散区湖（库）平均水深，m；r 为计算水域外边界到入河排污口的距离，m。

（三）湖（库）富营养化模型

富营养化湖（库）宜采用狄龙模型计算氮、磷的水域纳污能力。水流交换能力弱的湖（库）湾水域，宜采用合田健模型计算氮、磷的水域纳污能力。

（1）按狄龙模型计算：

$$P = \frac{L_p(1-R_p)}{\beta_h} \qquad (2-38)$$

其中

$$R_p = 1 - \frac{W_出}{W_入} \qquad (2-39)$$

$$\beta = Q_a/V \qquad (2-40)$$

式中：P 为湖（库）中氮、磷的平均浓度，g/m^3；L_p 为年湖（库）氮、磷单位面积负荷，$g/(m^2 \cdot a)$；β 为水力冲刷系数，$1/a$；Q_a 为湖（库）年出流水量，m^3/a；R_p 为氮、磷在湖（库）中的滞留系数，$1/a$；$W_出$ 为年出湖（库）的氮、磷量，t/a；$W_入$ 为年入湖（库）的氮、磷量，t/a。

（2）湖（库）中氮或磷的水域纳污能力计算：

$$M_N = L_s A \qquad (2-41)$$

其中

$$L_s = \frac{P_s h Q_s}{(1-R_p)V} \qquad (2-42)$$

式中：M_N 为氮或磷的水域纳污能力，t/a；L_s 为单位湖（库）水面积氮或磷的水域纳污能力，$mg/(m^2 \cdot a)$；A 为湖（库）水域面积，m^2；P_s 为湖（库）中氮（磷）的年平均控制浓度，g/m^3。

（3）对于湖（库）湾的水域纳污能力，可采用合田健模型计算：

$$M_N = 2.7 \times 10^{-6} C_s H \left(\frac{Q_a}{V} + \frac{10}{Z}\right) S \qquad (2-43)$$

式中：M_N 为氮或磷的水域纳污能力，单位为 t/a；2.7×10^{-6} 为换算系数；C_s 为水质目标值，mg/L；H 为湖（库）平均水深，m；Z 为湖（库）计算水域的平均水深，m；$10/Z$ 为沉降系数，$1/a$；S 为不同年型平均水位相应的计算水域面积，km^2。

（四）湖（库）分层模型

具有水温分层的湖（库），可采用分层模型计算湖（库）水域纳污能力。分层型湖（库）应按分层期和非分层期分别计算水域纳污能力。分层期按湖（库）分层模型计算水域纳污能力；非分层期可按相应的湖（库）模型计算水域纳污能力，其计算模型如下。

（1）污染物浓度计算。

1）分层期（$0 < t/86400 < t_1$）计算公式：

$$C_{E(1)} = \frac{C_{PE}Q_{PE}/V_E}{K_{hE}} - \frac{\dfrac{C_{PE}Q_{PE}}{V_E} - K_{hE}C_{M(1-1)}}{K_{hE}} \exp(-K_{hE}t) \qquad (2-44)$$

其中

$$C_{H(1)} = \frac{C_{PH}Q_{PH}/V_E}{K_{hE}} - \frac{\dfrac{C_{PH}Q_{PH}}{V_E} - K_{hE}C_{M(1-1)}}{K_{hE}} \exp(-K_{hH}t) \qquad (2-45)$$

$$K_{hE} = \frac{Q_{PE}}{V_E} + \frac{K}{86400} \qquad (2-46)$$

$$K_{hH} = \frac{Q_{PH}}{V_H} + \frac{K}{86400} \qquad (2-47)$$

2）非分层期（$t_1 < t/86400 < t_2$）计算公式：

$$C_{M(1)} = \frac{C_P Q_P / V}{K_h} - \frac{\frac{C_P Q_P}{V} - K_h C_{T(1)}}{K_h} \exp(-K_h t) \qquad (2-48)$$

其中

$$C_{M(0)} = C_h \qquad (2-49)$$

$$K_h = \frac{Q_P}{V_H} + \frac{K}{86400} \qquad (2-50)$$

式（2-44）～式（2-50）中：C_E 为分层湖（库）上层污染物的平均浓度，mg/L；C_{PE} 为向分层湖（库）上层排放的污染物浓度，mg/L；Q_{PE} 为排入分层湖（库）上层的废水量，m^3/s；V_E 为分层湖（库）上层体积，m^3；K_{hE}、K_{hH} 为中间变量；C_M 为分层湖（库）非成层期污染物平均浓度，mg/L；t_1 为分层期天数，d；t_2 为分层期起始时间到非分层期结束的天数，d；C_H 为分层湖（库）下层污染物的平均浓度，mg/L；C_{PH} 为向分层湖（库）下层排放的污染物浓度，mg/L；Q_{PH} 为排入分层湖（库）下层的废水量，m^3/s；V_H 为分层湖（库）下层体积，m^3；K_h 为中间变量；C_T 为分层湖（库）上、下层混合后污染物的平均浓度，mg/L；C_h 为湖（库）中污染物现状浓度，mg/L；下标0、1为时间序列号。

（2）相应的水域纳污能力计算。

$$M = \begin{cases} C_{E(1)} + C_{H(1)} V & \text{（分层期）} \\ C_{M(1)} V & \text{（非分层期）} \end{cases} \qquad (2-51)$$

第三章

工 矿 企 业 污 染 防 治

本章包含三节内容，分别是工矿企业污染问题分析、工矿企业污染控制方案及技术以及工矿企业污染管理机制。第一节系统地分析工业空间布局，工业集聚区污染，重点企业、"低小散"企业污染，工业用水效率，固体废弃物污染，排污许可及在线监控管理等六个方面工矿企业污染存在的主要问题。第二节针对工矿企业存在的问题提出相应的控制方案及技术，并运用相关案例深入解析。第三节通过管理机制对工矿企业污染防治进行论述与探讨。

第一节　工矿企业污染问题分析

近年来，我国经济建设取得了举世瞩目的成就，但是在经济快速发展的进程中环境污染日益严重，尤其是工矿企业污染对我国经济社会与生态环境的可持续发展构成了严峻的挑战。因此，明确工矿企业污染防治存在的问题尤为重要，本节从工业企业空间布局、工业集聚区污染、重点企业与"低小散"企业、工业用水效率、固体废弃物污染、排污许可及在线监控管理等六个方面问题进行了剖析，具体如下。

一、空间布局不合理，产业结构有待调整

工业企业总量扩张明显，但生产结构不够合理，结构升级较慢，产业结构能源效益差，导致经济的高增长是建立在高消耗基础上的，造成能源供需不平衡、矛盾突出。工业用地更新作为城市更新的一部分，既关系到城市的健康、持续发展，又关系到城市空间品质效益的提升，因此合理的空间布局能有效推动这一进程健康、有序地发展。但目前我国工业企业空间布局普遍存在如下三方面的问题：

（1）用地结构单一，土地集约度不高。全国多数城市工业总体用地结构比较单一，土地布局分散，生产用地与生活用地混杂，缺乏整体规划，加之土地立体开发利用程度较低，集约化程度不高，吸引作用和辐射效应不强。

（2）工业区块零散，产业体系未形成规模。主要体现为工业企业与居住区混合布局现象没有根本改变，各片区功能特色不突出，没有形成城市与产业互动、空间有序优化的发展格局，无法实现区域产业空间资源的有效利用。在重点生态功能区，陆地和海洋生态环境敏感区、脆弱区等区域划定生态保护红线范围内，仍存在具有潜在破坏性的企业，生态空间被侵占，城市建成区内仍存在钢铁、有色金属、造纸、纺织印染、原料药制造、化工等污染较重的企业。

（3）空间管控不合理，产业配套设施较弱，工业用地产出效率不高。在空间管控方

面，目前涉及工业园区、工业用地管理的主要有规划、国土资源、经济信息、发展改革等职能部门，各部门的空间管控的侧重点不同，管理权限交叉混乱，且各部门编制有相关规划对园区发展进行引导，各规划间缺乏融合衔接，实施困难。产业配套设施较弱，主要体现在产业基础功能配置水平不高，产业园区的生产服务设施和基础设施薄弱，在一定程度上影响了产业发展。

二、工业集聚区污染问题突出，污水集中处理有待加强

工业集聚区的水污染防治是工业污染防治的薄弱环节，其环境基础设施建设运行更是突出短板。目前，各地正大力推动城市主建成区等区域内重污染企业搬迁入园，工业集聚区已成为我国工业发展的主要形态。工业集聚区污水成分复杂，污染因子多，如得不到有效处理，将严重破坏生态环境。目前工业集聚区问题主要出现在以下三个方面：

（1）污水集中处理设施、自动在线监控装置未按期建成、安装。工业集聚区是工业发展的重要载体，建成污水集中处理设施并安装自动在线监控装置，是工业集聚区水污染防治的底线要求。"水十条"规定"工业集聚区应按规定建成污水集中处理设施并安装自动在线监控装置"，但一些地方落实工业集聚区水污染治理任务的进展较慢，距离要求仍有不少的差距。环境保护部通报"水十条"实施情况，指出："水十条"发布实施近三年来，各地高度重视集中治理工业集聚区水污染工作，总体进展情况良好。截止到 2018 年 3 月底，全国有工业废水排放的省级以上工业聚集区 2356 家，其中94%的园区按规定建成了污水集中处理设施，92%安装了自动在线监控设施，仍有 188家园区未完成任务。

（2）建成的污水集中处理设施和管网不能正常稳定运行，达标排放。原则上，园内工业废水和生活污水应全部纳管，杜绝偷排、漏排等情况发生。目前工业废水的处理开始受到政府和企业的重视，但是由于没有完善的制度支撑，工业废水在处理过程中面临着很多实践问题，主要体现在以下几个方面：①虽然一些地方开始实行工业废水集中处理项目，但是有些工业废水集中处理是在原有的城镇污水处理项目改造建成的，甚至有些将工业废水和城镇污水在一个处理工厂内进行，处理过程非常混乱，同时缺乏一些有效的处理设施的支持；②目前对一些污水排放企业乱排乱放现象惩治不及时，导致其变本加厉地进行污水乱排乱放的行为，而且由于缺乏具体的惩罚政策，使得这些污水排放工厂更加肆无忌惮，给环境造成了不可估量的污染；③一些政府的监管部门由于缺乏相关政策的实施，对于工厂污水排放的行为制止的力度不大，在监管过程中遇到了重重问题。

（3）工业园区废水深度处理能力不足。工业园区本意是将工业废水集中处理，但是现实运作中又造成了新的问题。工业废水都集中到一起后，末端建有公共的集式式污水处理厂，每个工厂的废水要处理到一定程度才能进入污水处理厂。问题是容易处理的污染物质大多由工厂自行处理了，到了末端的污染物质大部分都是难以处理的，最终导致污水处理厂运行负荷非常高，无法实现污染物的削减。

三、重点水污染企业影响大，"低小散"企业整治力度有待提高

（一）重点水污染企业存在问题分析

重污染行业废水存在未经处理或未达标排放的现象。处理的困难既有技术方面的原因也有市场及管理方面的问题。

（1）废水深度处理技术问题。一是废水深度处理技术水平有限，从目前掌握的技术水平看，国内很多工业废水的处理在理论上是达不到标准的，也许检查时能应对，但是不能达到真正的长期稳定运行，如制药废水、味精废水等，处理难度很大，现有的技术水准还有待提高。二是废水深度处理技术特别复杂，对治理工艺的选择要考虑很多方面，包括污染企业的生产工艺。工业废水的处理工艺复杂，有些企业投资不够，没有处理好废水；有些企业投资够了，却由于后期管理不善导致出水不达标，也不能实现预期效果。三是处理成本问题，一些产生污染的企业并不想在废水深度治理方面投入太多，逐利的企业还会存在这样的观念，他们认为工业废水的治理除了应付环保部门检查以免于被责罚外并无益处，反而增加了成本，企业的趋利性导致工业废水不能得到真正有效的处理。

（2）市场及管理问题。大部分工业废水处理项目的规模较小，与市政污水处理相比，难以形成规模效应，产生大企业。另外工业废水处理行业监管不严、"一刀切"、脱离实际使得一些行业排放标准难以落到实处，也造成了工业废水未能实现有效的处理。

（二）"低小散"企业污染影响大

"低小散"企业具有产出低、规模小、分布散等特点，占用较多资源，社会贡献度却很低，甚至影响地方生态环境，越来越不利于区域的产业发展。其主要原因有：①重污染、高环境风险，无"三废"处理设施或装备水平低、环保设施差，生产经营过程中易对周边环境、居民生产生活产生影响；②企业对危险化学品的存放使用存在重大安全管理漏洞，在生产经营过程中使用或产生可燃爆的粉尘、气体、液体等爆炸性危险物质，安全设施不符合国家相关标准，涉及喷涂、密闭空间作业、液氨制冷工艺，船舶修造企业安全防护设施设备严重缺失和不足，金属冶炼建设项目未按照安全设计施工、未经验收或验收不合格；③生产能力严重过剩，工艺技术落后，严重危及生产安全，产品质量低劣，能源和原材料消耗高；④非法占地，破坏农用地，擅自改变土地用途，非法转让土地，拒不交还土地；⑤未依法取得规划许可或者未按照规划许可内容建设建筑物和构筑物，或超过规划许可期限未拆除的临时建筑物和构筑物；⑥无证无照及超范围经营的非法经营主体；⑦存在土地闲置问题。

四、工业用水效率低，节水管理力度不足

近年来，国家、省市层面致力于提高工业用水效率，但成效不显著，主要有以下几个原因：①由于中水回用政策法规缺乏，激励机制欠缺，中水管网建设滞后，导致工业园区污水再生利用率较低；②工业企业规模结构、产品结构和原材料结构不合理导致用水量居高不下；③工业企业节水产品推广普及力度不足，用水效率标识制度尚未建立；④较多企业没有建立节约用水的管理制度，工业用水定额不完善，用水计量不健全；⑤工业用水节水管理工作薄弱，合同节水管理模式应用不广泛；⑥非常规水资源开发利用力度不足。

五、固体废弃物管理不善，污染场地土壤有待修复

（一）固体废弃物管理不善

我国工业固体废物规模总量大、综合利用率低、风险隐患高，工业固体废物治理任务十分艰巨。主要问题可以概括为如下三点：

（1）工业固体废物减量化、资源化利用相对滞后。相关法律对固体废物减量化、资源化的要求多为原则规定，缺乏对固体废物产生者责任的约束性制度要求。企业采用先进适用技术改造传统产业，从源头减少工业固体废物产生的压力不够、动力不足。

（2）废物利用过程风险控制标准缺失。我国现行标准体系缺少对固体废物利用过程和产品有害物质的控制标准，难以发挥对资源综合利用产业发展的规范引导作用，部分企业以"资源化"名义非法开展加工利用，严重扰乱市场秩序。

（3）扶持政策协同性、系统性不够。有些部门在制定实施固体废物利用处置方面的税收减免、财政补贴、基金扶持、土地供应、考评奖励、政府和社会资本合作（PPP）等政策时，统筹协调不够，形不成合力，导致固体废物处置能力和效果不平衡；有的地方在产业升级过程中，简单关闭固体废物回收利用企业，给当地垃圾收集、运输、处置带来困难。

（二）污染场地土壤待修复

随着中国产业结构的调整和城市化进程的加快，结合中国传统的工业生产特点，在污染场地管理日趋规范、场地修复力度加大和公众关注度逐年提高的大背景下，中国近年污染场地表现出以下一些新的特点。

（1）工业污染场地数量和面积明显增加。

工业污染场地主要指在大规模的城市化进程中，出现的化工、冶金、钢铁、轻工、机械制造等污染行业的企业因废弃或搬迁而遗留的场地。全国涌现了数以万计的工业污染场地，这些场地的土壤往往受到有机污染物、重金属等多种污染物的污染，污染程度重、分布相对集中；特征污染物因地而异，通常有农药、苯系物、卤代烃、多环芳烃、石油、重金属等；污染土层深度可达数米至数十米，地下水同时受到污染。随着越来越多的城市工业用地转变为绿化、娱乐等公共用地或居住用地，潜在的土壤污染问题将逐渐暴露出来，对人居环境质量和居民健康造成显现或潜在的危害。

（2）场地重金属污染逐渐凸显。

我国是世界第三大矿业大国，矿产资源的开发、冶炼和加工对生态破坏和环境污染严重。中国受采矿业影响的土地大约有 300 万 hm^2，其中受乡镇企业影响的占 1/3，在 21 世纪初，中国每年因采矿造成的废弃地面积达 3.3 万 hm^2。有的矿区由于采矿、冶炼及尾矿污染，造成了土壤的严重污染；甚至一些矿区土壤受重金属、有机污染物等复合污染，危害严重。

我国于 2011 年启动重金属污染防治专项行动，以全面排查重金属污染企业及周边区域环境隐患，摸清重金属污染情况，建立监管台账，确定重点防控区域（流域）、企业和高风险人群，集中解决危害群众健康和生态环境的突出问题为目标任务。建立起比较完善的重金属防治体系、事故应急体系和环境与健康风险评估体系，使重金属污染得到有效控制；重点防控铅、汞、镉、铬、砷 5 类重金属污染物；重点防控行业包括有色金属矿采选业、有色金属冶炼业、含铅蓄电池业、皮革及其制品业、化学原料及化学制品制造业等；重点防控企业是指具有潜在环境风险的重金属排放企业。

（3）特殊类型场地污染逐步显露。

自 20 世纪 60 年代以来，我国经历了铀矿开采、加工以及核武器发展的历程，产生了一定数量的铀矿区、核试验区、核废料处置场地，这类场地存在一定的环境风险。近年来，随着中国核电产业的发展，其矿山开采、选矿、水冶、尾矿、核材料加工、核燃料处置等场所给环境带来的放射性危害有所增加。随着中国核电装机容量的增加、核废料量的增多，安全处理处置日益迫切。

（4）污染场地土壤环境管理欠缺。

我国在过去几十年里，对污染场地的土壤环境一直没有实现目标管理，缺乏污染场地土壤防治与修复、风险事故预防与应急处理方面的具体工作目标，更没有阶段性指标，管理规范性等弊端，管理及修复工作效果欠佳，进展缓慢。而我国在立法和行政管理、污染场地基础数据调研、治理技术开发应用、重点治理工程建设等基础工作方面的投入不足更是导致污染场地土壤环境管理薄弱的根本原因。

综上可见，污染场地环境状况总体不容乐观，部分地区土壤污染较重，耕地土壤环境质量堪忧，工矿业废弃地土壤环境问题突出，地下水环境恶化明显。鉴于污染场地修复难度大、周期长，且与现今很多的水土致病问题、生物放大现象和食物链污染等耦合，引发了越来越多的环境问题和社会问题。

六、排污许可管理不够成熟，污染源在线监控力度不足

（一）排污许可管理不够成熟

从 20 世纪 80 年代后期开始，各地陆续试点实施排污许可制度，至今共有 28 个省（自治区、直辖市）出台了排污许可管理相关地方法规、规章或规范性文件，总计向约 24 万家排污单位发放了排污许可证，积累了大量实践和管理经验，但也暴露出不少问题，如排污许可制度基础核心地位不突出，多项环境管理制度交叉、重复，污染源"数出多门""多头管理"；依证监管力度不足，处罚结果不能形成震慑；排污单位污染治理责任落实不到位，缺乏履行环境保护责任的主动性等。

（二）污染源在线监控力度不足

污染源在线监控系统是移动通信和传输媒介配合自动控制技术、数据传输技术、计算机网络技术等，形成的信息化、自动化、时效化环境控制、监测与预警的信息监控平台。污染源在线监控系统对于各级环保部门及时发现、查处违法排污行为，通过有效性审核的污染源自动监控数据作为排污费征收、总量核算、排污总量、排污许可、环保电价补贴等十分重要。

但是，目前污染源在线监控系统存在很多问题，在线监控力度不足，具体体现为：①在线设施安装不规范，很多企业因为条件限制或其他方面的原因，并没有完全按照以上的行业规范安装，严重影响了在线监控数据的代表性和准确性；②运维人员不专业，存在第三方运维单位巡检频率低、巡检记录缺失、规章制度设备参数未按规定上墙，设备易损坏，损件更换及故障修复不及时，无法保证数据的准确有效；③在线监控数据易造假，生产在线监控设备的企业负责设备后续运维，此类企业在设备及数据操作上有先天的优势，容易在源头上出现虚假数据等。

第二节　工矿企业污染控制方案及技术

明确工矿企业污染存在的问题，提出控制方案及技术迫在眉睫。长久以来，我国工业污染防治取得积极进展，污染物排放总量得到有效控制，但我国工业结构偏重、企业数量

多且分步密集、排放基数大等情况仍将长期存在，工业污染危害大，一旦出事将对生态环境造成严重破坏，影响人民群众生命财产安全，甚至引发群体性事件。国际上的重大环境公害事件大多是工业污染造成的，因此，工业污染防治仍是水污染防治的重点，下面就工矿企业存在的问题提出具体的控制方案及技术。

一、调整产业结构，优化空间布局

（一）调整产业结构，优化空间布局控制方案

合理确定发展布局、结构和规模。充分考虑水资源、水环境承载能力，以水定城、以水定地、以水定人、以水定产，鼓励发展低耗水高新技术产业。江河流域干流沿岸，严格控制石油加工、化学原料和化学制品制造、医药制造、化学纤维制造、有色金属冶炼、纺织印染等环境风险较大的项目，不得新建高环境风险项目，已有项目加大监管力度，定期开展安全检查。合理布局生产装置及危险化学品仓储等设施，开展河湖沿岸生产装置及危险化学品仓储等设施布局大调查，制定并实施排查和调整方案。

强化（落实）开展生态环境空间管制计划。划定红线，关闭破坏性企业。制定并落实国土空间环境功能区布局，实施差别化的区域开发管理政策。在重点生态功能区，陆地和海洋生态环境敏感区、脆弱区等区域划定生态保护红线，实行严格保护，关闭生态保护红线区内破坏生态环境或具有潜在破坏性的企业。

积极保护生态空间。严格城市规划蓝线管理，城市规划范围内应按照各省水域保护规划，留出水域保护面积。新建项目一律不得违规占用水域。严格水域岸线用途管制，土地开发利用应按照各省水域保护规划、河道管理条例等有关法律法规和技术标准要求，管理和保护河道、湖泊和滨海地带，非法挤占现象应限期退出。

推动污染企业退出。城市建成区内现有钢铁、有色金属、造纸、纺织印染、原料药制造、化工等污染较重的企业应有序搬迁改造或依法关闭。

（二）宁波市基于存量开发控制的工业用地空间整合与管控案例

以宁波市为例，探索构建以存量开发控制为核心、集聚与更新共存的"1＋2＋4"空间管控框架，在工业用地"一张图"体系下分别构建两个分区，分别是增量集聚发展层级的重点发展、优化提升空间政策分区及存量开发控制层级的清理迁移、调整整治空间政策分区，以强化对工业用地的整合与管控。

宁波市目前工业用地越来越稀缺，倒逼现有的产业地产商改变原有的粗放型发展模式，转而精耕细作，在更少的工业用地上提供更多的产值和税收。宁波的工业用地指标投放应逐步走上总量控制、增量递减和存量优化的方向，同时结合工业用地更新研究及相关城市经验，在充分研究分析现状工业用地空间资源分布特征的基础上，探索构建以存量开发控制为核心、集聚与更新共存的"1＋2＋4"空间管控框架，使工业用地空间资源的整合与管控围绕"集聚＋更新"两大核心，重点解决增量集聚引导和存量开发控制两个方面的问题，并通过"划线—定级—立标准"的路径进行管控（图3-1）。

（1）工业用地更新"1＋2＋4"体系。

工业用地更新"1＋2＋4"体系中的"1"为以存量开发控制为核心的工业用地更新体系，围绕工业用地"一张图"，包含顶层政策、规划编制和支撑保障等内容；"2"为增量集聚引导和存量开发控制两类分级引导策略，其中存量开发控制引导是核心；"4"为四类

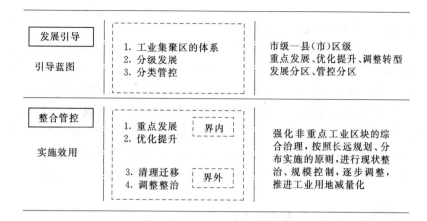

图 3-1　工业用地整合管控框架

工业用地空间政策管控分区，并制定相应政策予以管控。

（2）增量集聚引导。

依据重点工业集聚区筛选原则，结合规划情况、土地指标及其他相关规划情况，选取市六区未来主要发展的工业园区，构建工业用地"一张图"，其他工业区块原则上不再增加用地和项目，向规划的重点发展工业集聚区内集聚。在市域层面确定工业用地"一张图"的基础上，通过淘汰部分落后产业类型，确保重点工业区块的产业类型优化调整与空间集约高效。广泛推行"一区多园、一园一业"模式，明确主导产业发展方向，消除同质化发展、无序化竞争现象，形成定位清晰、分工明确、优势互补和结构合理的工业区块发展新格局。通过空间整合，明确未来的重点发展园区及发展定位，结合现状开发情况，确定未来工业的重点发展空间及优化提升空间。

（3）存量开发控制。

按照"划线—定级—立标准"的思路，划定工业集聚区控制线，作为工业用地空间资源的约束性边界，并在边界内做好工业用地的存量开发控制，引导工业用地的有序集聚。结合宁波市"多规融合"的规划成果，在总体规划、城市各片区控规与生态红线控制的基础上，合理确定宁波市未来工业用地的规模，划定工业控制线，确保未来工业的发展空间。控制线外不再新增工业用地，已有工业企业鼓励向控制线内聚集。通过空间管控，明确工业控制线外不增加指标和用地，同时针对线外现状工业用地，结合生态红线等管控要素明确重点清理空间和整治空间，线内存量工业用地按照存量更新要求进行控制。

目前宁波市的工业用地更新仍处于起步阶段，工业控制线的确定及认同、管控措施的执行力度是宁波工业用地整合与管控能否有效施行的关键。

二、加强污水集中处理，治理工业集聚区污染

（一）加强污水集中处理设施，安装自动在线监控装置

集聚区内的工业废水必须经预处理达到集中处理要求，方可进入污水集中处理设施。新建、升级工业集聚区应同步规划、建设污水、垃圾集中处理等污染治理设施。工业集聚区应按规定建成污水集中处理设施，并安装自动在线监控装置，规定时间内逾期未完成的，一律暂停审批和核准其增加水污染物排放的建设项目，并依照有关规定撤销其园区资格。

（二）推动形成工业集聚区"一园一档"

工业园区除了要选用有效的、科学的污水处理方法，还应不断科学管理工业园区中的污水处理。推动并逐步形成省级及以上工业集聚区"一园一档"，并实现信息化，动态更新数据。指导支持相关地方人民政府和园区管理机构，切实发挥好主体责任，结合园区实际情况制定园区水污染治理策略。在"一园一档"的基础上，形成"一园一策"，让园区污水处理能力和管理水平再上一个新的台阶。同时，进一步提升环境突发事件应急处理能力，产生大量高浓度类工业废水的工业园区，必须制定有效的应急预案，对应急处理设施不断进行完善，使突发事件应急处理能力不断提高，减少环境风险，以保证工业园区的可持续发展。

（三）某电路板工业园区污水治理案例

（1）现状和问题。

某工业园规划用地 $0.5km^2$，园区内现人住有企业百余家，其中电路板制造企业近 30 余家。电路板制造技术是一项非常复杂、综合性很高的加工技术，在电路板生产过程中会产生许多废弃物，有含游离铜离子的废水和废液、含高浓度有机物的废液、含磷废水和废液等，成分复杂，瞬时排放量大，是对人类生活具有极大危害性的废水。

某污水处理厂是专门为该工业园配套而建的专业废水处理厂，处理能力为 $4000m^3/d$，处理工艺如图 3-2 所示，出水水质基本能够达到《污水综合排放标准》（GB 8978—1996）的一级标准。各企业内部预处理后的生产废水和生活污水经 3 根废水分类收集主干管接收后进入该污水处理厂，接管各企业内部设有物化预处理系统，预处理后出水水质达到废水排放三级接管要求后方可进入该处理厂。

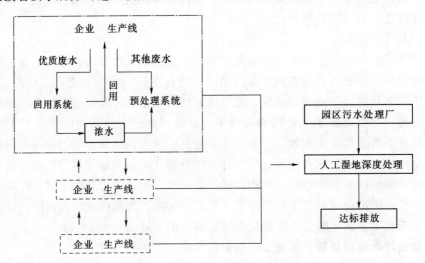

图 3-2　工业园区废水处理模式

近年来，为了加快吸引外资、整合优化工业资源、创造就业机会、促进社会稳定和经济社会的可持续发展，该镇不断引进具有技术优势、管理先进、对环境影响小的电路板企业入驻园区，使得园区电路板企业排水总量达到 $7680m^3/d$，已远远超过原有某污水厂的处理能力。同时由于场地有限，原址扩大规模建设难以实施，缺少生化处理系统，无法进行深度处理改造。因此，提标后该污水处理厂已很难稳定保障出水水质要求，此外，该电路板园区废水管理缺少科学性、整体性、系统化的制度建设，现有的排污收费、监测管理制度对于不同规模、不同生产线企业适用性差，导致污水处理厂进水水质变化幅度大，短时间进水浓度过高，出现出水水质超标的现象。

（2）工业园区水污染防治技术体系。

电路板工业园区污水治理项目立足于该市电路板园区废水再生回用及综合处理，提升园区产业基地技术创新能力和核心竞争力，从技术创新、管理创新与发展战略创新方面系统性地开展全基地废水治理建设与研究。在全基地范围内创新管理制度，实施了基地企业废水按水量、水质收费和远程在线监测管理制度，从源头控制污染，杜绝了企业偷排乱排；促使企业选择性采用"双膜法"或反渗透组合系统实现废水有针对性、高效性的回用；全流程采用企业内部预处理→压力式分质收集系统→新建污水处理厂集中再处理→人工湿地深度处理→尾水排放工艺方案处理产业园区生活和生产废水，出水水质稳定达到《地表水环境质量标准》（GB 3838—2002）的Ⅳ类水标准，满足产业基地的经济发展与废水处理的双重需求，为建设环境友好型产业基地提供了技术和管理服务保障。

1）建设分质收集管网系统。废水收集管网是废水处理系统的重要环节，在整个废水处理工程投资中所占比重较大，废水收集通常有重力式和非重力式两种方式，采用何种收集方式，需根据工业园地形、地貌、地质、投资、工业园区规模等情况综合考虑。

电路板园区建筑布置分散、沿排水管线方向收水点稀疏、土层容许承载力为50kPa，为避免重力流污水管道因距离长、管道埋深大而造成施工困难、经济性不合理，工程设计选择鱼骨型压力排水管道。同时由于电路板企业的生产废水成分复杂，如全部分质分管接入，管道铺设成本相对较高，管理困难，影响处理效果，本工程采用生产废水与生活污水两根不同的管道收集至污水处理厂。为保证污水处理厂的正常运行和出水水质的稳定达标，各电路板企业内部采用统一标准提供的预处理技术系统，保证预处理出水水质长期稳定地达到接管标准。

2）建设废水回用系统。基于电路板产业园区废水分质收集管道系统，摒弃"先处理、后回用"的理念，采用"先回用、后处理"的思路，对印刷电路板废水进行分类收集、回用。根据各生产线不同，按照水的梯级利用模式，优先选择低浓度废水作为废水回用水源，处理后溶液与其他生产线废水一起进入厂内预处理系统。

根据实际生产废水水质，选择性地采用"双膜法"和反渗透工艺。"双膜法"中，废水先后经过调节池→预处理沉淀池→MF 筛检程式→UF 系统→RO 提纯系统后直接回用于生产线，回用率可达到70%～80%。反渗透系统中，废水回用根据实际生产分为两部分：一部分经过预处理和 $50\mu m$ 过滤器作为净水回用，水质指标以自来水水质指标为准；另一部分经过一级两段式 RO 膜系统出水分别作为净水和纯水回用，主要用作生产漂洗水。

3）建设废水集中处理系统。一般来讲，工业园区废水治理有三种途径：一是企业预处理后接入城市污水处理厂；二是企业自行处理；三是排入工业园区污水处理厂。由于第三种途径具有资源共享、节省企业处理费用、降低环保部门对企业管理难度、保证废水达标排放等优点，逐渐取代了其他两种处理途径。

因该污水处理厂原址没有扩建余地，采用新建一座污水处理厂。该电路板工业园区环评获批接管企业的废水量为7680m³/d，考虑到为污水处理厂运行规模留有余地，新建污水处理厂设计规模为8000m³/d，其中生活污水量为1000m³/d，生产废水量为7000m³/d。原有污水处理厂不再单独处理废水排放，而转作新建污水处理厂的预处理工段，利用现有工艺就近接管16家企业约3000m³/d的废水，经处理后通过管道接入新建污水处理厂新型投药式活性污泥生化系统；新建污水处理厂通过分质污水管网就近收集12家企业总量为5000m³/d的废水，预处理后与原污水处理厂来水混合进入生化处理系统，进一步处理达标后排放。新建污水处理厂最终采用以厌氧/缺氧/活性污泥法/氧化塘为主的处理工艺，其工艺流程如图3-3所示。

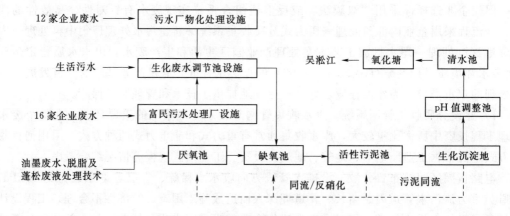

图3-3　园区工业废污水处理流程图

4）人工湿地尾水深度处理系统。为保证实现该市省界断面水质达标，从源头入手，抓住该市园区产业基地生产废水排放量大、污染总量高的特点，进行有针对性的深度处理，解决了一般处理后排放尾水继续污染的问题。工程中采用人工潜流湿地和人工表面流湿地交替配置的方式，综合有效地去除废水中的有机污染物和少量重金属污染物，处理规模为1万m³/d，占地约5hm²。同时为有效管理，配套设置用于收获植物晒干、粉碎、打包、储存的处理车间、道路等设施。

5）创新废水管理制度。本项目创新性地采用废水收集管理制度，实行IC刷卡制度，包括水量、水质收费管理、全流程监测管理制度。为确保污水处理厂8000m³/d的废水处理总量控制，污水处理厂接收各企业排水量以环评批复日排污量为基础，各企业安装IC卡并按日审批核定的排污量输入IC卡，原则上按照输入IC卡排污数据，并参照自来水公司抄表总数的85%两者结合计算接收的废水量。若超过审批排污量，或排放到污水处理厂的生活污水中掺入工业废水，污水处理厂远程控制并关闭企业进水阀。此外，在用IC卡控制水量的同时促使企业对多余废水实施有针对性的高效回用。排放废水经化验各项指标全部达到相关排放标准的，按协议价格收取污水处理费。污水处理厂对各企业排放水质进行监控，以7天为一个周期，对生产排水企业进行远程采样1次，若排放水质指标达不到规定的排放标准，则加收该周期的超标污水处理费。同时，为防止企业偷排和"跑、冒、滴、漏",严格要求企业设置唯一排污口,严禁将工业废水、生产原料、废液泄漏排放至雨水管网或生活污水管网中,一经发现,污水处理厂将对其按照水质因子浓度超标收费标准加倍收费,情节严重者将通报环保部门严肃处理。

(3)运行效果分析。运行监测数据显示,严格实施 IC 卡管理制度以来,企业排水维持 GB/T 31962—2015《污水排入城市下水道水质标准》以下,污水处理厂出水 pH 值稳定在 6~9、COD 维持在 26~50mg/L、TP 小于 0.5mg/L、氨氮小于 5mg/L。污水处理厂设计工艺还具有去除铜离子的功能,除了物化阶段采用络合反应及混凝沉淀去除废水中的部分铜离子以外,生化阶段通过投药活性污泥法,利用活性污泥微生物厌氧菌的分解酶,彻底破除废水中的螯合剂及络合剂,再经混凝沉淀去除铜离子,尾水铜含量为 0.18~0.30mg/L,出水各项指标达到排放标准。

三、加强重点行业清洁化改造,降低"低小散"企业污染影响

(一)加强重点行业清洁化改造

围绕"水十条"提出的造纸、焦化、氮肥、有色金属、印染、农副食品加工、原料药制造、制革、农药、电镀十大重点行业,全面落实清洁生产要求,按照生命周期理念,实现全过程清洁生产。一是加强园区、企业、项目等各层次、各类别清洁生产审核,鼓励开展自愿性清洁生产审核,并对实施效果进行评估。二是围绕重点行业加大清洁生产技术改造力度,制定清洁生产技术改造实施方案,鼓励企业采用先进适用的技术、工艺和装备,全面提升清洁生产技术水平。例如造纸行业完成纸浆无元素氯漂白改造或采取其他低污染制浆技术,钢铁企业焦炉完成干熄焦技术改造,氮肥行业尿素生产完成工艺冷凝液水解解析技术改造,印染行业实施低排水染整工艺改造,制药(抗生素、维生素)行业实施绿色酶法生产技术改造,制革行业实施铬减量化和封闭循环利用技术改造。三是推进工业园区、工业集聚区和企业污染物科学治理,探索环境污染治理市场化模式,最大限度减少污染物排放。四是围绕容易造成水环境污染的高风险产品和污染物,如汞、铅和高毒农药等,实施削减计划。

(二)加强废水深度处理

提高排放标准、促进深度治理。当标准提高时,处理技术必须与之相适应,故会增加工艺流程、采取关键技术、提高去除效率。加强重污染行业重金属和高浓度难降解废水预处理和分质处理,强化企业污染治理设施运行维护管理和清洁化改造。加快对企业废水处理设施及工业园区污水集中处理设施提升改造,加强对纳管企业总氮、盐分、重金属和其他有毒有害污染物的管控。在化工、电镀行业废水管道架空或明管的基础上,继续推行造纸、印染等重点行业的废水输送明管化,杜绝废水输送过程污染。实施重点水污染行业废水深度处理,对沿岸的重点水污染行业制定废水处理及排放规定,各厂制定"一厂一策",行业主管部门在深度排查的基础上建立管理台账,实施高密度检查,明确各项治理和防控措施落实到位,严管重罚,杜绝重污染行业废水未经处理或未达标排入河道。

工业废水具体处理方法应根据所处理的废水种类的不同而不同,主要分为以下几种。

(1)含酚废水。主要来自焦化厂、煤气厂、石油化工厂、绝缘材料厂等工业部门及石油裂解制乙烯、合成苯酚、聚酰胺纤维、合成染料、有机农药和酚醛树脂生产过程。主要含有酚基化合物,如苯酚、甲酚、二甲酚和硝基甲酚等物质,高浓度含酚废水需要回收酚

之后再进行处理，回收酚的方法有溶剂萃取法、蒸汽吹脱法、吸附法、封闭循环法等，可用生物氧化、化学氧化、物理化学氧化等方法进行处理后排放或回收。

（2）含汞废水。主要来源于有色金属冶炼厂、化工厂、农药厂、造纸厂、染料厂及热工仪器仪表厂等。从废水中去除无机汞的方法有硫化物沉淀法、化学凝聚法、活性炭吸附法、金属还原法、离子交换法和微生物法等。一般偏碱性含汞废水通常采用化学凝聚法或硫化物沉淀法处理，偏酸性的含汞废水可用金属还原法处理。低浓度的含汞废水可用活性炭吸附法、化学凝聚法或活性污泥法处理，有机汞废水较难处理，通常先将有机汞氧化为无机汞，而后进行处理。

（3）含油废水。主要来源于石油、石油化工、钢铁、焦化、煤气发生站、机械加工等工业部门。油类在废水中以浮上油、分散油、乳化油三种形式存在，由于不同工业部门排出的废水中含油浓度差异很大，因此，含油废水的治理应首先利用隔油池，回收浮油或重油，废水中的乳化油和分散油较难处理，故应防止或减轻乳化现象。方法一是在生产过程中注意减轻废水中油的乳化；方法二是在处理过程中，尽量减少用泵提升废水的次数、以免增加乳化程度。处理方法通常采用气浮法和破乳法。

（4）重金属废水。主要来自矿山、冶炼、电解、电镀、农药、医药、油漆、颜料等企业排出的废水。废水中重金属的种类、含量及存在形态随不同生产企业而异。由于重金属不能分解破坏，而只能转移它们的存在位置和转变它们的物理和化学形态。对重金属废水的处理，通常可分为两类：一是使废水中呈溶解状态的重金属转变成不溶的金属化合物或元素，经沉淀和上浮从废水中去除。可应用方法有中和沉淀法、硫化物沉淀法、上浮分离法、电解沉淀（或上浮）法、隔膜电解法等；二是将废水中的重金属在不改变其化学形态的条件下进行浓缩和分离，可应用方法有反渗透法、电渗析法、蒸发法和离子交换法等。这些方法应根据废水水质、水量等情况单独或组合使用。

（5）含氰废水。主要来自电镀、煤气、焦化、冶金、金属加工、化纤、塑料、农药、化工等部门。含氰废水治理措施主要有：①改革工艺，减少或消除外排含氰废水，如采用无氰电镀法可消除电镀车间工业废水；②含氰量高的废水，应回收利用，含氰量低的废水经净化处理方可排放。回收方法有酸化曝气-碱液吸收法、蒸汽解吸法等。治理方法有碱性氯化法、电解氧化法、加压水解法、生物化学法、生物铁法、硫酸亚铁法、空气吹脱法等。其中碱性氯化法应用较广，硫酸亚铁法处理不彻底亦不稳定，空气吹脱法既污染大气，出水又达不到排放标准，因此较少采用。

（6）农药废水。农药品种繁多，农药废水水质复杂。其主要特点是：①污染物浓度较高，化学需氧量（COD）可达每升数万毫克；②毒性大，废水中除含有农药和中间体外，还含有酚、砷、汞等有毒物质以及许多生物难以降解的物质；③有恶臭，对人的呼吸道和黏膜有刺激性；④水质、水量不稳定。农药废水处理的目的是降低农药生产废水中的污染物浓度，提高回收利用率，力求达到无害化。农药废水的处理方法有活性炭吸附法、湿式氧化法、溶剂萃取法、蒸馏法和活性污泥法等。

（7）食品工业废水。食品工业原料广泛，制品种类繁多，排出废水的水量、水质差异很大。食品工业废水的特点是有机物质和悬浮物含量高，易腐败，一般无大的毒性。其危害主要是使水体富营养化，以致水生动物和鱼类死亡，促使水底沉积的有机物分解产生臭味，恶化水质，污染环境。食品工业废水处理除按水质特点进行适当预处理外，一般均宜采用生物处理。如出水水质要求很高或废水中有机物含量很高，可采用两级曝气池或两级生物滤池，多级生物转盘或联合使用两种生物处理装置，也可采用厌氧-需氧串联方法处理。

（8）造纸废水。主要来自造纸工业生产中的制浆和抄纸两个生产过程。这两项工艺都排出大量废水。制浆产生的废水污染最为严重。洗浆时排出的废水呈黑褐色，称为黑水，黑水中污染物浓度很高，生化需氧量（BOD）高达 $5\sim40g/L$，含有大量纤维、无机盐和色素。漂白工序排出的废水也含有大量的酸碱物质。抄纸机排出的废水，称为白水，其中含有大量纤维和在生产过程中添加的填料和胶料。

造纸工业废水的处理应着重于提高循环用水率，减少用水量和废水排放量，同时也应积极探索各种可靠、经济和能够充分利用废水中有用资源的处理方法。例如浮选法可回收白水中的纤维性固体物质，回收率可达 95%，澄清水可回用；燃烧法可回收黑水中的氢氧化钠、硫化钠、硫酸钠以及同有机物结合的其他钠盐；中和法可调节废水的 pH 值；混凝沉淀或浮选法可去除废水中的悬浮固体；化学沉淀法可脱色；生物处理法可去除 BOD，对牛皮纸废水较有效；湿式氧化法处理亚硫酸纸浆废水较为成功。此外，国内外也有采用反渗透、超过滤、电渗析等处理方法。

（9）印染工业废水。印染工业废水用水量大，通常每印染加工 1t 纺织品耗水 100～200t。其中 80%～90% 以印染废水排出。常用的治理方法有回收利用和无害化处理。

1）回收利用：废水可按水质特点分别回收利用，如漂白煮炼废水和染色印花废水的分流，前者可以对流洗涤。一水多用，减少排放量；碱液回收利用，通常采用蒸发法回收，如碱液量大，可用三效蒸发回收，碱液量小，可用薄膜蒸发回收；染料回收，如凡士林染料可酸化成为隐巴酸，呈胶体微粒，悬浮于残液中，经沉淀过滤后回收利用。

2）无害化处理：可分为物理处理法、化学处理法和生物处理法。物理处理法有沉淀法和吸附法等。沉淀法主要去除废水中的悬浮物；吸附法主要是废水中溶解的污染物的去除和脱色。化学处理法有中和法、混凝法和氧化法等。中和法可调节废水中的酸碱度，还可降低废水的色度；混凝法可去除废水中的分散染料和胶体物质；氧化法可氧化废水中的还原性物质，使硫化染料和还原染料沉淀。生物处理法有活性污泥、生物转盘、生物转筒和生物接触氧化法等。为了提高出水水质，达到排放标准或回收要求，往往需要采用几种方法联合处理。

（10）染料生产废水。染料生产废水含有酸、碱、盐、卤素、烃、胺类、硝基物和染料及其中间体等物质，有的还含有吡啶、氰、酚、联苯胺以及重金属汞、镉、铬等。这些废水成分复杂，具有毒性，较难处理。因此染料生产废水的处理，应根据废水的特性和对它的排放要求，选用适当的处理方法。例如：去除固体杂质和无机物，可采用混凝法和过滤法；去除有机物和有毒物质主要采用化学氧化法、生物法和反渗透法等；脱色一般可采用混凝法和吸附法组成的工艺流程，去除重金属可采用离子交换法等。

（11）化学工业废水。化学工业废水主要来自石油化学工业、煤炭化学工业、酸碱工业、化肥工业、塑料工业、制药工业、染料工业、橡胶工业。化工废水污染防治的主要措施，首先应改革生产工艺和设备，减少污染物，防止废水外排，进行综合利用和回收。必须外排的废水，其处理程度应根据水质和要求选择。一级处理主要分离水中的悬浮固体物、胶体物、浮油或重油等。可采用水质水量调节、自然沉淀、上浮和隔油等方法。二级处理主要是去除可生物降解的有机溶解物和部分胶体物，减少废水中的生化需氧量和部分化学需氧量，通常采用生物法处理。经生物处理后的废水中，还残存相当数量的 COD，有时有较高的色、嗅、味，或因环境卫生标准要求高，需采用三级处理方法进一步净化。三级处理主要是去除废水中难以生物降解的有机污染物和溶解性无机污染物。常用的方法有活性炭吸附法和臭氧氧化法，也可采用离子交换和膜分离技术等。各种化学工业废水可根据不同的水质、水量和处理后外排水质的要求，选用不同的处理方法。

（12）酸碱性废水。酸碱性废水主要来自钢铁厂、化工厂、染料厂、电镀厂和矿山等，其中含有各种有害物质或重金属盐类。酸的质量分数差别很大，低的小于 1%，高的大于 10%。碱性废水主要来自印染厂、皮革厂、造纸厂、炼油厂等。其中有的含有机碱或含无机碱。碱的质量分数有的高于 5%，有的低于 1%。酸碱废水中除含有酸碱外，还常含有酸式盐、碱式盐以及其他无机物和有机物。酸碱废水具有较强的腐蚀性，经适当治理方可外排。

治理酸碱废水的一般原则是：①高浓度酸碱废水，应优先考虑回收利用，根据水质、水量和不同工艺要求，进行厂区或地区性调度，尽量重复使用，如重复使用有困难，或浓度偏低，水量较大，可采用浓缩的方法回收酸碱；②低浓度的酸碱废水，如酸洗槽的清洗水，碱洗槽的漂洗水，应进行中和处理。对于中和处理，应首先考虑以废治废的原则。如酸、碱废水相互中和或利用废碱（渣）中和酸性废水，利用废酸中和碱性废水。在没有这些条件时，可采用中和剂处理。

（13）选矿废水。选矿废水具有水量大、悬浮物含量高、含有害物质种类较多的特点。其有害物质是重金属离子和选矿药剂。重金属离子有铜、锌、铅、镍、钡、镉、砷和稀有元素等。在选矿过程中加入的浮选药剂有如下几类：①捕集剂，如黄药（RocssMe）、黑药 [$(RO)_2PSSMe$]、白药 [$CS(NHC_6H_5)_2$]；②抑制剂，如氰盐（KCN，NaCN）、水玻璃（Na_2SiO_3）；③起泡剂，如松节油、甲酚（$C_6H_4CH_3OH$）；④活性剂，如硫酸铜（$CuSO_4$）、重金属盐类；⑤硫化剂，如硫化钠；⑥矿浆调节剂，如硫酸、石灰等。

选矿废水主要通过尾矿坝有效地去除废水中的悬浮物、重金属和浮选药剂含量。如达不到排放要求时，应作进一步处理，常用的处理方法有：①去除重金属可采用石灰中和法和焙烧白云石吸附法；②去除浮选药剂可采用矿石吸附法和活性炭吸附法；③含氰废水可采用化学氧化法。

（14）冶金废水。冶金废水主要特点是水量大、种类多、水质复杂多变。按废水来源和特点分类，主要有冷却水、酸洗废水、洗涤废水（除尘、煤气或烟气）、冲渣废水、炼焦废水以及由生产中凝结、分离或溢出的废水等。

冶金废水治理发展的趋势是：①发展和采用不用水或少用水及无污染或少污染的新工艺、新技术，如用干法熄焦，炼焦煤预热，直接从焦炉煤气脱硫脱氰等；②发展综合利用技术，如从废水废气中回收有用物质和热能，减少物料燃料流失；③根据不同水质要求，综合平衡，串流使用，同时改进水质稳定措施，不断提高水的循环利用率；④发展适合冶金废水特点的新处理工艺和技术，如用磁法处理钢铁废水，具有效率高、占地少、操作管理方便等优点。

（三）降低"低小散"企业污染影响

围绕"坚决关停一批，扎实提升一批，有效整合一批"的整治理念，对环境污染类、安全隐患类、产能淘汰类、违法用地类、违章建筑类、违规经营类、土地闲置类的企业，群众反应强烈且社会贡献度低的企业依法予以关停淘汰；对规模以上，符合产业导向，土地及建筑合法，已取得生产许可证，通过改造提升可达到环保、消防和安全等要求的，予以改造提升；对园区外成长性好、科技含量高、节能环保型的小微企业，且符合产业导向、为当地特色产业提供上下游配套的小微企业，予以择优入园。

全力推进"低小散"企业"退散进集"，着力解决企业劳动力转移就业问题，做好"退、进、转"。在"退"方面，全面整治存在落后产能、安全隐患、高污染高能耗等问题的"脏乱差""低小散"企业（作坊）；在"进"方面，取缔无证工业企业，整治提升后进行集中生产，对符合产业导向、具有良好发展前景的企业，引导进入镇工业园区，对符合创新创业中心准入及操作办法的企业，引导进入创新创业中心，鼓励企业兼并重组抱团提升入园，助推企业做优、做强。在"转"方面，为部分失业职工提供新的就业去向。

浙江省嘉兴市南湖区以"低小散"企业整治提升为核心，构建区、镇、村三级联动机制，集中力量，专项推进，以攻坚作战之势，全面开展"低小散"企业"退散进集"整治工作，整治"低小散"企业 650 家以上，腾出用地 800 亩，新建（改建）100 亩以上"两创"中心 2 个、标准厂房面积 12 万 m² 以上，推动 80 家"中小微"企业入园提升发展，切实加快推进传统产业转型升级，实现工业空间布局明显优化，工业发展水平和创新发展能力得到全面提升。

四、提高工业用水效率、强化工业节水管理

（一）提高工业用水效率

加强工业节水，提高用水效率，是推动工业绿色发展不可或缺的重要环节，措施主要包括以下三个方面。

（1）实施工业企业水效领跑者引领行动。工业企业水效领跑者是指同类可比范围内用水效率处于领先水平的企业。综合考虑企业的取水量、节水潜力、技术发展趋势以及用水统计、计量、标准等情况，从钢铁、火电、纺织印染、造纸、石化、化工等行业中，选择技术水平先进、用水效率领先的企业实施水效领跑者引领行动。推动水效领跑者引领行动在工业用水领域全面展开，通过定期滚动遴选出用水效率处于领先水平的企业，树立标杆，发挥示范效应，同时建立标准引导，建立促进水效持续提升的长效机制。

（2）切实加强重点行业取水定额管理。严格执行取水定额国家标准，强化高耗水行业企业生产过程和工序用水管理，对钢铁、石油炼制、造纸、啤酒、酒精、合成氨、味精、医药等行业，加大已发布取水定额国家标准实施监察力度，对不符合标准要求的企业，限期整改。加快完善取水定额标准体系建设，尽快出台其他高用水行业的取水定额标准，并结合行业发展情况对已发布的取水定额国家标准进行及时修订。水资源紧缺和供需矛盾突出的地区，尤其要加大工作力度，结合实际情况，制定更为严格的取水定额标准，开展工

业节水专项行动，采取更严格的措施，切实抓好工业节水工作。工业企业特别是高耗水企业要根据行业取水定额要求，制定节水计划和目标，深入挖掘节水潜力。

（3）加快培育壮大工业节水产业。工业节水产业以提高用水效率、节约水资源、防治水污染为主要目的，涵盖节水工艺设计、技术开发、装备制造、产品推广、咨询服务、工程承包和委托运营等一系列活动。大力发展节水产业是贯彻落实最严格水资源管理制度、全面提升工业用水效率、系统推进水污染防治、加快推动产业升级的必然要求和重要途径。优先扶持节水装备制造业快速发展，鼓励企业规模化生产专用节水装备和材料。支持拥有核心技术、规范化服务的节水技术服务公司与第三方环境治理公司整合资源，规模化推进节水治污技术改造，推广合同节水管理、委托营运等专业化模式。

（二）强化工业节水管理

根据水资源赋存情况和水资源管理要求，科学制定工业行业的用水定额，逐步降低产品用水单耗。探索建立用水超定额产能的淘汰制度，倒逼企业提高节水能力。完善企业节水管理制度，建立科学合理的节水管理岗位责任制，健全企业节水管理机构和人员，实施企业内部节水评价，加强节水目标责任管理和考核。加快智能水表推广使用，鼓励重点监控用水企业建立用水量在线采集、实时监测的管控系统。

推行合同节水管理。以节水效益分享、节水效果保证、用水费用托管为模式，在公共机构、高耗水工业、高耗水服务业、高效节水灌溉等领域，率先推行合同节水管理，鼓励专业化服务公司通过募集资本、集成技术，为用水单位提供节水改造和管理，形成基于市场机制的节水服务模式。鼓励节水服务企业整合市场资源要素，加强商业模式创新，培育具有竞争力的大型现代节水服务企业。探索工业水循环利用设施、集中建筑中水设施委托运营服务机制。

（三）合同节水工程案例——上海嘉定区安亭老街景观河水生态修复项目

上海嘉定区安亭老街景观河水生态修复项目位于上海市安亭镇老街景观区，治理河道为景区内的景观河，有效治理河段约 1170m，水体约 24840m³。安亭老街景区河道的污染源主要由以下几方面构成：点源污染，包括污废水直排口、直排雨水管；面源污染，包括城市降雨径流；内源污染，包括水体底泥、岸带沿线垃圾等。

根据业主单位设立的治理目标和各项指标要求，江苏昊恒纳米环保有限公司于 2016年 5 月组织人员在上海嘉定区安亭老街进行纳米设备定位安装，对河道生态环境系统进行改造，改善河道水力条件以及水中溶解氧含量，从而有效抑制水体黑臭的现象发生，构建生态景观植物系统，为河道水生生态系统构建提供基础，同时消耗底泥中的污染物，提高水质。

上海嘉定区安亭老街景观河水生态修复项目应用纯氧纳米气泡水生态修复技术，有效消减了嘉定区安亭老街景观河水体中 COD、五日生化需氧量（BOD_5）、NH_3 - N、总磷（TP）等污染物及有机底泥，消除了水体黑臭现象，提高了水体透明度，增强了河道自净能力。该项目采用合同节水的理念，通过政府购买治水效果的方式，对黑臭水体进行治理，取得了良好的效果，对推动合同节水管理模式具有较好的示范作用。在城市老、旧小区及周边黑臭水体的治理和受污染的河流、湖泊等水生态的修复方面具有广泛推广应用的前景。

五、治理固体废弃物，修复污染场地土壤

（一）治理固体废弃物

一是加强固体废物减量化、资源化、无害化的治理协同。减量化、资源化、无害化是有机统一的，必须作为一个整体加以把握。减量化突出源头治理，资源化注重变废为宝，无害化强调最大限度减少对环境和人体健康的危害性。就固体废物管理而言，无害化是根本目的，也是底线要求。要全面准确把握减量化、资源化、无害化三者的关系，突出工作重点、统筹长远发展，推动固体废物污染得到有效防治。二是加强政府各职能部门的政策协同。要统筹规划经济社会发展，增强防治固体废物污染的经济、技术、财税等各项政策的协调性，密切部门、地区间固体废物执法监管的协同配合，完善行政执法与司法联动机制，共同为人民提供良好的生态环境。

（二）修复污染场地土壤

《土壤污染防治行动计划》（国发〔2016〕31 号）、《中华人民共和国土壤污染防治法》（草案）（二次审议稿）以及环保部 2017 第 78 号《企业拆除活动污染防治技术规定（试行）》等明确指出，根据重点控制的土壤有毒有害物质名录和土壤有毒有害物质生产、使用、储存、运输、回收、处置过程对环境影响的状况，确定并发布土壤污染重点监管行业名录和相应的管理办法。列入土壤污染重点监管行业名录的企业应当遵守前款规定的管理办法。列入前款名单的企业应当履行控制有毒有害物质排放；防止有毒有害物质渗漏、流失、扬散；制定并执行自行监测方案，并将监测结果向社会公开；报告有毒有害物质年度排放与转移情况四项义务。

另外企业拆除设施、设备或者建筑物、构筑物时，应采取相应的土壤污染防治措施。尾矿库运营、管理单位应按照有关规定，加强尾矿库的安全管理，采取措施防止土壤污染；危库、险库、病库以及其他需要重点监管的尾矿库的运营、管理单位应当按照有关规定，进行土壤污染状况监测和定期风险评估。应当依照法律法规和相关标准的要求，采取措施防止土壤污染，建设和运行污水集中处理设施、固体废物处置设施。严格执行相关行业企业布局选址要求，禁止在居民区和学校、医院、疗养院、养老院等单位周边新建、改建、扩建可能造成土壤污染的建设项目。加强环境污染风险事故预防与应急处理方面的工作，提高对于突发重特大环境事件的处置能力，及时报告和反馈应急信息，加强环境应急监测能力，同时培养专业的技术人员与管理人员。开发推广新型土壤污染治理修复技术，健全污染场地土壤环境修复技术评估体系。

污染场地土壤修复技术主要有淋洗修复技术、热处理技术、热脱附技术、微波热修复技术、土壤气提技术、电动力修复技术、植物修复技术，下面分别进行详细介绍。

（1）淋洗修复技术属于物化修复技术，通常是指借助能促进土壤环境中污染物溶解/迁移的液体或其他流体来淋洗污染土壤，使吸附或固定在土壤颗粒上的污染物脱附、溶解而去除。该技术既可用于修复重金属污染土壤，又可用于修复有机物污染土壤；既可以是原位修复，也可以是异位修复；可单独应用也可作为组合技术的先期处理技术。淋洗液可以是水、化学溶液、气体等一切能把污染物从土壤中淋洗出来的流体。治理费用低廉，现已成为污染土壤快速修复技术研究的热点和发展方向之一，目前的研究主要集中在对重金属和有机污染物的治理上，尤其对于由于工业活动引起的重金属、半挥发性有机物

(SVOC)、石油烃及卤代芳烃等污染场地治理具有明显的优势。

（2）热处理技术指通过直接或间接热交换，将污染介质及其所含的有机污染物加热到足够的温度（150~540℃），使污染物从污染介质挥发或分离的过程。按加热温度可将热处理技术分为低温热处理技术（土壤温度为150~315℃）和高温热处理技术（土壤温度为315~540℃）。热处理修复技术适用于处理土壤中的挥发性有机物、半挥发性有机物、农药、高沸点氯代化合物，不适用于处理土壤中的重金属、腐蚀性有机物、活性氧化剂和还原剂等。热处理技术主要包括热脱附、微波热修复技术，主要应用于苯系物、多环芳烃、多氯联苯和二噁英等有机污染土壤的修复。

（3）热脱附技术是一种利用热能增加污染物的挥发性，使其从污染土壤或沉积物中分离去除的环境修复技术。挥发出来的污染物可以收集并进行处理。热脱附系统一般有两个主要组成部分，即热解吸单元和废气处理系统。热解吸过程可分为两类，即高温热脱附和低温热脱附，具有污染物处理范围宽、设备可移动、修复后土壤可再利用等优点，特别对多氯联苯PCBs这类含氯有机物，非氧化燃烧的处理方式可以显著减少二噁英的生成。目前欧美国家已将土壤热脱附技术工程化，广泛应用于高污染的场地有机污染土壤的离位或原位修复，但是诸如相关设备价格昂贵、脱附时间过长、处理成本过高等问题尚未得到很好的解决，限制了热脱附技术在持久性有机污染土壤修复中的应用。

（4）微波热修复技术利用微波作为热源取代传统热源进行热处理，主要用于土壤的原位修复，不仅能处理挥发性、半挥发性的有机物，如卤代烃、多环芳烃（PAHs）、多氯联苯（PCBs）、多氯酚等，还能固定化处理非挥发性物质（如重金属），具有高效、快捷、操作灵活，对环境影响小，适用范围广等特点。此外，微波加热还易于实现选择性的加热，可逐级分离回收某些有用的组分。

（5）土壤气提技术主要指利用物理方法通过降低土壤孔隙的蒸汽压，把土壤中的污染物转化为蒸汽形式而加以去除的技术，抽取出的气体在地表经过活性炭吸附法以及生物处理法等净化处理，可排放到大气或重新注入地下循环使用。气提技术可分为原位土壤气提技术、异位土壤气提技术和多相浸提技术。该处理系统通常可以注入热空气，以加速轻质石油烃的挥发，对于石油烃化合物，挥发性有机卤化物（三氯乙烯、四氯乙烯等）均具有较好的治理效果。土壤蒸汽抽提技术（SVE）适用于绝大多数挥发性有机物在非黏质土壤中的污染治理，修复效果可达到90%。

（6）电动力修复技术是在土壤/液相系统中插入电极，通以直流电，土壤中的重金属污染物（如Pb、Cd、Cr、Zn等）以电透渗和电迁移的方式向电极运输，然后进行集中收集处理，从而达到去除土壤污染的目的。土壤pH值、缓冲性能、土壤组分及污染金属种类会影响修复的效果。电动修复虽然具有能耗低、后处理方便、二次污染少等优点，但对电荷缺乏的非极性有机污染物去除效果并不好，且只适用于小面积的污染区土壤修复，对于大面积污染土壤如矿区土壤、冶炼厂周围的污染农田等修复在技术上仍不完善。

（7）植物修复技术包括利用超富集植物或富集性功能的植物提取修复、利用植物根系控制污染扩散和恢复生态功能的植物稳定修复、利用植物代谢功能的植物降解修复、利用植物转化功能的植物挥发修复和利用植物根系吸附的植物过滤修复等。植物修复可用于修复污染土壤中的重金属、农药、石油和持久性有机污染物、炸药、放射性核素等。植物修复技术不仅能够应用于农田土壤中污染物的去除，而且可应用于人工湿地建设、填埋场表层覆盖与生态恢复、生物栖身地重建等。

第三节　工矿企业污染管理机制

工矿企业污染管理机制需要加强工矿企业水污染管理，加强排污许可证管理，加强污染源在线监控，加大监管执法力度以及建立引导企业自律和公众参与机制。

一、加强工矿企业水污染管理

（1）开展现状调查。首先对现有污染源进行全面排查，对原有企业生产区域厂区排水系统进行调查，包括区域内所有废水排放点位、去向以及各个排放口排放污水的污染因子、污水量，对调查结果进行汇总、整理以及统计，形成企业污水管网布置现状图及表。确认所有废水是否已全部纳入收集范围，重点排查除工艺废水以外的其他废水的收集情况，如生产场所的各种清洗废水、实验室及检测场所排放的废水、辅助工程及公用工程排放的废水、含污染的初期雨水以及事故或紧急情况下排放的废水等。其次确认是否根据不同的处理要求对污染物进行分类收集，如电镀行业的重金属废水和其他工业废水是否分类收集。根据调查分析结果提出改造方案，完善废水收集系统，提高厂区的清污分流、雨污分流水平。

（2）评审治理设施。根据企业的实际情况，选择合适的时机对配套的污染治理设施的适宜性进行评审，并寻找改进的机会。评审时机通常可以选择在企业新、改、扩建项目实施前，或者采用新工艺、新材料、新设备等可能引起水污染物产生量和产生浓度发生变化的情况，以及国家及地方污染物排放标准发生变化引起时。若无相关变化，宜每年进行评审。

（3）规范并加强污水治理设施运行管理。①制定可操作的污水处理设施、操作规程并予以完善，操作规程应明确各个过程的操作程序及要求，明确各个控制点的控制参数，并提出异常情况的防范要求以及应对措施；②污水治理设施的管理人员以及操作人员应经过必要的培训，培训的内容包括污水治理的基本概念及原理、污水站的运行操作要求以及污水达标排放的重要性；③建立污水处理设施运行台账，明确相关控制参数或是控制步骤的记录要求并予以记录，记录应真实反映运行状况；④操作人员严格按照操作规程控制相关参数，确保正常运行，废水达标排放。同时管理人员应该加强监督管理；⑤严格设备管理制度，做好设施设备的维护保养，确保治理设施正常运转。

二、加强排污许可证管理

（一）排污许可管理制度

2017年11月，环境保护部印发了《排污许可管理办法（试行）》（环境保护部令第48号，以下简称《管理办法》），规定了排污许可证核发程序等内容，细化了环保部门、排污单位和第三方机构的法律责任，为改革完善排污许可制迈出了坚实的一步。《管理办法》作为落实《国务院办公厅关于印发控制污染物排放许可制实施方案的通知》（国办发〔2016〕81号），实施排污许可制度的重要基础性文件，明确了排污者责任，强调守法激励、违法惩戒。为强化落实排污者责任，规定了企业承诺、自行监测、台账记录、执行报告、信息公开等五项制度。企业承诺并对申请材料的真实性、完整性、合法性负责是企业取得排污许可证的重要前提，自行监测、台账记录、执行报告制度是排污单位自行判定达标、及时发现运行过程中的环保问题以及核算实际排放量的重要基础，是企业自证守法的主要依据，同时也是环保部门核查企业达标排放、判定企业按证排污的重要检查内容和执法依据。信息公开制度是强化企业持证、依证排污意识、引导舆论监督、形成共同监督氛围的基础和重要手段。

排污许可制度是环境管理各项工作的基础与载体，应将排污申报、环境影响评价、总量减排、产业调整、限期治理、清洁生产、排污收费等各项环境管理制度串联，利用排污许可证作为线索与台账，体现点源的全过程管理与长效管理。规范和加强排污许可证管理，一是要规范核发管理。科学核定排放污染物种类、执行的排放标准、污染物排放许可量。完善许可证核发审核，初步建立许可证办理、执法监察、环评审批部门联合审核机制。编制排污许可证核发工作手册，完善台账管理和月报制度，动态掌握全市核发工作情况。规范核发许可证公示、信息公开工作。二是要完善信息平台。改进行政许可审批系统，新增许可证有效期届满短信提醒功能，实现省、市局审批系统与门户网站之间公示内容自动连接，需将内容自动转入网上公示。三是要加强监管执法。强化巡查与其他监管工作相结合，督促企业及时申领许可证，及时注销已关停搬迁的单位，对无证排污、超量排污、持无效许可证排污等环境违法行为依法进行查处。四是要突出因地制宜。指导各区简化办证程序、优化审批流程。

（二）排污许可证管理案例（以河北省为例）

河北省承接了 2017 年 5 月 20 日环境保护部办公厅印发的《重点行业排污许可管理试点工作方案》中 11 个行业试点任务的近四分之一的任务量。目前河北省环保厅已完成了火电、造纸、钢铁、水泥等 15 个行业排污许可证的核发工作，共核发 1106 张，不予核发461 张，核发通过率为 70.6％，不予核发比例较高的行业为印染、焦化、平板玻璃、电镀，不予核发比例均超 40％。

停产、环评手续问题成为不予核发的主因。企业不予核发的原因主要有停产（占不予核发企业的 62％）、环评手续问题（未批先建、批建不符，占不予核发企业的 21％）等。企业停产原因较为复杂，包括单纯停产、冬防停产、未完成治理任务正在停产治理等，钢铁行业停产原因披露较为详细，71 家企业因未完成治理任务正在停产治理而不予核发，占河北省钢铁企业总数的 26.4％。从河北省钢铁行业来看，环保是否达标成为核发排污许可证的重要门槛之一。

核发并非要"一刀切"，在河北不予核发的企业中，因淘汰落后产能未核发企业占比只有 7％，淘汰落后产能并非不予核发的主要原因。促成企业排污达标、规范排污、杜绝无证排污行为才是当地排污许可证工作的主要初衷。以河北省的经验为参考，未来全国排污许可证核发的思路应重在引导、促使企业达标。

三、加强污染源在线监控

（1）为充分发挥污染源在线监控的预警和监控作用，结合日常环境执法检查工作，启动调度式执法工作机制，采取"日常检查与例行检查相结合，随机抽检与比对检查相结合"等方式，加强对污染源自动监控系统运行维护的监管，监察人员发现自动在线监测出现异常和其他环保问题时，及时通报相关部门及运营公司进行整改，报局核实后，迅速通知市监测站例行监测。

（2）加强自动在线监测和人工监测比对分析工作，对于在分析比对中出现误差超范围时，及时通知单位和第三方运营公司进行仪器校准，保证在线监测数据的准确性。同时，健全报送制度，建立每日工作联系单，为环保部门有效开展环境监管提供技术保障。

（3）提高企业领导对自动在线监测工作的认识，强化企业自动在线监测管理，安排专人负责在线监测工作，加强对自动监测设备的运营、维护，不断提高维护人员的业务素质，成立监控室，实施全天候监控，在发现异常数据时，及时通知有关人员查找原因，快速处理。

（4）督促运行维护单位及时修复故障设备，并实施"人工采样、监测"等应急措施，保持自动监控系统的有效运行。并且及时将停产修复报告和修复合约上传环境保护部门，同时将自行监测的数据上报企业自行监测网络平台。

四、加大监管执法力度

（一）加大监管力度

加快环境监管体制改革，建立和完善环境监管体制，提高环境监管体制的有效性。完善环境监管体制，包括科学的专门立法、完善的组织体系、合理的监管权配置、完备的监管工具、规范的监管程序、严格的问责机制等内容。

（1）建立完整的监管法律体系。环境监管机构依法行使监管职能，所依据的相关法律法规，必须出于保护公共利益的目的，明确不同主体各自的权利和义务，公平公正地对待所有利益相关方的正当诉求。无论是环境影响评价审批、污染源排污达标、企业违规处罚等方面的规则必须清楚，法律依据必须明确，监管程序合法、公正，监管机构确保规则得到执行，对符合法律规定的行为，不能随意干预。这是现代监管机构不同于传统行政管理部门的最重要特征之一。

（2）健全监管组织体系。在纵向上，地方层级环境监管机构改革是我国环境监管体制改革的重点，其核心是提高监管功能的独立性和监管能力。要实现这一目标，可以通过探索"省以下环境监测监察垂直管理"的方式从一定程度上增强基层环境监管机构的独立性。但是在这一过程中，要稳妥处理"垂直管理"与"监管属地化原则"和"分权化趋势"之间的关系。在横向上，中国环境监管统管部门与行业主管部门之间存在职能交叉，同时又缺乏制度化、程序化、规范化、有约束力的沟通协调机制，使得环境监管实际工作中常出现互相推诿或扯皮现象，难以实现有效监管。应通过构建制度化的跨部门协调机制，进一步明晰各相关部门的职责边界，进而解决跨部门的协调问题。在环境监管机构内部，环境监管机构内设（直属）部门的监管程序管理与环境要素管理之间始终呈"矩阵式"的结构。加之各内设（直属）部门行使的监管权力不断膨胀，不仅信息难以共享，甚至"各自为政"，加剧了环境监管程序与工具之间的不匹配、不协调。应通过优化内部机构设置和建立协调机制，解决监管机构内部跨部门的信息共享、有效沟通与协作的问题。

（3）优化监管权力配置。在横向上，进一步明晰不同部门的环境监管事项和监管权力，对部门间的监管权适度整合，并使部门间的信息共享、监管协同进一步的法制化、规范化、程序化；进一步明晰不同层级环境监管机构的事权，稳妥推进省以下监测监察"垂直管理"，并加强中央层级监管部门收集和发布环境信息的权力。与此同时，保障基层的环境监管权力。

（4）规范监管程序。环境监管机构应按照明确的监管规则，透明、独立、专业化地行使监管职能，不受包括地方政府在内的外部干预。要确保环境监管的有效性，就是要通过法制化的监管程序，使环境标准和规范得到有效的执行，对违背相关监管规则的企业进行惩罚。在监管方式上，强化排污单位自行监测，并主动公开、上报排污情况。

（5）加强监管问责。要有对环境监管机构进行问责的有效机制，使环境监管者对政府负责、对受监管决策影响的利益相关者负责。长期以来，中国环境监管体制中缺乏对监管者的监管，这是监管失灵的重要原因。要提高环境监管的有效性，最为核心的问题之一是要使整个环境监管体系实现"可问责"，这也是现代政府监管机构必须遵循的基本原则之一。在制度设计上，要建立完整的规则和规范的程序，特别是鼓励公众参与，监督环境监管机构有效履行职责，避免监管机构不作为和乱作为。

（6）提高监管能力。专业性是现代监管机构不同于传统行政部门的重要特征。监管机构必须具备相应的监管能力，包括经费、人员、技术装备等，保障监管机构具有充分履职的专业能力，进一步加强基础环境监管能力建设。加强环境监测、环境监察、环境应急等专业技术培训，严格落实执法、监测等人员持证上岗制度，加强基层环保执法力量，具备条件的乡镇（街道）及工业园区要配备必要的环境监管力量，建立环境监管网格化管理模式。

（二）加大执法力度

（1）创新执法手段，加强对企业管理。所有排污单位必须依法实现全面达标排放，逐一排查工业企业排污情况，达标企业应采取措施确保稳定达标；对超标和超总量的企业予以"黄牌"警示，一律限制生产或停产整治；对整治仍不能达到要求且情节严重的企业予以"红牌"处罚，一律停业、关闭。

（2）严厉打击违法行为。重点打击私设暗管或利用渗井、渗坑、溶洞排放、倾倒含有毒有害污染物废水、含病原体污水，监测数据弄虚作假，不正常使用水污染物处理设施，或者未经批准拆除、闲置水污染物处理设施等环境违法行为。对造成生态损害的责任者严格落实赔偿制度。严肃查处建设项目环境影响评价领域越权审批、未批先建、边批边建、久试不验等违法违规行为。对构成犯罪的，要依法追究刑事责任。

（3）严格环境准入。根据流域水质目标和主体功能区规划要求，明确区域环境准入条件，细化功能分区，实施差别化环境准入政策。已超过承载能力的地区要实施水污染物削减方案，加快调整发展规划和产业结构。

五、建立引导企业自律和公众参与机制

建立促进企业自觉守法的引导机制，完善企业环境行为评价制度，建立一套全国范围内统一适用的企业环境行为评价指标体系，将环境行为评价结果纳入企业的环境信用等级评定体系，企业环境信用等级与行政许可、项目审批、贷款申请、政府采购、荣誉评选等方面挂钩，促进企业自觉纠正自身行为。鼓励企业结合自身情况建立环境风险防范管理制度，在企业内部设立专门的环境管理部门及配备专职环境管理人员，完善企业内部环境管理体系。在引导企业守法的同时，加强社会监督，建立面向公众的环境监管执法信息发布平台，为社会公众提供信息查阅、网上投诉等服务。拓宽公众参与范围，使公众参与不局限在举报环境违法行为上，应进一步在巡查、报告、立案、协调、调度和调查处理等环节吸纳公众参与，提高公众参与程度。

第四章

城 镇 生 活 污 染 防 治

城镇生活污染防治主要从污水的收集、输送、处理、回用，污水处理的管理，污水处理的产物污泥及生活垃圾处理处置六个方面介绍城镇生活污染防治存在的问题、控制方案与技术及其管理机制。其中第一节系统性地梳理整个污水系统存在的问题，尤其是排水管道缺陷等问题造成的"清污不分""雨污合流"，以及污水处理厂处理能力不足、超标排放等问题；第二节针对存在的问题有针对性地论述城镇生活污染控制方案与技术，对于排水管道问题，分条叙述"查、改、修、分、蓄、净、管"七大措施，对污水处理提标改造，再生水利用，并应用案例深入分析；第三节是在问题分析、控制方案及技术的基础上，提出城镇生活污染防治的管理机制。

第一节　城镇生活污染问题分析

近年来，我国城市化进程加快，城市呈辐射状向外围发展，主城区周边区县城镇人口大幅度增加并将在未来 5~10 年内出现井喷式增长，给区域水环境造成了巨大压力。城镇生活污染问题也日益突出，主要表现在配套管网建设滞后，污水收集严重不足；排水管道缺陷严重，污水处理能力大打折扣；污水处理厂超负荷运行，排放标准过低；中水回用力度不足，资源化水平有待提高；污水处理管理水平低下，管理体制有待完善；污泥处理处置滞后，生活垃圾处理处置能力不足等六个方面。本节针对这六个方面的问题进行具体分析。

一、配套管网建设滞后，污水收集严重不足

配套管网建设滞后，污水收集严重不足主要表现在目前仍有部分城市、县城存在尚无污水集中处理设施，污水管网接管不到位，污水收集率较低等。这些问题导致大量生活污水直排河道，污染河道（湖泊）水体。

近年来，我国主要城市的污水地下管网新建、改建工作明显提速，但总体来看，我国城镇污水管网配套建设还处于"还账"阶段，城镇污水管网配套不足、建设滞后仍旧是各地面临的"老大难"问题，其中省会、中心城市等主要城市之外的一般县市，欠账问题比较严重。众多城市污水处理规划设计普遍存在"重厂轻网"现象，处理厂设计规模偏大，管网却不配套，直接导致实际来水量严重不足。即使是在大城市，由于长期"重地上、轻地下"，一批新建污水处理厂因为管网不配套等原因"吃不饱"，无法充分发挥效益，尤其是一批新建的乡镇污水处理厂成了"晒太阳"工程。

二、排水管道缺陷严重，污水处理能力大打折扣

我国城市排水管道系统主要存在三个突出问题，一是敷设在地下水水位以下的排水管道，由于各类结构性缺陷和排水口的不完善，导致大量地下水等外来水入渗进入管道，加之河流等水体水从排水口倒灌进入管道，造成"清污不分"，清水"占了排水道"；二是分流制地区，雨污混接，导致雨水管中有污水，污水管中有雨水，雨污水不能"各行其道"；三是敷设在地下水水位以上的排水管道，污水外渗成为污染地下水和土壤的因素之一。上述问题久而不治，就会以排水口"常流水"和水体污染来表现，也会以城市发生道路塌陷来"报复"。

目前我国很多城市居住小区污水 COD（化学需氧量）排放浓度超过 300～400mg/L，而部分城镇污水处理厂进水 COD 浓度却不足 200mg/L，甚至不足 100mg/L［基本控制项目排放限值参见表 4-1，来源于《城镇污水处理厂污染物排放标准（征求意见稿）》］，其最直接的原因就是地下水等外来水入渗、雨水混接和水体水的倒灌。很多城市理论计算的污水处理率高达 90% 以上，甚至超过百分之百，但是城市水体黑臭现象严重就足以说明污水处理实际成效在 50% 以下，甚至更低。

表 4-1 《城镇污水处理厂污染物排放标准》与《地表水环境质量标准》部分指标对比

指　　标	《城镇污水处理厂污染物排放标准》一级 A 排放标准	《地表水环境质量标准》Ⅴ类标准
化学需氧量（COD）/(mg/L)	≤50	≤40
氨氮/(mg/L)	≤5（8）	≤2
总氮/(mg/L)	≤15	≤2
总磷/(mg/L)	≤0.5	≤0.4（湖、库≤0.2）
阴离子表面活性剂/(mg/L)	≤0.5	≤0.3
粪大肠菌群数/(个/L)	≤1000	≤40000

注　氨氮指标括号外数值为水温大于 12℃ 时的控制指标，括号内数值为水温不大于 12℃ 时的控制指标。

（一）排水管道结构性缺陷和排水口的不完善，外来水体入渗进入管道

（1）排水管道结构性缺陷。

根据《城镇排水管道检测与评估技术规程》（CJJ 181—2012），管道结构性缺陷可分为以下十点：①破裂：管道的外部压力超过自身的承受力致使管道发生破裂，其形式有纵向、环向和复合 3 种；②变形：管道受外力挤压造成形状变异；③腐蚀：管道内壁受侵蚀而流失或剥落，出现麻面或露出钢筋；④错口：同一接口的两个管口产生横向偏差，未处于管道的正确位置；⑤起伏：接口位置偏移，管道竖向位置发生变化，在低处形成洼水；⑥脱节：两根管道的端部未充分接合或接口脱离；⑦接口材料脱落：橡胶圈、沥青、水泥等类似的接口材料进入管道；⑧支管暗接：支管未通过检查井直接侧向接入主管；⑨异物穿入：非管道系统附属设施的物体穿透管壁进入管内；⑩渗漏：管外的水流入管道。

因受管材质量控制不严格（管材存在裂缝或局部混凝土疏松，抗压、抗渗能力差）、施工方法不恰当（管径尺寸偏差大，管道安装错口；管道埋深不合理）、严密性（如闭水

性能等）检查不到位、维护管理跟不上等方面的影响，我国很多地区的排水管道质量状况用"不堪入目"和"惨不忍睹"来形容是不为过的。污水处理厂进水浓度低，或者道路塌陷实际上是对管道质量状况有效的间接反映。

（2）排水口布局不完善。

排水口是指向自然水体（江、河、湖、海等）排放或溢流污水、雨水、合流污水的排水设施。排水管道（包括渠、涵）系统不完善，或存在缺陷和维护管理问题时，就会在排水口产生污水直排或者溢流污染，这是引起水体污染的主要原因。同时，排水口设置不合理，还会造成水体水倒灌进入截流管或污水管道中，导致污水处理厂进厂污水浓度降低，进水水量负荷增大。

（二）分流制地区雨、污混接，雨水、污水不能"各行其道"

雨、污混接是指分流制地区（包括强排地区和自排地区）雨水管道和污水管道（或相邻合流制管道）的连通。包括污水管道接入雨水管道，造成污水通过雨水管道直排河道，污染水环境；雨水管道接入污水管道，雨污水量大于污水管道输送能力时，造成污水冒溢；地下水渗入雨水和污水管道，影响排水系统正常运行等。

雨、污混接类型主要可分为五大类：①市政混接：有支管错接，雨水、污水（合流）管道连通，地下水渗入等；②住宅小区混接：有小区内部道路下管道未分流或连通，阳台污水接入雨水管道，出门管错接等；③企事业单位混接：有内部道路下排水管道未分流或连通，出门管错接等；④沿街商户混接：有沿街商铺私接、错接等；⑤其他混接：有露天洗车、临时大排档违法倾倒等。

造成雨、污混接的主要原因有排水系统不完善，建筑设计标准制定和更新滞后，居民生活习惯，养护管理不到位，违法乱接、错接等。

（三）敷设在地下水水位以上的排水管道，污水外渗污染地下水和土壤

当排水管道发生破裂、变形、错口、异物穿入等各类结构性缺陷时，敷设在地下水水位以下的排水管道，会造成地下水等外来水体入渗；而敷设在地下水水位以上的排水管道，排水管道和检查井内污水在静压差的作用下，通过管道接口或管道、检查井破损等结构性缺陷处渗出管道外。城镇生活污水含有较高的有机物，如淀粉、蛋白质、油脂等有机物，以及氮、磷等无机物，此外，还含有病原微生物和较多的悬浮物，当污水管道中的污水发生外渗时，管道周边及以下的土壤和地下水都会遭到污染。

三、污水处理厂超负荷运行，排放标准过低

（一）污水处理厂超负荷运行，污水处理厂成"污染源"

随着各地城市快速扩张、人口聚集，污水处理规模未能跟上城市发展步伐，导致很多污水处理厂从以往的"吃不饱"变成"吃不消"，即污水处理厂已基本满负荷甚至超负荷运行，大量生活污水无法处理只能直排，严重影响城市环境和居民生产生活。如某市一家污水处理厂早已达到最大的设计处理能力，丰水期每天处理量高达 2 万 t，大量设备有停产减产维护间隙，运行压力非常大；某污水处理厂经过三期扩建，日处理能力达 55 万 t，但高峰期依每天有 10 万 t 污水无法处理只能直排入河，成为附近河道"越治越污"的重要原因。

多地城市水务部门负责人表示，城市污水处理"吃不消""超负荷"的主要原因是污水处理新增规模跟不上排放量的攀升，且污水处理厂排放标准过低，处理能力难匹配，加上偷排现象高发，很多地区污水处理效率和效果大打折扣。随着城市人口规模不断膨胀，污水管网收集率不断上升，污水处理量也随之增加，但污水处理厂从立项、选址到建设，至少要用 3 年时间，一些污水处理厂刚投产就超负荷，建设速度大大滞后于人口的膨胀速度。

（二）污水处理能力滞后，排放标准过低

在超负荷运行的同时，一些污水处理厂排放水质严重超标，被环保部门通报。如某污水处理厂因环境违法被环保部挂牌督办，该污水处理厂中控系统建设不完善，未连接提升泵、曝气和污泥浓缩脱水等设备，且治污设施运行不正常，导致在线监测数据与实验室检测数据差距较大。有的污水处理厂为降低成本"偷工减料"，偷排现象频发。全国多地污水处理厂出水水质异常后检查发现为上游企业偷排工业废水，使进水远超处理能力所致。而偷排工业废水被查明后罚款的上限不超过 3 万元，有的仅罚款几千元，现有法规政策对违法偷排行为的震慑力远远不够。还有一些污水处理厂在建设后并没有真正投入使用，往往成了摆设。污水处理厂本应是对污水进行集中处理，治理和修复地表水质的环保最后阵地，但普遍超标排放，尤其是粪大肠菌、悬浮物等指标不合格，使得部分污水处理厂沦为"污染源"，严重影响城市环境和居民生产生活。

目前我国实施的《城镇污水处理厂污染物排放标准》中，最高的一级 A 排放标准仅相当于地表水的劣 V 类［《地表水环境质量标准》（GB 3838—2002）］，不同指标对比见表 4-1，且国内相当部分的污水处理厂排放标准还达不到一级 A，因此即便各地都实施雨污分流、生活污水全处理的理想状态，也难以达到改善和修复城市水体的目的。现有成熟技术能使污水处理标准从一级 A 提高到地表水 V 类，每吨处理成本只需增加 0.1～0.2 元。但当前污水处理费价格形成机制尚未完善，加上一些地方政府由于财政压力较大，污水处理补贴难以到位，污水处理厂日常运营难以维系，改造工艺技术的经费更是难以落实。

四、中水回用力度不足，资源化水平有待提高

中水又称为再生水，是相对于上水（自来水）和下水（污水）而言的，指城市污水、工业废水等人类生产生活产生的污水经处理达到规定的水质标准［如《工业循环冷却水处理设计规范》（GB 50050—2007），《城市杂用水水质标准》（GB/T 18920—2002），《城市污水再生利用景观环境用水水质》（GB/T 18921—2002）］后，在一定的范围内重复使用的非饮用水，可再利用于灌溉、洗涤、环卫、造景、工业生产等领域。

我国再生水回用尚处于起步阶段，使用再生水的范围窄，利用率低。我国多数污水处理厂规模偏小，很多都没有预留中水利用方案，有一些即使有中水利用设施，但由于没有使用再生水用户被一直搁置，造成我国的回用中水仅占设计规模的 8% 左右。使得中水得不到有效利用，难以发挥其有效的经济效益和社会效益。

而随着现代社会工业的迅猛发展，城市用水量和废水量急剧增加，水资源情况日趋紧张，这已经成为世界各国共同面临的问题。在水资源紧缺的现实下，将污水进行深度处理后作为再生资源是必然的发展趋势，污水资源化利用技术的推广应用势在必行。污水资源化就是将城市生活污水进行深度处理后作为再生资源回用到适宜的位置。

五、污水处理管理水平低下，管理体制有待完善

（一）部门联动机制不强，相关的运维管理制度不完善

在部分城市的排水管道建设中，相关的排水管网建设已经比较健全，完全可以进行后期的顺利排水，但是在具体的排水管道运行和维护方面，由于职能分工不明确，使得相关部门之间的沟通不顺畅：一是对于已有的运行管理和维护制度，没有得到有效的执行；二是尽管做了管道制度的改善，但在具体排水规划中没有严格执行，使管道维修频率居高不下，同时还对整个运行过程缺乏有效的监督管理。

（二）预警系统缺乏完善，基础设施建设的投入力度不够

在市政的排水管理运行中，必须确保排水系统能够在汛期期间具有非常敏感的预警预报功能。只有这项功能完善了，才能对自然灾害天气做到实时监控，做出及时有效的应对措施。当前的部分城市排水管道预警系统缺乏完善性，使得很多灾害监测不准确或者延时，从而带来一定的排水隐患。

另外政府在基础设施建设方面的资金投入不够，投资机制单一，一定程度上阻碍了我国城市污染水处理发展进程。即使在污水处理基础设施建设方面投入了足够的资金，但还是存在设备设施维修费昂贵等问题，使得污水处理基础设施建设不能够跟进，进而导致实际的处理效果较差。

六、污泥处理处置滞后，生活垃圾处理处置能力不足

（一）污泥处理处置滞后

我国污水处理率与其附属品污泥安全处置率相差较大，"重水轻泥"现象十分明显。由于我国污泥处置起步较晚，自主研发的污泥处理处置技术还在不断完善，目前污泥处置率仍然较低。污泥是污水处理后的产物，是一种由有机残片、细菌菌体、无机颗粒、胶体等组成的极其复杂的非均质体。污泥的主要特性是含水率高（可高达 99% 以上），有机物含量高，容易腐化发臭，并且颗粒较细，比重较小，呈胶状液态。而在环保工程中所处理的污泥一般是指污水处理厂对污水进行处理过程中产生的沉淀物质以及污水表面漂出的浮沫。其成分复杂，含有大量的微生物、病原体、重金属以及有机污染物等。因其含有大量的有害物质，若未妥善处置将成为污水处理厂的二次污染。

目前我国污泥处理方式主要有填埋、堆肥、自然干化、焚烧等方式，这四种处理方法的占比分别为 65%、15%、6%、3%，仍以填埋为主。加之我国城镇污水处理企业处置能力不足、处置手段落后，大量污泥没有得到规范化的处理，直接造成了"二次污染"，对生态环境产生了严重的威胁。

（二）生活垃圾处理处置能力不足

目前，我国每年产生的生活垃圾大约有 4 亿 t，由此带来的"垃圾围城""垃圾上山下乡"问题也日益突出。生活垃圾中含有大量病原微生物，在堆放腐败过程中也会产生大量的酸性、碱性有机污染物，并会溶出垃圾中含有的重金属，包括汞、铅、镉等，形成有机物、重金属和病原微生物"三位一体"的污染源。现阶段生活垃圾处理处置主要存在以下问题：

（1）垃圾分类工作进展缓慢。

1）垃圾分类工作进展缓慢。由于前期没有进行分类收集，后续分类处理实现难度较大，导致垃圾废品的回收利用率不高。

2）餐厨垃圾并没有得到有效处理：居民的餐厨垃圾多数是被混合到其他生活垃圾中而被弃置。由于水分含量高，如果直接进入末端焚烧处理，会使垃圾热值降低从而导致垃圾燃烧不充分，产生二噁英等有害物质，造成对环境的二次污染。

3）建筑垃圾和大件废家具成为路边"常客"：因缺少专门的建筑垃圾堆放点，居民房屋的装修垃圾及大件家具常被偷倒在路边、河边。由于事后问责的情况基本不会发生，在路边堆放大件家具的违法成本很少，更是纵容了此类现象的发生。

（2）垃圾处理基础设施发展失衡。

1）垃圾终端处理能力不足：城市工业化发展迅速，人口聚集数量大，日常生活垃圾呈几何级数增长，生活垃圾焚烧处理厂的消纳量已不能满足垃圾数量日益增长的处理需求。另外垃圾处理厂还遭遇选址难等问题，垃圾终端处理设备不足，科学管理也难以实现。

2）垃圾中转站缺乏科学合理的规划。

3）普通垃圾桶配置不足：普通垃圾桶配置不足这种现象尤其存在于非花园式的居民住宅区。市民经常把垃圾堆放在道路两旁，形成了大量的城市街道卫生死角。

第二节　城镇生活污染控制方案及技术

本节介绍了城镇生活污染控制方案及技术，分别从加强城镇污水收集能力建设；加强排水口、管道及检查井的改造、治理与维护；加强污水处理厂提标改造，推动再生水利用；推进污泥处理处置，加强生活垃圾无害化处理四点进行论述。其中加强排水口、管道及检查井的改造、治理与维护是本节的重点内容，是以"控源截污"为核心，通过"查、改、修、分、蓄、净、管"等措施，解决"关键在排口，核心在管网"的问题。

一、加强城镇污水收集能力建设

新增配套污水管网。围绕加强城镇污水收集能力建设，加大城镇污水管网建设力度，进一步提高污水收集率。优先解决已建城镇污水处理设施配套管网不足的问题，强化黑臭水体沿岸的污水截流、收集，新建污水处理设施的配套管网应同步设计、同步建设、同步投运。除干旱地区外，城镇新区建设均实行雨污分流，有条件的地区要推进初期雨水收集、处理和资源化利用。

二、加强排水口、管道及检查井的改造、治理与维护

排水口、管道及检查井治理的内容很多，调查和治理的工作量也很大，更需要抓核心、抓关键点、抓重点。调查和治理工作主要有四条路径：一是在查排水口旱天有无污水直排（包括雨水排水口有无污染水排放）的基础上，提出确定和强化各类排水口的治理、污水收集处理对策；二是在查排水口雨天有无溢流污染的基础上，制定管道及检查井缺陷（包括混接）的检查（调查）、调蓄和就地处理及设施维护的具体措施，治理排水口、控制合流溢流污染、防止倒灌；三是在查污水处理厂进水量的基础上，结合地下水位情况和排水管道缺陷（包括混接）调查，解决污水外渗和地下水入渗、倒灌问题；四是在查污水处理厂进水浓度的基础上，针对进水浓度异常偏低的情况，采取措施解决排水口倒灌、管道及检查井的地下水入渗问题。

从排水口表象入手，找原因；从管道及检查井问题症结为切入点，采取有针对性的措施。通过对排水口、管道及检查井缺陷检测，治理、修复，混接分流及防倒灌改造，不但可以有效提升城镇污水处理厂的治污功效，增加城镇污水处理厂和管道截污容量，还解决了排水管道和排水泵站高水位运行的问题，且能够从根本上确保实现合流排水口旱天不出流、雨天少溢流。另外，及时治理排水管道缺陷，还可以有效避免因排水管道沟槽塌陷引起的道路塌陷。

加强排水口、管道及检查井的改造、管理与维护是以"控源截污"为核心，通过"查、改、修、分、蓄、净、管"等措施，解决"关键在排口，核心在管网"的问题。

(一)"查"

"查"就是查清排水口存在的问题，查清管道存在的缺陷、地下水等外渗水、污水外渗与雨污混接等情况，为后续治理措施提供支撑。排水口调查与治理主要是查清排水口旱天有无污水直排、雨天有无溢流污染以及排水口设计是否合理的问题。排水管道及检查井检测主要是查清排水管道、检查井缺陷（地下水等外来水入渗）和雨污混接问题。

（1）排水口调查。

排水口主要分为三大类，分别为分流制排水口、合流制排水口及其他排水口。

分流制排水口又分为：①分流制污水直排排水口：分流制排水体制中，向水体直接排放污水的排水口，直接导致水体污染；②分流制雨水直排排水口：分流制排水体制中，向水体直接排放雨水的排水口，因在降雨初期排放的雨水水质较差，会给水体带来一定程度的污染；③分流制雨污混接雨水直排排水口：分流制排水体制中，因雨水排水管道存在混接污水，故旱天会向水体排污，同时也存在初期雨水污染；④分流制雨污混接截流溢流排水口：分流制排水体制中，针对雨污混接，在雨水排水口实施了截流措施的排水口，其存在溢流污染与水体水倒灌的问题。

合流制排水口又分为：①合流制直排排水口：没有截流干管的合流制排水口，类似于分流制中雨污混接雨水直排排水口，但污水所占比重更大；②合流制截流溢流排水口：合流制排水体制中，在合流管渠末端设置截流措施的排水口，存在溢流污染与水体水倒灌的问题。

其他排水口又分为：①泵站排水口：通过泵站提升、进行集中排水的排水口，包括分流制雨水泵站、合流制提升泵站和截流泵站。其存在严重的溢流污染问题，是需要治理的重点；②沿河居民排水口：沿河居住的居民因污水管道敷设条件差，生活污水直接排放到水体的"排水口"，是受纳水体黑臭的主要原因；③设施应急排水口：污水泵站、合流泵站和污水处理厂设置的应急排水口。

1）排水口污水直排或者溢流污染调查。在排水口污水直排或者溢流污染调查时，分旱天和雨天调查。

旱天调查应在用水高峰时段进行。对于间断式出水的旱天排水口，应在调查成果中备注出水时段及对应流量。如合流制截留溢流排水口，旱天有水溢流，判断其出水类型。存在旱天溢流污染的排水口，应重点调查截留设施参数，如溢流堰高度、截留管管径及闸门等。对于破损、淤堵等特殊情况应在现场调查记录表中予以详细描述。

雨天调查应选择在不同季节的多次降雨过程进行，并选取当地典型降雨过程作为调查成果选择的依据；有条件的地区还应对不同降雨历时及强度下的排水口出水水质进行同步检测和记录。如分流制雨污混接截留溢流排水口，雨天有水溢流，判断其出水类型。存在雨天溢流污染的排水口，应重点调查截留设施参数，如溢流堰高度、截留管管径及闸门等。对于破损、淤堵等特殊情况应在现场调查记录表中予以详细描述。排水口雨天溢流污染受降雨强度、峰值、历时等因素的影响较大，应选取当地几场典型降雨过程的调查数据作为调查成果参照。

2）排水口设置不合理调查。在对排水口设置不合理进行调查时，调查对象为已设置截流设施的排水口和没有拍门、鸭嘴阀或者闸门等防倒灌措施的排水口。宜在受纳水体常水位下对排水口岸上截流设施进行调查；通过直接观测或对截流管线上下游的临近检查井进行水质与水量测量对比，判断是否存在水体水倒灌现象。对受潮汐水位影响或随季节更替存在规律性丰涸水位的水体，应在不同特征水位下对排水口截流设施是否存在倒灌分别展开调查，并记录相应水位数据。

（2）排水管道及检查井检测。

排水管道缺陷检测主要是判定排水管道中结构性缺陷和功能性缺陷的类型、位置、数量和状况。检测技术路线如图 4-1 所示。

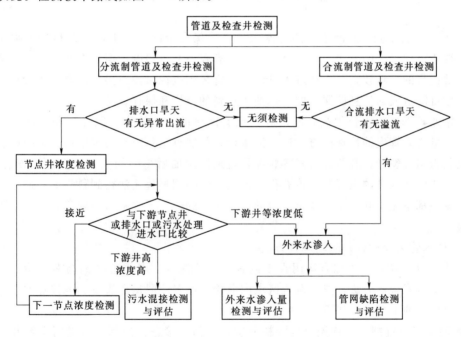

图 4-1 排水管道及检查井检测技术路线

1）检测技术。常用管道及检查井缺陷检测技术包括：闭路电视检测技术（简称CCTV）、声呐检测技术、电子潜望镜检测技术（简称 QV）以及传统的反光镜检测技术、人工目视观测技术等。具体检测方法按照《城镇排水管道检测与评估技术规程》（CJJ 181）执行。

a. 闭路电视检测技术：用于污水、雨水、合流等管道以及附属设施的结构状况和功能状况的检测；现有设备适用管径范围为 100～3000mm。闭路电视检测可快速有效地查明管道内部的腐蚀、破裂、渗漏、错位、脱节、异物侵入等结构性缺陷和沉积、结垢、树根、障碍物等功能性缺陷，同时可对与管道相连的检查井、排水口进行检测，全面真实地展示管道及其附属物的现状。为清楚地了解管道内壁的情况，必要时检测前需要预清洗管道内壁。

b. 声呐检测技术：用于污水、雨水、合流等管道功能状况和部分结构缺陷的检测，现有设备适用管径范围为 300～6000mm。管道声呐检测可用于在有水的条件下检查各类管道、沟渠、方沟的缺陷、破损及淤泥状态等。但其结构检测结果只能作为参考，必要时需采用闭路电视检测确认。

c. 电子潜望镜检测技术：用于污水、雨水、合流等管道以及附属设施的结构状况和功能状况的快速检测，现有设备适用管径范围为 100～1800mm。管道潜望镜检测安全性高，图像清晰、直观，但不能探测水面下的结构情况、不能进行连续性探测，且探测距离较短。

d. 反光镜检测技术：通过反光镜把光线折射到管道内进行检测的方法，可检测管道内部的变形、坍塌、渗漏、树根侵入、淤积等缺陷情况，检测时应保持管内足够的自然光照度，宜在晴天进行。优点是设备简单、成本低廉，缺点是受光线影响较大，检测距离较短。

e. 人工进管检测：在断水或降低水位后，确保安全的情况下，由人员进入大型管道进行目视或摄像检查的方法。人工进管检测具有较高的可信度，但成本和危险性较高，对管道正常运行的影响较大。人员进入管内检查宜采用电视录像或摄影的方式进行记录，避免凭记忆可能造成的信息遗漏，同时也便于资料的分析和保存。

f. 潜水检测：对水位很高，断水和封堵有困难的大型管道、倒虹管和排水口，也可采用潜水员进入管内的特殊检查方法。潜水检查的缺点是只能在污水中通过触摸的方式检查管道是否出现裂缝、脱节、沉降等状况，待返回地面后再向相关人员报告检查的结果。潜水检测法中潜水员的主观判断占有很大的因素，检测过程无法得到科学的控制，其准确性和可靠性都是无法和通过视觉所获得的信息相比的。为了弥补这一缺陷，潜水员可采用水下摄像。

2）排水管道及检查井问题调查方法。

a. 混接状况调查。可综合运用人工调查、仪器探查、水质检测、烟雾实验、染色实验、泵站运行配合等方法，查明调查区域内混接点位置、混接点流量、混接点水质等。

混接调查的主要内容如下：

◆ 混接点位置判定。首先根据资料分析对雨污混接进行预判，再采用实地开井调查和仪器探查相结合的方法，查明混接位置及混接情况。

开井调查发现有下列情况之一时，可初步预判为调查区域有雨污混接的可能：①旱天时，雨水管内有水流动；②旱天时，雨水管道化学需氧量（COD）浓度下游明显高于上游；③旱天时，雨水泵站集水井水位较高；④雨天时，污水井水位比旱天水位明显升高，或产生冒溢现象；⑤雨天时，污水泵站集水井水位较高；⑥雨天时，污水管道流量明显增大；⑦雨天时，污水管道中化学需氧量（COD）浓度下游明显低于上游。

◆ 混接点流量测定。在确定混接点位置后，应对已查明的混接处流入流量进行流量测定。

混接点位置探查的对象为调查范围内的雨、污水管道及附属设施。泵排系统，调查至泵站的前一个井自排系统，调查至进水体的前一个井。混接点流量测定宜在流量高峰时段测定，可选择在 10：00—12：00 或 16：00—20：00 区间。在测定流量之前，应详细了解管道内的水流状况、污泥淤积程度、测量设备安装的方便性及管道所处路面的交通情况等。流量测定根据现场实际，可采用容器法、浮标法和速度-面积流量计等测定法。

◆ 混接点水质检测。在流量测定的同时进行水质验证，判断调查区域的混接类型和程度。

水质检测项目一般为化学需氧量（COD），也可根据不同混接对象所排放的污水特性增加特定因子。工业企业污水混接可加测氨氮（NH_3-N），餐饮业污水混接可加测动植物油，居民生活污水混接可加测阴离子表面活性剂（LAS）。当进行区域管网混接预判时，取样点应选择在该区域收集干管的末端。当进行内部排水系统混接预判时，取样点应选择在接入市政管网前的最后一个检查井。

b. 地下水入渗调查。分为排水区域地下水入渗量调查及排水管段地下水入渗量调查。

◆ 排水区域地下水入渗量调查。排水区域污水管道和合流制管道地下水入渗量调查的方法主要有：夜间最小流量法、用水量折算法、节点流量平衡法。

夜间最小流量法。该方法适合评价排水系统水力边界清楚、服务面积较小的区域。以旱天凌晨用水量最小时段的污水流量来估算地下水入渗水量；对夜间用水量较大的区域，应从实测的夜间最小流量中扣除夜间用水所产生的污水量。

旱天的 3：00—5：00，排水系统服务范围内的用水量很小，高地下水位地区的排水系统内则主要是入渗的地下水，特别是在居民生活区。德国的文献建议、在夜间最小流量中扣除居民夜间用水量 [0.3～0.5L/(s·100 人)]，以及服务区域内可能存在的工业用水量，可得出服务区域内的地下水入渗量。这一数值与日平均流量的比值，即为入渗量占日平均流量的比例。欧洲国家的应用经验，仅靠一天的实测数据评价排水系统的入渗量数据可靠性不高，可选择 4～10 个非降雨日连续测试，取平均值。日本《下水道维护管理手册》要求测定非降雨时段连续一周的流量逐时变化曲线，7 天的夜间最小流量的平均值，就是地下水入渗量。该手册认为居民的夜间用水量很小，可不考虑扣除用水量。

用水量折算法。该方法适合评价排水系统服务面积比较大、以居住和商业用地为主的区域。根据区域内污水实测总量与污水产生量的差额，估算进入排水管道的入渗水量。

根据国内城市夜间污水流量实测结果，我国大城市夜间用水量明显，需要确定当地夜间用水量并折算成污水流量后，从夜间最小流量中扣除。夜间用水量的过程与平均值可通过在当地的用水情况具有代表性的区域的枝状供水管上安装插入式流量计进行连续测定，取一周的实测值进行平均。实测结果分析需要考虑当地的供水压力及夜间屋顶水箱进水因素所造成的影响。

节点流量平衡法。适用于接入用户管少、不能封堵的排水干管入渗量评价。在管道的主要节点上安装流量计，连续测定污水流量，通过水量平衡推算上、下游监测点之间进入管道的入渗水量。

◆排水管段地下水入渗量调查。对于沿水体敷设的截流管道应进行排水管段地下水入渗量调查，确有必要的雨水管道也可进行。主要方法有容积测量法、抽水计量法。

容积测量法。对于隔离后管段的地下水入渗量，可测定注满已知容积容器的时间，计算得到单位时间和管长的入渗水量 $[m^3/(km \cdot d)]$。该方法测定精度高，适合于夜间可临时封堵的管道。

抽水计量法。使用潜水泵和水表，测定给定时段内监测管段的入渗水量。

对于管径大、长度长的管段使用水桶量测法时，因充满容器的时间太短、故影响测定精度。此场合下可采用抽水计量法、并由水表读数确定一定时段内的入渗水量。

c. 污水外渗调查方法。主要采用间接调查的方法，如闭水试验法、闭气试验法等。

◆ 闭水试验法。对管道检测段进行封闭，将水灌至规定的水位，通过检查井内水面的下降情况测算外渗水量。

闭水试验的水位，应为试验段上游管内侧顶部以上2m。注水过程应检查管堵、管道、井身，并保证无漏水和严重渗水。当达到规定的水位后，开始记录，测定时间不少于30min，根据井内水面的下降值计算渗水量，外渗水量不超过规定的允许渗水量即为合格。管道允许渗水量参照《给水排水管道工程施工及验收规范》（GB 50268）执行。

◆ 闭气试验法。对管道检测段进行局部封闭，在封闭检测管段内充气加压，根据压力的变化情况，确定管道泄漏情况。

管段接口部位是管道先天的薄弱环节。该方法适合对管段接口部位进行检查，可配合年度汛期前后例行的管道维护清理工作，在管道清疏后开展。该方法与管内化学灌装法配合使用。可实现随诊随治的目标。在局部闭气试验确定的泄漏位置，直接实施管内化学灌装完成修复，同时完成检测、记录、治理工作，精确可靠。

（二）"改"

"改"就是对各类排水口采取堵、截和其他改造措施，堵住直排污水、截流混接水、防治河水倒灌。其中特别是分流制雨污混接排水口，推荐采取末端截流的方法，实践证明这种"截流式分流制"是适合于我国分流制地区混接改造的一种行之有效的对策措施。末端截流并不影响系统的分流改造，而是两者互为补充，体现了"大分流，小截流"的理念。下面分别对各类排水口整改方法及排水口治理新技术进行介绍。

（1）各类排水口整改方法。

1）分流制排水口。

分流制污水直排排水口必须予以封堵，将污水接入污水处理系统，经处理后达标排放。污水不得接入雨水管道。

分流制雨水直排排水口，当初期雨水是引起水体黑臭的主要原因时，可在排水口前或在系统内设置截污调蓄设施。

分流制雨污混接雨水直流排水口不能够简单地封堵，应在重点实施排水管道雨污混接改造的同时，增设混接污水截流管道或设置截污调蓄池，截流的混接污水送入污水处理厂处理或就地处理。在沿河道无管位的情况下，混接污水截流管道可敷设在河床下，但是该管道要采取严格的防河水入渗措施。排水口改造时，应采取防水体水倒灌措施。

分流制雨污混接截流溢流排水口应在重点实施排水管道雨污混接改造的同时，按照能够有效截流的要求，对已有混接污水截流设施进行改造或增设截污调蓄设施。排水口改造时，应采取防水体水倒灌措施。

2）合流制排水口。合流制直排排水口应按照截流式合流制的要求增设截流设施，截流污水接入污水处理系统，经处理后达标排放。在沿河道无管位的情况下，截流管道可敷设在河床下，并应采取严格的防河水入渗措施。排水口改造时，要采取防水体水倒灌措施。合流制截流溢流排水口，应有效提高合流制截流系统的截流倍数，保证旱天不向水体溢流。

3）其他排水口。泵站排水口，在完善和治理排水管道系统的同时，根据现有泵站排水运行情况，优化运行管理，特别是降低运行水位，减少污染物排放量。沿河居民排水口，对近期保留的居民住房，可采用沿河堤挂管、沿河底敷设管道的方法收集污水。设施应急排水口，通过增加备用电源和加强设备维护，特别是加强事先保养工作，降低停电、设备事故发生引起的污水直排。

（2）排水口治理新技术。

1）溢流污染控制技术。①液动下开式堰门截流技术：在排水口检查井中设置液动下开式堰门，通过油缸控制堰板上下运动，实现对溢流污染的控制；②旋转式堰门截流技术：在排水口检查井中设置旋转式堰门，通过控制堰板旋转运动实现对溢流污染的控制；③定量型水力截流技术：在排水口检查井中设置定量型水力截流装置，通过浮筒的水力浮动对初期雨水进行定量截流，实现对溢流污染的控制；④雨量型电动截流技术：在排水口检查井中设置雨量型电动截流装置，根据雨量信息对初期雨水进行截流，实现对溢流污染的控制；⑤浮箱式调节堰截流技术：在排水口前的检查井中设置无动力式浮箱调节堰截流装置，通过浮箱的水力浮动实现对溢流污染的控制；⑥浮控调流污水截流技术：在排水口前的检查井中设置调流阀、浮渣挡板、除油浮筒和可调式溢流堰，通过设备的共同作用，实现对污水和初期雨水的分离。

2）防水体水倒灌技术。①水力止回堰门技术：在排水口检查井中设置水力止回堰门，堰门依靠自身的浮力和液位差进行旋转，防止水体水倒灌；②水力浮动止回堰门技术：在排水口检查井中设置水力浮动止回堰门，堰门依靠自身的浮力上下运动，防止水体水倒灌；③浮控限流技术：在排水口检查井中设置限流阀，在保证截流管恒定流量的同时，防止水体水倒灌进入污水管网；④水力浮控防倒灌技术：在排水口检查井中设置浮筒闸门，浮筒依据水体水水位控制闸门开启度，防止水体水倒灌；⑤可调堰式防倒灌技术：在排水口检查井中设置可调式溢流堰，溢流堰可根据堰前后水压的不同，调节溢流堰堰高，防止水体水倒灌。

3）排水口臭味控制技术。光催化氧化除臭技术：对排水口内及周边臭气进行主动收集，应用光化学催化氧化的基本原理，去除其中的恶臭物质，确保排水口暗涵沿线空气质量良好，并确保截污沟内气体的安全和稳定。

（三）"修"

"修"就是针对排水管道和检查井的各类缺陷，有针对性地采取修理措施，特别是要封堵地下水渗入、污水外渗。因受管材质量控制不严格、施工方法不恰当、严密性检查不到位、维护管理跟不上等方面的影响，我国很多地区的排水管道质量状况用"不堪入目"和"惨不忍睹"来形容是不为过的。污水处理厂进水浓度低，或者道路塌陷实际上是对管道质量状况有效的间接反映。下面介绍几种排水管道及检查井修复技术。

（1）排水管道修复技术。

1）局部非开挖修复技术。

a. 不锈钢套筒法。外包止水材料的不锈钢套筒膨胀后，在原有管道和不锈钢套筒之间形成密封性的管道内衬，堵住渗漏点；主要用于脱节、渗漏等局部缺陷的修复。

b. 点状原位固化法。将浸渍常温固化树脂的纤维材料固定在破损部位，注入压缩空气，使纤维材料紧紧挤压在管道内壁，经固化形成新的管道内衬；用于管道脱节、渗漏、破裂等缺陷的修复。

c. 不锈钢双胀环修复法。采用环状橡胶止水密封带与不锈钢套环，在管道接口或局部损坏部位安装橡胶圈双胀环，橡胶带就位后用 2～3 道不锈钢胀环固定，达到止水目的；用于变形、错位、脱节、渗漏，且接口错位小于 3cm 等缺陷的修复，但是要求管道基础结构基本稳定、管道线形没有明显变化、管道壁体坚实不酥化。

d. 管道化学灌浆法。将多种化学浆液通过特定装备注入（压入）管道破损点外部的下垫面土壤和土壤空洞中，利用化学浆液的快速固化进行止水、止漏、固土、填补空洞；适用于各种类型管道内部已发现的渗漏点和破裂点的修复。

2）整体非开挖修复技术。

a. 热水原位固化法。采用水压翻转方式将浸渍热固性树脂的软管置入原有管道内，加热固化后，在管道内形成新的管道内衬；用于各种结构性缺陷的修复，适用于不同几何形状的排水管道。

b. 紫外光原位固化法。将渍光敏树脂的软管置入原有管道内，通过紫外光照射固化，在管道内形成新的管道内衬；用于各种结构性缺陷的修复，适用于不同几何形状的排水管道。

c. 螺旋缠绕法。采用机械缠绕的方法将带状型材在原有管道内形成一条新的管道内衬；用于各种结构性缺陷的修复，适用于不同几何形状的排水管道，可带水作业。

d. 管片内衬法。将 PVC 片状型材在原有管道内拼接成一条新管道，并对新管道与原有管道之间的间隙进行填充；用于破裂、脱节、渗漏等缺陷的修复，管道形状不受限制，修复迅速、快捷。

e. 短管内衬修复技术。将特制的高密度聚乙烯（HDPE）管短管在井内螺旋或承插连接，然后逐节向旧管内穿插推进，并在新旧管道的空隙间注入水泥浆固定，形成新的内衬管；用于破裂、脱节、渗漏等结构性缺陷的修复，形状不受限制，修复迅速、快捷。

f. 聚合物涂层法。将高分子聚合物乳液与无机粉料构成的双组分复合型防水涂层材料，混合后均匀涂抹在原有管道内表面形成高强坚韧的防水膜内衬；用于破裂、脱节、渗漏等各种缺陷的修复。

g. 胀管法。将一个锥形的胀管头装入到旧管道中，将旧管道破碎成片挤入周围的土层中，与此同时，新管道在胀管头后部拉入，从而完成管道更换修复的过程；用于破裂、变形、错位、脱节等各种缺陷的修复。

（2）检查井修复技术。

a. 检查井原位固化法。将浸渍热固树脂的检查井内胆装置吊入原有检查井内，加热固化后形成检查井内衬；适用于各种类型和尺寸检查井的渗漏、破裂等缺陷修复，不适用于检查井整体沉降的修复。

b. 检查井光固化贴片法。将浸渍有光敏树脂的片状纤维材料拼贴在原有检查井内，通过紫外光照射固化形成检查井内衬；适用范围同上。

c. 检查井离心喷涂法。采用离心喷射的方法将预先配置的膏状浆液材料均匀喷涂在井壁上形成检查井内衬；适用于各种材质、形状和尺寸检查井的破裂、渗漏等各种缺陷修复，可进行多次喷涂，直到喷涂形成的内衬层达到设计厚度。

d. 开挖修复技术。排水管道开挖修复参照《城镇排水工程施工质量验收规范》（DG/T J08－2110—2012）、《给水排水管道工程施工及验收规范》（GB 50268—2008）等相关规范、规程执行。

（四）"分"

"分"就是采取有效对策，治理雨污混接，让雨水、污水各行其道，实现雨污分流。分流制排水系统中，虽然雨水和污水管道混接没有被称为缺陷，但是混接却是排水系统的"毒瘤"，危害极大。排水口"常流水"和污水处理厂雨天超量只是混接问题的间接表现。雨污混接改造没有捷径，只有踏踏实实在混接点实施和采取具体分流的措施，才能够解决混接问题；只有严格排水系统管理，才能够避免混接的产生。

雨污混接分流治理。对于管道混接点，可采用封堵、敷设新管等方式，改变原有管道的非法连接方式，恢复雨污分流，鼓励结合海绵城市建设统筹实施。主要治理要求如下：

（1）对于市政污水管道接入市政雨水管道，应封堵所接入的污水管道，并将污水管改接入污水排水系统，所封堵的污水管道应填实处理。

（2）对于市政雨水管道接入市政污水管道，应封堵所接入的雨水管道，并将雨水管改接入雨水排水系统，所封堵的雨水管道应填实处理。

（3）对于市政合流管道接入市政雨水管道，应在核实计算的基础上，加设截流系统，或者实施雨污分流。

（4）对于小区等雨水管道接入市政污水管道，应对小区所接入的雨水管道进行封堵，并将其接入市政雨水排水系统，所封堵的雨水管道应填实处理。

（5）对于小区等污水管道接入市政雨水管道，应对小区所接入的污水管道进行封堵，并将其接入市政污水排水系统，所封堵的雨水管道应填实处理。

（6）对于小区等合流管道接入市政雨水管道，应对小区进行雨污分流治理，分别接入市政雨水和污水管道。

（五）"蓄"

"蓄"就是在系统中设置针对初期雨水、雨污混接水的截、储等措施，减少直接排放对水体的影响。在排水系统适当部位设置截污调蓄池可以比较好地解决初期雨水、混接污水和道路清扫、浇洒、餐饮、洗车等通过雨水口非直接接入的污水污染问题。

（六）"净"

"净"就是采取就地应急处理措施，为初期雨水、雨污混接水排放水体前，再上一道锁。

根据处理污染物的种类，就地处理方法分为浮渣和漂浮物处理技术、砂粒处理技术、悬浮物处理技术、有机物和氨氮等溶解性污染物处理技术等四类。具体分类和适用条件见表4－2。

表 4-2　　　　　　　　　　　　　主要就地处理技术一览表

去除污染物种类	处理技术	适 用 条 件
浮渣和漂浮物	浮动挡板技术	适用于现场无法供电，合流污水或雨水在溢流前需拦截过滤其携带的漂浮物的场合
	拦渣浮筒技术	
	水平格栅技术	
	水力自洁式滚刷技术	
	堰流过滤技术	适用于现场可供电，合流污水或雨水在溢流前需拦截过滤其携带的漂浮物的场合
	溢流格栅技术	
砂粒	高效涡流技术	适用于污水直排、溢流排放和初期雨水弃流等需去除砂粒的场合
	水力颗粒分离器技术	
悬浮物	高效沉淀技术	适用于污水直排、溢流排放和初期雨水弃流等需去除悬浮物的场合
	泥渣砂三相秒分离技术	
	磁分离技术	
	自循环高密度悬浮污泥滤沉技术	
有机物和氨氮等溶解性污染物	快速生物处理技术	分流制污水口直排、雨污水混接，合流制污水直排等需去除悬浮物、有机物和氨氮的场合

（1）浮渣和漂浮物处理技术。去除污水中的浮渣和漂浮物，宜选用浮动挡板、拦渣浮筒、水平格栅、水力自洁式滚刷、堰流过滤、溢流格栅等处理技术。

1）浮动挡板、拦渣浮筒技术：适用于现场无供电条件，可安装在截流井内，也可以安装在调蓄池入口处，拦截物需定期清捞。

2）水平格栅技术、溢流格栅技术：适用于现场有供电条件，自动对栅条进行清理，可安装在溢流堰上，也可以安装在调蓄池入口处，拦截物需定期清捞。

3）水力自洁式滚刷技术：适用于现场无供电条件，可安装在溢流堰上，拦截物需定期清捞。

4）堰流过滤技术：适用于现场有供电条件，自动对网板进行清理，可安装在溢流堰上，截留的浮渣和漂浮物通过螺旋导出，无需人工清捞。

（2）砂粒处理技术。去除污水中的砂粒，宜选用高效涡流、水力颗粒分离器等处理技术。砂粒处理设施前宜设置浮渣和漂浮物的处理设施。

1）高效涡流技术：根据离心沉降和密度差分原理，使密度小的物体被留在上方，密度大的砂粒沉降到底部，达到分离效果。可设于排水口或调蓄池进水口前，截留物需定期人工清理。

2）水力颗粒分离器技术：砂粒在水流导板作用下进行分离，可设于排水口前，截留物需定期人工清理。

（3）悬浮物处理技术。去除污水中的悬浮物，宜选用高效沉淀、泥渣砂三相秒分离、磁分离、自循环高密度悬浮污泥滤沉等处理技术。悬浮物处理设施前宜设置浮渣和漂浮物的处理设施。

1）高效沉淀技术：通过投加混凝与絮凝药剂使水中的悬浮颗粒物和胶体物质凝聚形

成絮体后沉淀去除。可设于排水口前，沉淀污泥需定期清排。

2）磁分离技术：通过投加磁种、混凝与絮凝药剂，形成以磁种为核心的絮体，利用磁力吸附或沉淀去除。可设于排水口前，沉淀物需定期清排。

3）泥渣砂三相秒分离技术：利用高速旋转的滤带，截留泥渣砂以及悬浮颗粒物等，实现泥渣砂等协同去除，适用于排水口溢流和初期雨水处理。

4）自循环高密度悬浮污泥滤沉技术：利用旋流混合搅拌和回流污泥接种混合，吸附污染物，通过沉淀实现高效清污分离。适用于排水口溢流和初期雨水处理。

（4）有机物和氨氮等溶解性污染物处理技术。去除污水中的有机物和氨氮，宜选用快速生物处理技术等。生物处理设施前端宜设置浮渣、漂浮物和砂粒的处理设施。

快速生物处理技术：采用附着专属微生物菌种的高分子合成材料，快速降解。适用于排水口溢流和初期雨水处理，产生的污泥应定期清理。

（七）"管"

"管"就是强化对系统的维护管理措施，减少管道淤泥对水体的污染。

维护管理前应开展的准备工作，包括人员进场、防护工作、开启井盖、检查等，具体检查内容详见表 4-3。

表 4-3　　　　　　　　　　维护前的检查内容

序号	设施种类	检查方法	检 查 内 容
1	管道	井上检查	违章占压、地面塌陷、水位水流、淤积情况
		井下检查	变形、腐蚀、渗漏、接口、树根、结构等
2	雨水口、检查井及排水口	井上检查	违章占压、违章接管、井盖井座、雨水箅子、踏步及井墙腐蚀、井底积泥、井深结构、排水口积泥等
3	明渠	地面检查	违章占压、违章接管、边坡稳定、渠边种植、水位水流、淤积、涵洞、挡墙缺损腐蚀等
4	倒虹管	井上检查	两端水位差、检查井、闸门或挡板等
		井下检查	淤积腐蚀、接口渗漏等

排水口维护包括排水口清淤、防冲刷和相关设施设备的维护，其要求是保持水流畅通和结构完好。

排水管道疏通维护可有效清除沉积淤泥，改善水力功能，减少排入水体的污染物。方法主要有水力可采用射水疏通、绞车疏通、推杆疏通、转杆疏通、水力疏通和人工铲挖等。

检查井、雨水口维护清掏宜采用吸泥车、抓泥车、联合疏通车等机械设备。

（1）管道淤泥运输清掏后管道淤泥应及时运输至处理处置场所，运输车辆应按指定路线运输，并应在指定地点卸倒。

（2）管道淤泥处理处置应按照排水系统布局，合理设置管道淤泥处理站，淤泥在处理站进行泥沙分离和脱水处理。鼓励将分离出的砂作为建材利用，脱水后的淤泥进行卫生填埋等方式处置。

三、加强污水处理厂提标改造，推动再生水利用

加强污水处理厂提标改造。"水十条"提出，各地可制定严于国家标准的地方水污染物排放标准。2018 年 1 月正式实行的水污染防治法也规定城镇污水处理厂等单位须取得排污许可才能够进行排污，而且具体的排污行为还要符合排污许可证上记载的种类、浓度、总量和排放去向等要求。城镇污水处理厂实际运行中主要存在进水不稳定、进水与设计差别大、含有难降解工业废水；碳氮比低、碳源不足、SS/BOD$_5$ 比值偏高；低温条件下运行效率差、运行不稳定；运行负荷低、能耗大、运营管理复杂、区域特性强等实际问题，如出水 COD 难以进一步降低、TN 去除较难、出水 SS 偏高、TP 生物处理较难等困难。为克服这些困难，达到更高的排放标准，在提标改造的工程实践中，一般以"先源头控制，后强化处理；先功能定位，后单元比选；先优化运行，后工程措施；先内部碳源，后外加碳源；先生物除磷，后化学除磷"为总体技术原则，并采取如下技术路线来实施：①稳定进水，使得进水符合原设计，强化预处理，增强污水的可生化性；②对原主体工艺进行运营改良、优化参数、添加外物质、强化生化处理；③对原主体工艺进行改造、革新；④增加尾水处理设施，进行深度处理，考虑中水回用；⑤对附属工艺的改造，如污泥处置、隔音、除臭等；⑥机械、电气、自控设备的升级；⑦同时考虑前述措施的组合。主要处理工艺措施详见表 4-4。

表 4-4　　　　　　　　城镇污水处理厂提标改造典型技术措施

主要问题		主 要 技 术 措 施
进水不稳定	前段	设置调节池、储水池等
进水难降解有机物多、B/C 比低、出水 COD 偏高	前段	设置水解池、稳定池等
	生化段	添加生物填料等
	后段	增设强化物化处理工艺，如混凝沉淀-过滤、臭氧氧化、Fenton 氧化、活性炭吸附、超滤-反渗透等
进水碳氮比偏低	前段	添加外碳源、取消初沉池等
	生化段	改进工艺利用内碳源，如多点进水等
出水 SS 偏高	生化段	二沉池中投加化学混凝剂、提高污泥沉降性能等
	后段	设置深度过滤，如生物过滤、物理过滤设施；辅助化学混凝沉淀、微絮凝等
出水 TN 偏高	生化段	强化生物脱氮、增加外碳源等
	后段	设置反硝化滤池、生物滤池、膜过滤等
出水 TP 偏高	生化段	强化生物除磷等
	后段	增加化学辅助除磷等
景观生态要求	后段	增加人工湿地、氧化塘等生态处理等
原主体工艺改进	生化段	运行参数改进、多点进水、添加碳源、精细曝气、多模式、强化污泥回流等
污泥处置	污泥段	污泥减量、生物能利用等
扩展空间受限	全程	半地下式、地下式等
大量雨水流入	前段	设置调节池、加强工艺抗冲击负荷能力等
臭气、噪声	全程	加盖封闭、生物除臭、离子除臭；降噪措施等

推动再生水利用。按照"集中利用为主、分散利用为辅"的原则，因地制宜确定再生水生产设施及配套管网的规模及布局。结合再生水用途，选择成熟合理的再生水生产工艺。鼓励将污水处理厂尾水经人工湿地等生态处理达标后作为生态和景观用水。再生水用于工业、绿地灌溉、城市杂用水时，宜优先选择用水量大、水质要求不高、技术可行、综合成本低、经济效益和社会效益显著的用水方案。下面以宁波江东北区污水处理厂再生水出水提升案例进行说明。宁波江东北区污水处理厂再生水出水提升项目是以宁波市江东北区污水处理厂再生水出水作为处理对象，利用陆家河河道空间对再生水进行深度再生处理研究。主要目的是通过河道生态恢复再生水活性系统实现高效除磷脱氮并对水体进行再生涵养；保证出水水质主要指标达到或优于地表水环境标准Ⅳ类，出水作为补水回用河道；促进江东北区（民安路—世纪大道—甬江区域）河网水系的流动，缓解河道水质。

宁波江东北区污水处理厂位于鄞州区福明街道桑家村，1999 年 3 月建成投运。改造前出水执行《城镇污水处理厂污染物排放标准》中Ⅱ级标准。2016 年，宁波江东北区污水处理厂准Ⅳ类水提标改造工程破土动工，总投资额约 3 亿元，该项目采用目前国内先进的污水深度处理技术 MBR 膜工艺进行提标，两年可完成改造，经改造后出水水质达到地表准Ⅳ类水标准。

再生水回灌河道试点项目以江东北区污水处理厂再生水出水作为水源，采用"混凝-沉淀-过滤-消毒"生产工艺，经过深度处理将生活污水变成优于排放标准的"产品水"。为使污水处理厂再生水出水标准与地表水标准有机衔接，实现"产品水"向"自然水"过渡，宁波市内河管理处在陆家河新建了 2 万 m² 的生态涵养区，利用河道生态系统对水体进行再生涵养，通过生物滤床—微纳米气泡活化—水生态构建，集成沉水植物栽培、漂浮植物固定等多项水处理与生态修复技术，以地表Ⅳ类水为目标，恢复水体活性，确保再生水回用河道应用的生态健康安全。2013 年陆家河水质检测数据显示，总氮、总磷等数据都不满足地表Ⅴ类水标准，是一条劣Ⅴ类河，而 2017 年的检测水质数据显示，陆家河水质各项指标都比较优，其中化学需氧量、pH 值、溶解氧、氨氮等主要水体数据都已经符合地表Ⅳ类水标准。这主要归功于再生水在改善城市水环境中的作用。

再生水成为环境用水是一个良好的绿色循环经济示范案例，再生水在适用领域替代天然水资源，有效增加了城市水供给量，不仅优化了宁波市的分质供水体系，改变了传统的"开采-利用-排放"资源利用模式，形成了一个可观的再生水制水—输水—售水的新型水产业链。且在科学的水资源管理制度和合理的水资源价格体系下，能创造更大的社会效益、生态效益，进一步提高社会公众的生态意识，促进城市污水处理系统与水环境形成有机的循环系统，对城市环境的进一步净化和美化发挥重要的作用，引领示范意义重大。

四、推进污泥处理处置，加强生活垃圾无害化处理

（一）推进污泥处理处置

对于城镇污水处理设施产生的污泥，应进行稳定化、无害化处理处置，禁止处理处置不达标的污泥进入耕地。非法污泥堆放点一律予以取缔。结合各地经济社会发展水平，因地制宜选用成熟可靠的污泥处理处置技术，保证处理处置后的污泥符合国家标准，并对污泥的去向等进行记录。鼓励采用能源化、资源化技术手段，尽可能回收利用污泥中的能源和资源。鼓励将经过稳定化、无害化处理的污泥制成符合相关标准的有机碳土，用于荒地造林、苗木抚育、园林绿化等。

上海市竹园污泥处理工程是其中一个典型案例，它是世界银行贷款上海市城市环境APL二期项目的子项目之一，采用了在欧美和日本等发达国家已有成熟应用的"干化＋焚烧"处理工艺，是目前国内已建成投运的较成熟的污水污泥干化焚烧工程。该工程服务范围为上海市竹园污水片区竹园第一、竹园第二、曲阳、泗塘4座污水处理厂产生的脱水污泥，较为彻底地解决了上海市竹园污水片区污泥的出路问题。

焚烧炉是该工程的核心。该工程结合上海特大型城市的实际情况，选择了减量化最彻底的干化焚烧工艺，建成投运后运行情况良好，证明在土地资源紧张的大中型城市，干化焚烧是一种最为行之有效的处理方式。工程采用的桨叶式干化机采用了特殊的啮合设计，叶片之间具有自清洁功能，能够直接跨越黏滞区，出泥干度可调，是一种适合于市政污泥的干化机形式；鼓泡流化床是目前国际上主流的污泥焚烧炉型，能够很好地适应市政污泥的焚烧特性，砂床极大的热容量确保了污泥的稳定和完全燃烧，有利于 CO、NO_x 和二噁英等烟气污染排放指标的控制；静电＋布袋＋洗涤的多级烟气处理工艺，能够很好地满足国家和上海市新颁布的最严格的排放指标。同时对静电飞灰和布袋飞灰的分段收集，使得绝大部分飞灰可按一般废物方式进行处置，大大节约了飞灰处置成本；电厂废热蒸汽作为热源补充，采用后混的方式通过干、湿污泥比例调节实现污泥在焚烧炉中自持燃烧，一般不需添加辅助燃料，焚烧烟气的热量生产蒸汽回用于干化，采用了干化冷凝水为一次风预热，从焚烧炉夹套中抽吸热空气作为一次风等节能设计，使系统热损失降到最低，从而实现了污泥生物质能源的循环利用和节能减排。

（二）加强生活垃圾无害化处理

对于城镇生活垃圾应加快处理设施的建设，合理布局生活垃圾处理设施；完善垃圾收运体系，积极发展"互联网＋资源回收"新模式体系，打通生活垃圾回收再生资源回收网络通道，实现"两网融合"；加大存量治理力度，治理历史遗留非正规垃圾堆放点、不达标处理设施以及库容饱和填埋场。另外，渗滤液处理不达标设施要尽快处理，未建设施要在两年内建成；继续推进餐厨垃圾无害化处理和资源化利用能力建设；推进生活垃圾分类［城市生活垃圾分类见表4-5，来源于《生活垃圾分类标志》（GB/T 19095—2008）］，结合各地实际，合理确定垃圾分类的范围、品种、要求、方法、收运方式，形成统一完

表4-5 城 市 生 活 垃 圾 分 类

分类	分类类别	内 容
一	可回收物	表示适宜回收和资源化利用的垃圾，包括纸类、玻璃、金属、织物和瓶罐等
二	大件垃圾	表示体积较大、整体性强，或者需要拆分再处理的废弃垃圾，包括家电和家具等
三	可堆肥垃圾	表示适宜进行堆肥发酵处理的垃圾，包括餐厨垃圾、落叶等
四	可燃垃圾	表示适宜燃烧处理的垃圾，包括落叶、木竹以及不宜回收和资源化利用的纸类、塑料盒织物等
五	有害垃圾	表示含有害物质，需要特殊安全处理的垃圾，包括对人体健康或自然环境造成直接或潜在危害的电池、灯管和日用化学品等
六	其他垃圾	按要求进行分类以外的所有垃圾

整、协同高效的垃圾分类收集、运输、资源化利用和终端处置的全过程体系。垃圾分类设施要与回收利用、收集运输、处理处置系统衔接匹配；加强监管能力建设，充分利用数字化城市管理信息系统和市政公用设施监管系统，完善生活垃圾处理设施建设、运营和排放监管体系。加强对生活垃圾焚烧处理设施主要污染物的在线监控，监控频次和要求要严格按照国家标准规范执行。

浙江省政府常务会议审议通过了《浙江省城镇生活垃圾分类管理办法》，明确任何单位和个人都有按照规定分类投放生活垃圾的责任和义务，违者不仅面临处罚，还可能被记入信用档案。

第三节　城镇生活污染管理机制

城镇生活污染防治离不开科学合理的管理，本节从科学统筹，合理规划；加强组织领导，层层压实责任；加强城市污水处理的监管措施；强化公众参与和社会监督；创新建设运营管理模式五点进行描述，并通过北京排水集团——城镇排水系统厂网一体化管理、广东省汕头市 6 座污水处理厂 PPP 案例以及湖南省常德市石门县环卫一体化项目三个案例对内容进行深化。

一、科学统筹，合理规划

编制切合实际建设的规划。各地应科学统筹，根据城乡规划、土地利用规划、环境保护规划等相关规定和要求，编制切合实际的规划。合理布局乡镇污水处理厂。重点推进乡镇政府所在地人口密集区生活污水治理，结合实际适度接纳附近村庄污水和部分工业污水。严格落实节约用水相关规定，科学确定乡镇污水处理厂建设的规模。科学确定技术路线。优选乡镇生活污水处理工艺流程，不同地区可根据实际情况和运行维护需要，优选工艺，对有关技术参数予以调整。根据国家技术规范，结合受纳水体情况和经济条件，科学确定生活污水处理厂出水排放标准。配套管网须同步设计、同步建设、同步验收。污泥处理处置设施纳入乡镇污水处理厂同步建设。

二、加强组织领导，层层压实责任

"形成最大公约数，画出最大同心圆"，把建设工作落细落小落实。城镇污水集中处理设施的运营单位，应当对城镇污水集中处理设施的出水水质负责。县级以上地方人民政府环境保护主管部门应当依法对城镇污水处理设施的出水水质和水量进行监督检查。城镇污水处理设施维护运营单位应当按照国家有关规定检测进出水水质，向城镇排水主管部门、环境保护主管部门报送污水处理水质和水量、主要污染物削减量等信息，并按照有关规定和维护运营合同，向城镇排水主管部门报送生产运营成本等信息。城镇污水处理设施维护运营单位应当按照国家有关规定向价格主管部门提交相关成本信息。城镇污水处理设施维护运营单位或者污泥处理处置单位应当安全处理处置污泥，保证处理处置后的污泥符合国家有关标准，对产生的污泥以及处理处置后的污泥去向、用途、用量等进行跟踪、记录，并向城镇排水主管部门、环境保护主管部门报告。

三、加强城市污水处理的监管措施

污水处理企业要按照环保法规要求，进行污染物排放申报，取得企业污染物排放许可证，保证建成乡镇生活污水处理厂依法合规运行。从事工业、建筑、餐饮、医疗等活动的企业事业单位、个体工商户向城镇排水设施排放污水的，应当向城镇排水主管部门申请领取污水排入排水管网许可证。城镇排水主管部门应当按照国家有关标准，重点对影响城镇排水与污水处理设施安全运行的事项进行审查。

应用现代化信息技术，强化城镇污水处理设施运营监管能力建设，形成国家、省、地市、县四级城镇排水与污水处理监管体系，增强利用信息化手段的监管、预警与应急能力。国家级和省级监测站应具备全指标监测能力和主要指标的流动检测能力；地市级监测站应具备污水管网排查与检测能力和对污水处理厂基本控制项目及部分选择控制项目分析的能力；县级监测站应具备日常指标检测能力，满足政府监管的需要。鼓励地方采取政府购买服务、委托第三方检测机构等方式满足日常监管需求。

应充分利用数字化城市管理信息系统和市政公用设施监管系统，完善生活垃圾处理设施建设、运营和排放监管体系。加强对生活垃圾焚烧处理设施主要污染物的在线监控，监控频次和要求要严格按照国家标准规范执行。加强城镇生活垃圾无害化处理设施建设和运营信息统计。重点推进对焚烧厂主要设施运行状况等的实时监控，加强对卫生填埋场渗滤液渗漏情况以及填埋场监测井的管理和维护。

四、强化公众参与和社会监督

城镇污水处理设施维护运营单位应当依照法律、法规和有关规定以及维护运营合同进行维护运营，定期向社会公开有关维护运营的信息，并接受相关部门和社会公众的监督。城镇排水主管部门应当对城镇污水处理设施运营情况进行监督和考核，并将监督考核情况向社会公布，有关单位和个人应当予以配合。城镇污水处理设施维护运营单位应当为进出水在线监测系统的安全运行提供保障条件。

五、创新建设运营管理模式

各级地方政府应作为责任主体，根据自身实际创新建设和运营模式，选择技术资金实力强、信誉好的企业进行合作，采用PPP即政府与社会资本的合作模式。负责辖区乡镇污水处理厂"投、建、管、运"一体化运营。公司负责已建、在建或未建乡镇污水处理厂改造和建设的投（融）资、建设或改造、运行等，按时完成建设乡镇污水处理厂及其配套设施，确保乡镇污水处理厂稳定良好运行，生活污水处理和排放达到国家相关规定的要求。这一方面可以释放环保市场活力，为政府财政减压松绑，解决县（区）财政建设投资经费不足；创新生态环保投融资体制改革；解决建设资金难筹措、管网建设不同步、维修经费无保障等问题。另一方面通过新技术管理日常运行维护乡镇污水处理厂，破解乡镇污水处理厂"小、散、乱、弱"问题，可以降低运维成本，提高精细化管理水平，解决生活污水处理专业化管理水平低、处理技术良莠不齐、运维成本高等问题，充分发挥乡镇污水处理厂的经济效益、社会效益和生态效益。

六、典型案例

（一）北京排水集团——城镇排水系统厂网一体化管理

北京排水集团近年来通过城镇排水系统厂网一体化运营促进城市水污染治理工作，按照统筹建设、协调运行的理念，首次提出了城镇排水系统厂网一体化运营的水质保障、水量均衡、水位预调三种基本模式。

（1）水质保障。

充分发挥排水管网"排入水质源头监控、水质水量预报预警、超标排水追溯管控、无机杂质厂前去除"的水质保障作用，保证污水处理厂进厂污水符合设计要求，保障其运行安全。

北京排水集团在2011年年初开始对排水管网实施流域化管理，将各污水处理厂流域的上游管网按照集水区域和上下游连通关系划分为不同级别的管线逻辑关系，共建立了210个排水小流域。小流域划分后，每个污水处理厂上游的排水管网都是由总干管、主干管、小流域组成，形成了点、线、面结合的网格化（管理）格局，以便于排入水质的源头监控和超标溯源。

每个小流域的排水户均按其排水水量和水质特性进行分级、分类管理，对曾经严重超标排水的垃圾处理站/填埋场、粪便消纳场、综合性医院等重点排水户，在其排水口安装了在线监测装置进行重点监控（特种有机物和有毒重金属类）；对可能超标排水的餐饮等部分排水户，则对其排水水质（特征污染物）进行定期检测。当发现排水户超标排水时，立即向其发送告知书，通知限期整改。对于逾期未采取整改措施的，及时配合水政执法进行管控处理。同时，定期开展社会开放日等活动，加强排水许可宣传，与街道、居委会、社区建立联动，动员社会力量来共同监督超标排水行为。

现阶段，排入水质源头监控需要针对重点排水户安装在线监测装置，不但数量多、投资大，而且监测的特征污染物各不相同、型号规格众多、运行维护困难。因此优先采用定期检测方式并对排水户实行"信用制"管理：对定期检测一直未发现超标排水行为的排水户，将其信用等级提高一级，并相应降低监控频率；而对发现超标排水行为的排水户，发现一次将其信用等级降低一级，连续3次降级的排水户，配合水政执法部门监督由其自行安装在线监测装置。实际上，排入水质源头监控更需要全社会提高对排水许可的认识。

（2）水量均衡。

有效利用排水管网的内部空间和跨流域调配设施，充分发挥其"均衡进厂污水流量、调整各厂运行负荷"的水量均衡作用，保障污水处理厂的高效、稳定运行。

北京排水集团在2011年年初对B厂上游排水管网清淤时，发现进厂总干管内淤积深度平均达到了43%（以管径计）左右，就是实行厂网一体化运营之前上游管网长期处于超高水位运行所造成的。实行厂网一体化运营之后，集团协调了B厂和其上游管网的运行，制定了界面水位的预警值和限定值，在部分小流域出口设置了限流装置，并根据污水量随时间变化的规律优化了B厂的水量调控运行方案，既未给B厂的运行调控增加负担，也保障了上游管网的运行安全，至今未发现上游管网产生超标准淤积的情况。

北京排水集团所属J厂自2014年以来基本处于满负荷运行状态，而G厂仍有负荷余量，利用东三环污水干线和亮马河污水干线交叉处设置的（重力流单向）调水闸井，将其上游污水调至W厂，控制调水量约为每天2万t，既保证了J厂的运行安全，又提高了G厂的运行负荷。

（3）水位预调。

水位预调包括"管网维护抢险配合、防汛预警厂网联动"两种具体模式。

2012年6月底，城区南部某处的地下工程施工导致周边给水、排水管线断裂，施工断面大量进水，周边道路出现坍塌，交通严重受阻，现场情况极为复杂。事故地点位于北京排水集团所属 X 厂上游流域，接到报告后，集团立即组织抢险大队赶赴现场，查明原因后，调集防汛单元（车）进行截流并抽升至下游污水干线，同时调度 X 厂立即启动应急预案，提高抽升（处理）量，保证排水管网处于低水位运行。配合抢险期间，X 厂最大处理量达到了其设计处理能力的 136 倍。由于厂网联合处置及时、得当，该处大型抢险工程得到了迅速控制，有效降低了事故对水环境安全的影响，保障了城市的正常运行。

近年来，北京排水集团按照统筹建设、协调运行的理念，对北京中心城区排水系统厂网一体化运营进行了积极的探索和实践，实现了厂网建设及运行的统一调度，使北京中心城区的污水处理率由 2010 年的 95％逐年提高到 2014 年的 97％。

（二）广东省汕头市 6 座污水处理厂 PPP 案例

广东省汕头市 6 座污水处理厂 PPP 项目是广东省第一例污水处理设施 PPP 项目，由广东省住房城乡建设厅牵头组织实施 PPP 模式、中国投资咨询有限责任公司（以下简称"中国投资咨询公司"）担任 PPP 咨询顾问。项目内容主要包括汕头市潮阳区、潮南区等 6 座乡镇污水处理厂及配套管网的建设和运营。项目自 2014 年 12 月开始筹划，省、市、区三级政府紧密协作，借助中国投资咨询公司的专业服务，进行诸多创新尝试，助推汕头市引入了国内顶尖水务环保企业投资，将减轻政府当期财政压力、提高运营效率，为广东省乃至全国范围内采用 PPP 模式推进环保基础建设积累了宝贵经验。

为切实解决乡镇污水处理项目难题，中国投资咨询项目团队与广东省住房城乡建设厅、汕头市环保局、潮阳区及潮南区政府相关部门进行了多轮沟通，结合乡镇污水处理厂项目的具体特点，有针对性地设计"厂网一体、同步运作、多项目捆绑"的创新 PPP 模式，即本项目特许经营期 30 年，在项目特许经营期内，由社会资本负责完成项目设施（包括厂区及管网）的设计、投资、建设、运营和维护，提供污水处理和管网运营服务，并向政府收取污水处理费和管网运营维护费。政府方负责监督、管理社会资本提供的服务，依照项目协议约定向其支付污水处理费和管网运营维护费。

本方案针对性地设计了以下三方面的创新，来解决乡镇污水处理厂项目建设和运营难题。

（1）PPP 模式运作配套管网项目。

污水管网是典型的非经营性基础设施项目，如何灵活运用 PPP 模式解决非污水管网的建设和运营难题，是实施方案的核心。本项目采用 DBFOT（设计—建设—融资—运营—移交）模式，在项目特许经营期内，由社会资本负责厂区及配套管网的优化设计、投资、建设及运营维护，政府方基于运营绩效向其支付污水管网运营维护费，合作期满后，社会资本将管网设施无偿移交给政府。此模式通过政府直接购买服务的方式解决了配套管网建设运营难题，为乡镇污水处理厂配套管网建设提供了一种新思路。

（2）厂网一体同步运作。

2015 年 2 月，财政部、住房城乡建设部联合印发《关于市政公用领域开展政府和社会资本合作项目推介工作的通知》（财建〔2015〕29 号），指出"城市供水、污水处理、供热、供气、垃圾处理项目应实行厂网一体、站网一体、收集处理一体化运营"。为落实"厂网一体"的政策精神，并解决乡镇污水处理厂管网建设落后导致整个项目难以运营的问题，本项目采用"厂网一体、同步运作、单独核算"的机制。一方面，采用DBFOT模式赋予社会资本工作的灵活性，统筹安排资金与工程规划，真正做到配套管网与污水处理厂同步设计、同步建设、同步投运；另一方面，鉴于污水处理厂区与管网的工程性质、技术要求、运营维护模式、付费及调价机制等均存在较大差异。因此，将厂区与配套管网项目分开运作、单独核算，并将本项目中的6个污水处理厂分开核算，便于政府方进行差异化、针对性管理。

（3）多项目捆绑招标，发挥规模效应。

单个乡镇污水处理厂投资规模较小、建设较为复杂，对于水务企业投资吸引力较差。为增强项目的吸引力，发挥规模效应，引入资金实力雄厚、运营管理经验丰富的社会资本，保障项目建设质量，降低运营成本，本项目将汕头市内6座乡镇污水处理厂及配套管网捆绑招标，总体规模达到13万t/d，总投资达15.6亿元，充分发挥了规模效应，提高了项目对社会资本的吸引力。

（三）湖南省常德市石门县环卫一体化项目

湖南省常德市石门县城乡环卫一体化项目主要包括全县生活垃圾清扫、清运、无害化处理等方面，实施方式为PPP模式，即政府和社会资本共同组建项目公司实施本项目内容。县政府授权县城管执法局作为PPP项目实施机构；按照程序引进第三方专业PPP咨询机构即湖南友谊国际工程咨询有限公司，为项目推进提供咨询服务；通过竞争性磋商选择社会资本方即中联重科股份有限公司/长沙中联重科环卫机械有限公司联合体。由社会资本控股、政府方出资代表石门县城市建设投资开发有限责任公司参股，共同出资组建项目公司（SPV），签订20年特许经营协议，实施石门县城乡环卫一体化PPP项目投资、融资、建设、运营、维护。

该项目预算总投资额约为2.85亿元，主要是投资6500万元建设刘家湾生活垃圾无害化处理场，投资8000万元建设垃圾焚烧处理项目，投资6000万元建设垃圾收运系统第一期项目，投资8000万元建设垃圾收运系统第二期项目。现阶段主要建设垃圾收运系统第一期项目，主要新建刘家湾大型垃圾水平式压缩转运站，并将其打造为集压缩减量中转、样板展示、互联网监控中心"三位一体"的样板工程；完成全县域垃圾压缩站的布局，包括生活垃圾中转站47座（含大型垃圾水平式压缩转运站），新增配置垃圾收运车辆73辆，各式垃圾收集容器3377只，并承接原有生活垃圾转运站的运营管理；新增城区清扫保洁车辆53辆，大幅提升环卫机械化作业率，保洁覆盖面积218.38万 m^2，清扫保洁率达95%，机械化清扫保洁率达70%，使得县城清扫水平达到中型城市水平。

全县每天日产垃圾380t左右，其中200t实行焚烧无害化处理，180t实行填埋无害化处理，实现了日产日清。三个月以来，办理了环卫人员的企业入职手续，平稳接收，同时新增机械设备、设施投放，提升机械化作业程度，机械化洗扫保洁率达80%以上，通过企业精细化管理，实施班组分工，职责明确的绩效考核机制，启动了日常作业效果的巡查体系，确保高标准作业质量的常态化。在此期间，经历了全省文明城市指数测评、省领导检查和春节等大型活动和节日，作业效果得到一致好评。

第五章

农业农村生活及内源污染防治

农业农村生活污染可分为农村生活污染、农田面源污染、畜禽养殖污染和水产养殖污染，内源污染可分为船舶港口污染和底泥污染。本章详细介绍农业农村生活水污染防治及内源污染防治的现状问题、控制方案及管理机制和控制技术，其中第一节主要从布局规划、污染防治技术及措施、种养模式、管理机制等方面分析了各污染源存在的问题；第二节针对存在的问题以及各污染源的特点论述了相应的污染控制方案及管理机制；第三节在控制方案的基础上提出控制技术，并对相应案例深入解析。

第一节　农业农村生活及内源污染问题分析

2018 年，中共中央国务院一号文件《关于实施乡村振兴战略的意见》中提出要推进乡村绿色发展，打造人与自然和谐共生发展的新格局，加强农村突出环境问题综合治理，包括加强农业面源污染防治，加强农村水环境治理和农村饮用水水源保护，实施农村生态清洁小流域建设等。2018 年 2 月 5 日，中共中央办公厅、国务院办公厅印发了《农村人居环境整治三年行动方案》，明确指出，以建设美丽宜居村庄为导向，以农村垃圾、污水治理和村容村貌提升为主攻方向，加快补齐农村人居环境突出短板。随着农村生活水平的提高和人口不断增加，农村环境污染和生态破坏情况日趋严重，农村环境的总体状况不容乐观，日益加剧的农村环境污染问题，已经成为新农村建设和落实科学发展观中急需解决的重大社会课题。农业农村生活污染问题主要体现在农村生活污水、生活垃圾、种植业养殖业废水、废弃物的收集与处理、种植业养殖业规划布局、污染防控措施以及管理机制等方面。同时，河道内源污染已成为水体污染的重要来源，严重时可引起河道黑臭，甚至威胁人类健康，内源污染问题日益突出，主要体现在港口码头污染物接收及处理、水上交通事故、污染应急体系以及底泥释放方面。下面就农村生活污染、农田面源污染、畜禽养殖污染、水产养殖污染、船舶港口及底泥内源污染的现状问题进行具体的分析。

一、农村生活污染问题分析

（一）农村污水收集难度大，垃圾乱堆放现象严重

目前我国农村污水处理方式主要分为分散处理模式、集中处理模式和接入市政管网统一处理模式三种类型。由于我国农村人口居住相对分散独立，人口基数大、规模小、密度低，农村居民环保意识薄弱，农村地区经济实力不一、地理条件各异，使得我国 95% 以上的村庄和 90% 以上的小集镇都没有完善的污水收集和处理设施。村镇产生的生活污水和部分工业废水，几乎未经任何处理便直接排入周边的水体（河道、池塘、湖泊、地下水

等），造成村镇水体的严重污染。

目前，我国农村生活垃圾处置仍处于初步探索阶段。我国长期处在城乡二元结构下，农村环境卫生未得到重视，大多数村组尚未建设环卫设施，垃圾收集设施不足，导致大多数农村生活垃圾随意丢弃。此外，由于各地过去环卫规划多注重城镇生活垃圾处理，导致新增收集的农村生活垃圾接纳能力不足。综上，我国多数地区农村生活垃圾仍处于无序抛洒状态。

（二）污水控制技术针对性弱，垃圾无害化处理水平低

（1）农村生活污水治理方面。

农村生活污水成分日益复杂，排水量小而分散，水质波动较大，难以正确评估生活污水的污染负荷从而合理设计污水处理方案、正确选择处理工艺。许多农村地区治污工作起步不久，部分规划编制与设计简单套用，未考虑当地实际情况，设计不合理，存在"有管网、有设施、没污水""有管网、没设施""有设施、没管网"、设计规模偏大等各种情况。村镇与城市相比，存在社会、经济和技术等条件上的差异，所以其在污水处理上不宜采用较为成熟的城市污水处理工艺，而一些生态型污水处理工艺往往又不能满足处理要求，或缺乏实施的条件（如土地资源），造成了农村生活污水治理难度大。已建成的乡镇集中式生活污水处理厂，由于生活污水接管率不高，运行负荷偏低，经常处于"吃不饱"的状态，其中 20% 的污水处理厂运行负荷长期处于 50% 以下，个别污水处理厂负荷仅为 10% 左右。

（2）农村生活垃圾治理方面。

垃圾收集点选址规划缺乏对农村分散居住特点的关注，导致村民不愿到指定地点投放垃圾。此外，由于用地问题，垃圾收集点通常集中在村四周的河道、沟渠、水塘、树林旁边，易造成水体或土壤污染。垃圾处置点选址方面，由于我国农村居民居住分散，距离中转站和垃圾填埋场（或垃圾焚烧厂等）较远，加之县区经济实力不足，一些地区直接在村头建焚烧炉，以解决村庄垃圾的最终处置问题，但是小型垃圾焚烧炉运行稳定性差，存在较大的环境风险。农村垃圾的处置在技术上常直接参考城市处置模式，最终导致无害化处理水平低。垃圾处理主要以填埋为主，其次是焚烧、外运、无处理、高温堆肥和再利用，忽略了农村生态系统，尤其是农业生态系统自身对有机废弃物的消解能力。这样不仅加大了生活垃圾收集、运输、处置的压力，而且造成有机肥等资源的巨大浪费。

（三）投资和管理机制不完善，运行维护能力弱

（1）农村生活污染标准、法规不完善。

目前，农村生活污水处理实用技术指南、技术导则中所涉及的污水排放标准大多参考《城镇污水处理厂污染物排放标准》（GB 18918—2002），现行有效的国家水污染排放标准《城镇污水处理厂污染物排放标准》（GB 18918—2002）和《污水综合排放标准》（GB 8978—1996）均缺乏专门针对农村生活污水处理设施污染物排放的控制指标和限制数据。由于国家层面还没有出台排放标准，地方难以确定工艺和建设标准。对工程的设计、施工、评价、验收也缺乏统一的技术标准规范。目前，全国只有少部分省份出台了农村生活污水排放标准。

2014 年通过的《中华人民共和国环境保护法》修正案明确了政府对农村生活垃圾

处置的责任，2016年修正的《中华人民共和国固体废弃物污染环境防治法》中第49条指出，农村生活垃圾污染防治的具体办法由地方性法规规定，而实际上仅在近几年才有若干省份开展了地方性法规的尝试，这导致我国农村目前缺乏生活垃圾的专门法律规定。

（2）农村生活污染治理管理机制不健全。

许多城镇的污水管网与处理设施建设涉及水务局、水利部门、住房和城乡建设部门、环境保护部门、农业部门等。这种多头管理、责权模糊的局面导致设计时不能统筹规划、工作界面无法很好的对接。污水处理设施的管理通常由相关机构（如镇环保办）兼管，缺乏专门的管理机构，容易出现运行不稳定、出水效果差，甚至停运等现象。乡镇环保专业人才缺乏也使污水处理设施在建设质量、运行维护等方面频频出现问题（中国环境报，2016）。同时，各镇（村）缺乏完善的监管体系，监管不到位，污水处理设施长期的运行效果得不到保障。

目前我国城市生活垃圾收集处置管理权限主要在各城市的城市管理局或市容管理局等部门，这些部门明确的管辖范围为城市建成区，未将农村纳入其管理范围内，这导致农村生活垃圾没有专门的职能机构进行管理。

（3）长期资金保障缺乏。

国家和省级给予的补偿金有限，市（县）级、镇级等地方财力有限，而且没有科学的集资机制和渠道，民间资金难以投入，农村污水资金缺口仍然较大。一是农村污水处理设施方面，管网和设施即使能建成，也会出现由于缺乏足够的资金导致运行维护效果差的现象。特别是对地方财政困难的地区特别是西部欠发达地区，污水处理设施的后期运行维护工作难度更大。二是农村生活垃圾处理方面，目前仅在部分城乡结合部以及农村环境整治专项资金支持的试点示范区开展了相关环卫设施的建设。保洁队伍建设也需要长期的资金支持，目前我国农村仅在部分试点示范地区农村建立了保洁队伍，多数农村尚未建立起制度化保洁队伍。即使在试点示范地区农村，因检查需要成立了保洁队伍，但是由于缺乏资金支持和监督考核机制不健全等问题，也大多流于形式。

二、农田面源污染问题分析

（一）种植业结构布局不合理

当前，我国农业发展环境正发生深刻的变化，但农业结构性矛盾仍然突出：第一，农业多功能开发总体偏弱，主要农产品供求关系偏紧，特别是稳定粮食生产难度加大，农产品安全隐患仍然存在，保供给和保安全任重道远；第二，生产要素制约日益凸显，农业劳动力呈整体紧缺、结构失衡特征，农业投入成本持续走高，抗风险能力不强，实现农业持续增效和农民持续增收难度增大；第三，资源环境压力不断增加，农业发展空间有限，并呈刚性减少，继续依靠增加投入、扩大规模等传统粗放式发展方式已难以为继，转变农业发展方式任务艰巨；第四，体制机制约束还有待破解，耕地"非农化""非粮化"现象与设施农业用地落实难并存，产学研结合不紧密、基层农技队伍不稳定、农民专业合作社和社会化服务组织规范化程度不高，财政及金融支农政策体系有待进一步完善。

（二）农用物资投入量大

随着我国农业和农村经济的快速发展，种植数量和规模不断扩大，化肥、农药、地膜等农用化学品投入逐年增加，与此同时，农业投入品利用率低，化肥、农药利用率不足三分之一，地膜回收率不足三分之二，导致农业面源污染问题日益突出，成为社会和公众关注的热点问题。多年来，因农作物播种面积逐年扩大、病虫害防治难度不断加大，农药使用量总体呈上升趋势，农药污染已成为我国影响范围最大的一类有机污染，且具有持续性和农产品富集性，随着使用量和使用年数的增加，农药残留逐渐增加，呈现点—线—面的立体式空间污染态势。农药的过量施用，不仅造成生产成本增加，也影响农产品质量安全和生态环境安全。

我国粮食增产压力大、耕地基础地力低、耕地利用强度高、农户生产规模小、肥料品种结构不合理、施肥技术落后等原因造成我国化肥施用量逐年增加。当前我国化肥亩均施用量远高于世界平均水平，是美国的 2.6 倍，是欧盟的 2.5 倍；施肥结构不平衡，重化肥、轻有机肥，有机肥资源利用率低；传统人工施肥方式仍然占主导地位，化肥撒施、表施现象比较普遍，机械施肥占主要农作物种植面积的 30% 左右。

地膜覆盖具有增温、保墒、抑制杂草生长和缩短作物生长期等作用，可增加作物产量20%～50%，增收 30%～60%，带动了农业生产力的显著提高和生产方式的不断改进。当前，我国地膜生产量和使用量均居世界第一，但农田残留地膜治理工作不彻底，农田残留地膜污染呈逐年加重态势，成为农业可持续发展的重大隐患。首先是影响幼苗根系对水分和养分的吸收，导致作物产量下降；其次破坏土壤结构，降低肥力水平，造成土壤次生盐碱化；再次是降低农产品品质；此外，还影响农村生态环境。

（三）废弃物利用率低

农田废弃物包括农田、食用菌种植及果园残留物如作物的秸秆、蔬菜的残体或果树的枝条、落叶、果实外壳等，数量巨大，具有可再生、再生周期短、可生物降解、环境友好等优点，是重要的生物质资源。一直以来我国农村农田种植废弃物得不到有效的解决。动物粪便直接归田，污染了附近的水域和农户的生活用水，不利于经济的可持续发展和资源的循环利用。我国农村农田废弃物产出量每年大约 9 亿 t，其中约 3 亿 t 被直接焚烧。大量农作物秸秆在收割时期被直接燃烧，加重了空气污染。虽然相关部门出台了一些政策禁止农作物秸秆的燃烧，但是成效甚微。由于数量巨大，可大规模有效利用的技术少之又少，造成资源的严重浪费，生态环境的严重污染。

（四）种植模式有待加强

种养结合是一种结合种植业和养殖业的生态农业模式，该模式是将畜禽养殖产生的粪便、有机物作为有机肥的基础，为种植业提供有机肥来源；同时种植业生产的作物又能够给畜禽养殖提供食源。但不是所有种养模式都是合理的，常见的种植问题有品种选择的不正确、种植密度的不合理、药物使用的不规范等。

节水灌溉种植模式具有节水、节肥、高产、高效的良好经济效果，对于促进传统粗放型的灌溉农业向现代高效节水型灌溉农业和节水型生态农业转变也有积极而深远的意义，同时它还促进以一家一户为主体的农业经营组织方式向合作经营的组织方式转变，进而促进农业生态环境的不断改善。节水灌溉种植模式在水资源较为匮乏的地区具有极高的推广价值，但目前由于节水灌溉的核心技术研究不够、成本较高、资金渠道不畅，节水灌溉种植模式推广面积所占比例较小，无法有效推广。

三、畜禽养殖污染问题分析

(一) 产业布局不合理，规划引导力度低

畜牧业的发展存在历史遗留共性，即布局不合理，缺乏规划引导。从目前的畜禽养殖布局情况来看，养殖点的建设呈随意、分散分布的特点，且早期发展起来的畜禽养殖场还多建于禁养区或限养区，早期因片面考虑畜牧业发展，很多养殖场的新建、改建、扩建不受任何条件的约束和限制，没有考虑到畜禽养殖规划、动物防疫条件、污染治理以及畜禽养殖业规模设计等问题。长期以来，对于养殖业的管理和规划，因为缺少相关的政策以及技术上的指导，尤其是养殖业在布局方面缺乏合理性，畜禽养殖业选址一般都位于河岸附近和城镇郊区，便于取水、排污。还有些为了方便产品运输与销售，把临近市郊或者交通要道附近选作养殖场，但从污染防治的要求来看，需要划定禁养区和限养区，将畜禽养殖场搬离这些区域，防止污染下河和扰民。搬迁这些养殖场将在一定程度上影响养殖场的利益，需要付出较大的代价。

(二) 集约化、规模化养殖难度大，废弃物综合利用效益待提高

畜禽标准化规模养殖普遍存在规模养殖比重低、标准化水平不高、粪污处理压力大等问题。以养殖业发展趋势看，可以看出规模化和集约化的养殖对于污染物综合利用十分有利，而目前养殖户大多呈分散型，和种植户之间很难形成有效的合作。尤其是近些年来化肥的大量使用，降低了农家有机肥的利用效率，阻碍了养殖业与种植业之间形成良性的循环。同时，畜禽养殖废弃物综合利用效益难以进一步增强，废弃物发酵处理生成沼气后，往往远超出养殖场的使用需求。周边农户接入沼气的成本又较高，且居民用气存在较强的时效性，使得气压平衡难度大、工程投入难以控制、效益差，从而导致很多大型养殖场的沼气得不到有效利用。

(三) 污染防控措施可操作性不强，治理设施运行管理存在缺陷

在畜禽养殖污染防治方面，由环境保护部牵头出台了许多标准和规范性文本，如《畜禽养殖业污染物排放标准》（GB 18596—2001）、《畜禽养殖业污染治理工程技术规范》（HJ 497—2009）等，明确了畜禽养殖污染物的排放标准以及养殖场粪污处理技术工艺等，但仍然缺乏实用性强、运行成本低、处理效果好、适用范围广的畜禽养殖污染防治措施或模式。目前，许多规模化畜禽养殖场基础设施条件仍然落后，畜禽采食、饮水、排粪尿等空间集中狭小，养殖密度高；缺少专门的粪水收储设施，简易的铲车与手推车式的人工清粪方式，容易将粪便到处散落，粪尿多与垫料掺混难以清理，畜舍内养殖环境条件差；通风、采光条件有限，圈舍内屋顶、栏架等处腐蚀严重，工作环境恶劣；猪圈、鸡舍、挤奶厅等区域的冲洗水使用无度，使得后续处理难度大；脏、净道交叉等粗放简单的生产经营方式给场区内外的环境造成严重影响。部分地区的规模化生猪养殖场和绝大多数养殖专业户治污设施配套不到位，畜禽养殖污水直排入河。

(四) 监督管理机制不完善，长效评价机制不全面

畜禽养殖污染具有面广量大（多分布于农村）、瞬时性强（持续动态过程）、构成复杂（种类多、规模不一）等特点，仅仅依赖于目前的监管队伍很难达到治理效果。加上畜禽养殖行业已成微利行业，且从事人员多为农民弱势群体，即使环保部门做出处罚和整改要求，很多养殖场仍无力或不愿意投资建设污染防治设施。因此，仅仅依靠行政强制手段，

难以实现对养殖污染的有效监管和控制。同时，我国缺少针对现行政策、制度、技术等污染防治对策的长效评估办法和标准，尤其是畜禽养殖环境风险评估与防控所依据的基础数据支撑严重不足。相比国外发达国家相对完备的监测评估体系，国内起步较晚，缺乏全国范围或区域尺度的统一规划，监测标准不全面，自动化监测能力和信息系统构建分析亟待加强。涉及养殖场环境类项目的实施，往往对项目实施准入条件、治污技术设施与设备运行效果的科学评估不足，导致项目实施脱节，诸如沼气工程建而不用、用而不管，成为"晒太阳"工程。

四、水产养殖污染问题分析

（一）总体布局难以合理规划，养殖活动缺乏科学指导

现阶段我国主要的水产养殖模式分为三种：淡水池塘养殖模式、工业化养殖模式和网箱养殖模式。科学的养殖规划是污染控制技术政策实施的前提，合理的养殖布局不仅可以降低养殖的环境风险，提高污染的处理效率，而且可将大量分散的小型水产养殖场集中，整合资源和能力，形成合力，集中治污。而从我国的现状看，一方面，养殖模式在布局和容量控制方面缺乏科学的政策调控措施与养殖规划，很难做到从源头控制污染；另一方面，养殖管理的职权分散在渔业、卫生、水务、环保等部门，职责分工和所指定的养殖规划实施主体不明确。同时，人工或半人工控制条件下的工业化、集约化、机械化养殖比例仍然偏低；部分养殖户片面追求产量和经济效益，养殖品种搭配不够合理，养殖生产方式单一，造成区域养殖密度过大，超过了养殖系统的负荷；养殖技术和活动的不规范导致养殖户难以根据水质特点、鱼苗品种和水生生物的不同生长阶段合理施用饵料和鱼药，做到科学的投喂。

（二）污染防控治理力度低，环保养殖模式待推广

在养殖过程中放养的密度远远大于该水体环境所能承受的最大值，造成严重的环境污染。养殖人员为了水体的清洁，不得不频繁更换水体，造成大量的污染水体外排，部分养殖人员防病、治病的意识不强，自己所养的鱼生病以后，将病鱼、死鱼随意乱扔；或是将生病鱼池的池水乱排乱放，造成水源污染或对其他养殖池造成二次污染。其次，现阶段水产养殖人员环境保护意识较差，部分水产养殖人员虽认识到环境保护问题的严重性，但是出于自身经济利益的考虑，并未采取有效措施去预防环境污染，如国家虽然提倡使用配合饲料，但价格低廉、环境污染较大的鱼饲料仍被大量使用；同时，虽然国家在整个水产养殖用药方面有较为明确的规定，但在具体实行过程中盲目用药和用违禁药的现象还大量存在，这些都对养殖环境带来了危害。

（三）法律法规不完善，监管力度待提高

目前国内的渔业法规以渔业整体为出发点，把养殖业、捕捞业以及渔业资源的增殖和保护作为重点，进行了一般性的规定，全国性单项法规相对较少。而且，我国现行的法律体系主要为中央级别的法律法规，地方法律法规不完善，只有少数经济发达省份设立了水产养殖业管理的相关法律法规，这直接导致了执法依据不足。如《渔业法》对无证养殖的处罚，只限于改正、补办、拆除设施，法律责任追究力度较轻，对违法养殖者无法起到威慑作用，对已领养殖证但不按规定区域和种类养殖的，无明确的处罚条款。同时，我国没有专门的鱼药和饲料管理法规，只得参照《兽药管理条例》《饲料和饲料添加剂管理条例》

及有关行业标准进行执法。《海域使用管理法》规定，对养殖用海要根据养殖方式和用海规模实行分级审批，这样极易造成同一海区多头管理的混乱，在实际执行中缺乏可操作性。

五、船舶港口及底泥内源污染

（一）港口码头污染物接收和处理设施缺失，船型标准化进程有待推进

在国际公约和国内法规的要求下，我国的船舶污染物接收设施的建设取得了很大的成就。依据 IMO 的 GISIS（全球综合船舶信息系统）上的我国港口接收设施信息（截至 2012 年 4 月）统计，我国 33 个主要港口，共有 355 个废弃物接收单位。然而，据了解这些港口废弃物接收单位多数是社会上的专业清污公司，存在流动性较大，或因经营不善而倒闭，不能继续提供船舶污染物接收和处理服务的问题。虽然大规模和有需要的港口大都建设了相应的船舶污染物接收设施，从 GISIS 数据库中摘取的国内 20 个港口的船舶污染接收设施信息，不难看出各港口的船舶污染物接收设施发展不平衡，有些种类的污染物还处在"零接收"状态。此外，很多危化品码头无环评手续及危化品货物作业附证。部分地区饮用水水源地保护区内存在化工码头、危化品集装箱装卸码头等，威胁饮用水水源地的水质安全。

目前我国内河船型杂乱，内河船舶平均吨位较小，能耗高，营运效率低，总体技术水平不高。部分船舶技术状况落后，存在安全隐患。部分地区还存在水泥质船、木质船和挂桨机船等落后船型，这些船操作性差，航运安全存在隐患，某些落后船型没有专门的油污水和生活污水回收或储存装置，肆意排放，严重污染水质。

（二）水上交通事故威胁水环境质量，船舶港口污染应急体系不健全

近年来，全国水上运输船舶碰撞、泄漏等造成的交通事故数量、死亡人数、沉船艘数等居高不下，严重威胁水上从业工作者及相关附属产业的健康、生命及财产安全，破坏生物资源，污染水体环境，影响国民经济发展和社会和谐稳定。对于突发事件，我国长期以来的应急管理理念是"重救轻防"，弱化了防御能力建设，尤其是一个突发事件导致多个突发事件共同危害时，执法部门便会因缺乏预案等准备工作而手忙脚乱，很难积极稳妥地组织各方力量协调配合，应急处置经常顾此失彼，缺乏资源整合。目前我国对公共紧急状态和危机状态下的有效对抗手段比较分散，虽然陆续修订了一些应对突发事件的法律和法规，但它们多是针对某一灾难、事件或疾病的，在突发事件的应对上合作反应的协调机制尚不健全，存在协调困难、协作能力不强等多方面的问题，还存在应急救助和反应所需装备和资源储备不足，缺乏风险评估机制等问题。假如不对具体的灾害和可能造成的影响进行预测和评估，一旦突发事件发生，预案就难以发挥作用。

（三）底泥内源释放，污染水体水质

底泥是有机物质的重要蓄积库和营养盐再生的主要场所，对水体中的各类污染物质都具有较强的释放和吸附作用，对上覆水中营养元素具有"汇/源"效应。氮、磷能通过颗粒物吸附、沉淀、水生生物死亡沉积等方式蓄存在底泥中。有研究表明，厌氧条件是促使底泥释放氮磷的主要原因，在适当条件下，氮和磷能从底泥中释放出来，为水生生物的生长提供必要的营养元素，进而加剧水体的富营养化。

第二节　农业农村生活及内源控制方案及管理机制

为切实解决上述的农业农村生活及内源污染问题，本节提出了相应的控制方案及管理机制，从加强农业农村废水、废弃物的收集与处理能力、资源化利用能力，优化种植养殖产业布局，推进生态养殖模式，加强各污染源治污减排力度、推进种养业清洁生产等方面论述了污染控制方案，并提出了建立相应法律法规、加强组织领导与监管力度、健全资金保障机制、加强预警预测、鼓励民众参与等管理机制。

一、农村生活污染控制方案及管理机制

（一）农村生活污染控制方案

（1）科学制定农村生活污染治理规划，实现农村生活污染治理体系全覆盖。

1）科学制定生活污水治理规划，提高生活污水处理率。农村生活污水处理应采用分散、小型、免维护、日常管理简单、易操作的设施；对于少数城中村及城区周边村镇，距离市政管网较近，可纳入市政处理系统统一处理；对于布局相对密集、规模较大的村庄也可采取单村或联村集中处理；对于无法集中收集的居户生活污水可采用单户分散处理。

科学制定农村生活污水治理行动计划，因地制宜地选择经济实用、维护简便、循环利用的生活污水治理工艺，并与城市、镇村建设规划有机结合，合理建设农村污水处理设施。组织有资质的设计单位进行具体污水处理设施的规划设计，做到规划设计科学合理，并采取多次评议审核体系。设计单位应对污水处理设施的运行管理提出明确要求，并进行技术指导，明确具体的管理内容、管理范围及管理方法等。根据各村庄的地形、地势，对污水收集管网进行科学设计。

对已建成集中式生活污水治理设施但污水收集率低的地区，要进一步推进污水收集基础设施建设。要以"生活污水全接纳、全处理"为目标，从雨污分流改造、污水管道覆盖和排水户接纳管理等方面开展接纳现状普查，切实摸清底数。在逐步扩大主管网覆盖范围的同时，全力推进支管铺设，并确保污水准确纳入支管，提高污水收集率，增强截污控污能力。要逐步提升污水管网现代化管理水平，将污水管网信息化管理纳入建设实施方案中，并利用施工改造的契机，对地理信息系统进行补充完善，为今后污水管网建设和管理奠定基础。

2）科学制定生活垃圾治理规划，合理布局垃圾收集点、转运站。科学制定生活垃圾治理规划，制定明确的规划细则要求，通过前期的规划保障后期建设运行的科学合理性。垃圾收集点选址规划应重视农村分散居住等特点，合理规划安排垃圾收集点、转运站，便于后期村民的定点投放、收集和运输，避免因不合理布局带来的运行不便。

（2）因地制宜治理农村生活污染，提高资源化利用水平。对于人口密集、经济发达，并且建有污水排放基础设施的农村，应建设集中式污水处理设施，采取合流制或截流式合流制；对于人口相对分散、干旱半干旱地区、经济欠发达的农村，可采用边沟和自然沟渠输送，也可采用合流制，鼓励采用低能耗小型分散式污水处理设施，根据不同情况采用庭院式小型湿地、沼气净化池和小型净化槽等处理技术和设施；在土地资源相对丰富、气候条件适宜的农村，鼓励采用集中式自然处理方式。

对于处理后的污水，宜利用洼地、农田等进一步净化、储存和利用，不得直接排入环境敏感区域内的水体。污水处理设施产生的污泥、沼液及沼渣等可作为农肥施用，在当地环境容量范围内，鼓励以就地消纳为主，实现资源化利用，禁止随意丢弃堆放，避免二次污染。鼓励采用沼气池厕所、堆肥式、粪尿分集式等生态卫生厕所。在水冲厕所地区，鼓励采用沼气净化池和户用沼气池等方式处理粪便污水，产生的沼气应加以利用。在没有建设集中污水处理设施的农村，不宜推广使用水冲厕所，避免造成污水直接集中排放，在上述地区鼓励推广非水冲式卫生厕所。

鼓励生活垃圾分类收集，设置垃圾分类收集容器。对金属、玻璃、塑料等垃圾进行回收利用，危险废物应单独收集处理处置。禁止农村垃圾随意丢弃、堆放、焚烧。城镇周边和环境敏感区的农村，在分类收集、减量化的基础上可通过"户分类、村收集、镇转运、县市处理"的城乡一体化模式处理处置生活垃圾。对无法纳入城镇垃圾处理系统的农村生活垃圾，应选择经济、适用、安全的处理处置技术，在分类收集的基础上，采用无机垃圾填埋处理、有机垃圾堆肥处理等技术，砖瓦、渣土、清扫灰等无机垃圾，可作为农村废弃坑塘填埋、道路垫土等材料使用；有机垃圾宜与秸秆、稻草等农业废物混合，进行静态堆肥处理，或与粪便、污水处理产生的污泥及沼渣等混合堆肥，亦可混入粪便，进入户用、联户沼气池厌氧发酵。

（二）农村生活污染管理机制

（1）建立农村生活污染相关标准法规，为环境管理提供重要依据。

1）建立农村生活污水标准体系。水污染排放标准是国家或地方政府环境法规体系的重要组成部分，是环境管理的重要依据。现行有效的国家水污染排放标准《城镇污水处理厂污染物排放标准》（GB 18918—2002）和《污水综合排放标准》（GB 8978—1996）均缺乏专门针对农村生活污水处理设施污染物排放的控制指标和限值数据。制定《农村生活污水处理设施污染物排放标准》对完善农村环境保护法律体系，加强农村环境保护工作意义重大。制定标准要体现客观性和前瞻性，标准值以当前的国内技术水平和经济条件为依托，充分考虑相关技术所能达到的污染控制水平，兼顾农村地区的经济承受能力和管理水平。

2）建立农村生活垃圾法律法规体系。一是根据《中华人民共和国环境保护法》（修正案）中"各级人民政府应当统筹城乡建设……固体废物的收集、运输和处置等环境卫生设施……并保障其正常运行"的要求，制定相应的管理条例，细化相应的法律责任；二是在《中华人民共和国固体废弃物污染环境防治法》修订中要明确农村生活垃圾污染环境防治的要求；三是按照《中华人民共和国固体废弃物污染环境防治法》的要求，各地方应尽快制定地方性法规并明确农村生活垃圾污染环境防治的具体办法。此外，国家标准和技术规范是对法律法规的必要补充，应尽快制定与农村生活垃圾污染环境防治要求相适应的城乡规划强制性技术规程和标准。

（2）建立健全多元资金保障机制，加快推进农村治污专业化。

在原有农村基础设施长效管理的基础上，制定出台专门的农村生活污染治理设施长效运行管理扶持政策，推动治理设施规范运营和长效管理，按照"政府主导、权责分明、市场化运营、制度化管理"的原则，建立权责分明的责任机制，强化资金保障，以政府购买农村环保公共服务方式为切入点,加快推进治理设施的专业化、市场化运营管理,实现治理设施的长期稳定运行目标。以县为单位全面推进农村污水处理设施第三方运营,提高污水处理设施的收集率、负荷率和达标率。实现农村生活垃圾"户集、村收、镇运、县处理"体系全覆盖。

(3)建立健全管理考核机制,提升治污长效运营水平。

作为公共服务产品,农村生活污水治理、生活垃圾处理处置设施长效运营管理中必须充分发挥"政府的手"的作用。要按照"统一领导、分级监管、部门落实、责任到人"的原则,建立并强化"政府统一协调、乡镇全面负责、职能部门各司其职、行政村联合推进"的工作机制,明确牵头部门,细化各参与部门的工作职责。农村生活污水管理机制方面,建立完善监测数据的统计分析和报表制度、污水处理设施完好报告制度、突发事件应急制度,规范管理行为,保证农村污水处理设施正常运行。农村生活垃圾管理方面,建立农村生活垃圾专门管理机构,将农村生活垃圾管理纳入现有城市管理局、市容管理局或住宅建设部门的职能范围。乡镇成立环卫所,并配备专职环卫管理人员,在行政村建立和完善保洁员、清运员、监督员"三员"队伍,按照"定职责、定内容、定时间、定范围、定报酬"五定方针,建设稳定的保洁队伍。

建立健全考核督查机制。将年度工作任务定点到村,建立区对镇、镇对村两级监督考核机制。各行政村作为生活污水处理设施的业主单位,要充分履行村级生活污水处理设施的运行维护监管责任。农村生活垃圾实行县对乡镇、乡镇对村、村对保洁队伍自上而下三级联动的考核督查机制,层层监督,严格考核,并充分发挥各级环保部门的监管职能,将农村环境保洁工作、垃圾收集清运工作与各项创建、考评等工作紧密结合起来,年度考核成绩列入干部年度绩效管理评价体系和乡镇文明建设考核。

按照建管衔接的要求,探索第三方运行管理机构提前介入的做法,组织其参与规划设计方案审核施工质量监管,从源头推动治理设施的达标、稳定运行。严格工程项目移交制度,接收长效运维管理牵头部门前,需对项目开展二次验收,倒逼建设环节提升质量,避免治污设施"带病"运行。通过组织设计单位(设备供应商)交底培训、委托技术单位专业培训、督促专业公司加强内部培训等途径,对运维管理人员进行培训,掌握相关知识和技能,确保治污设施正常运行。结合农村劳动力技术培训工程,每年举办1~2次村级运维管理人员培训班,各镇(开发区)结合实际,对运维管理人员进行业务培训,严格持证上岗制度,确保农村生活治污设施有人管、管得好。

二、农田面源污染控制方案及管理机制

(一)农业面源污染控制方案

(1)优化产业布局,提升农业产能。

在土壤质地、植被类型及降雨量相似的条件下,径流量、泥沙流失量与坡度成正比,禁止在坡度25°以上陡坡地开垦种植农作物,在坡度25°以上陡坡地种植经济林,应科学选择植物种,合理确定规模,采取水土保持措施,防止水土流失;在坡度5°~25°荒坡地开垦种植农作物,应采取水土保持措施,采取等高种植。在山区开发过程中可采取"顶林、腰园、谷农、塘鱼"的山地立体开发模式,使农田面源污染最小化。在沿湖地区,建议划分为核心区、缓冲区、扩展区三个区域。不同类型区域采取不同的农业生产技术标准，在离河湖最近的核心区内，禁止开发，禁止种植业在缓冲区内限制开发，禁止传统农业，可发展有机农业。

全面树立大农业、大食物观念，全方位、多途径开发食物资源，加快形成与市场需求相适应，与资源禀赋相匹配的现代农业产业结构和区域布局。在城市周边，立足保障"菜篮子"供给和农业生活、生态等多重功能发挥，重点布局发展集约化、设施化，高投入、高产出、多功能的都市型农业；在粮食生产功能区，全力发展粮油产业，加大政策扶持和产业化开发，确保粮食安全；在现代农业园区，重点布局发展蔬菜、水果、食用菌等主导产业，加强农牧衔接配套，延长产业链、价值链。充分利用气候资源独特、生态环境优良、地方特色明显的优势，重点布局发展特色精品农业和生态农业，推进规模化、专业化、标准化生产和品牌化经营；充分利用旱地、水田冬闲田、低丘缓坡地等潜在资源，采用间作、套种、基质栽培、设施农业等模式，积极发展旱粮产业及特色种养业。

（2）推进农业清洁生产，改善农田环境。

全面加强农业面源污染防控，科学合理使用农业投入品，提高使用效率，减少农业内源性污染。普及和深化测土配方施肥，改进施肥方式，鼓励使用有机肥、生物肥料和绿肥种植，努力实现化肥施用量零增长。推广高效、低毒、低残留农药、生物农药和先进施药机械，推进病虫害统防统治和绿色防控，努力实现农药施用量零增长。综合治理地膜污染，推广加厚地膜，开展废旧地膜机械化捡拾示范推广和回收利用，加快可降解地膜研发，加快实现农业主产区农膜和农药包装废弃物基本回收利用。大力推进农业清洁生产示范区建设，积极探索先进适用的农业清洁生产技术模式，建立完善农业清洁生产技术规范和标准体系，逐步构建农业清洁生产认证制度。

（3）加大废弃物资源化，提升农业绿色发展。

农业废弃物是农业生产的"另一半"，是放错了地方的资源，用则利、弃则害。开展农业废弃物处理和资源化利用，是推进农业供给侧结构性改革、推动农业绿色发展的重大任务和举措。坚持因地制宜、农用为主、就地就近，大力推进秸秆肥料化、饲料化、燃料化、原料化、基料化，开展秸秆全量化利用。积极推广深翻还田、秸秆饲料无害防腐和零污染焚烧供热等技术，推动出台秸秆还田、收储运、加工利用等补贴政策，激发市场主体活力，构建市场化运营机制，探索秸秆综合利用模式。不断健全秸秆收储运体系，培育收储运专业人才和服务组织，形成商品化收储和供应能力，完善秸秆利用政策，解决收储点用地难题，推动秸秆综合利用。

（4）发展生态循环模式，促进农业永续利用。

分区域规模化推进高效节水灌溉，加快农业高效节水体系建设，发展节水农业，加大粮食主产区、严重缺水区和生态脆弱地区的节水灌溉工程建设力度，推广渠道防渗、管道输水、喷灌、微灌等节水灌溉技术，完善灌溉用水计量设施。加强现有大中型灌区骨干工程续建配套节水改造，强化小型农田水利工程建设和大中型灌区田间工程配套，增强农业抗旱能力和综合生产能力。积极推行农艺节水保墒技术，改进耕作方式，调整种植结构，推广抗旱品种，严格限制高耗水农作物种植面积，鼓励种植耗水少、附加值高的农作物。因地制宜推广节水、节肥、节药等节约型农业技术，以及"稻鱼共生""猪沼果"、林下经济等生态循环农业模式。优化调整种养业结构，促进种养循环、农牧结合、农林结合。支持粮食主产区发展畜牧业，推广"过腹还田"模式，积极发展草牧业，开展种养结合型循环农业试点。

（二）农业面源污染管理机制

（1）加强组织领导，强化工作落实。

各级农业部门要切实增强对农业面源污染防治工作重要性、紧迫性的认识，将农业面源污染防治纳入节能减排和环境治理的总体安排，及时加强与各部门的沟通协作，形成农业面源污染防治的工作合力。同时，还应强化顶层设计，做好科学谋划部署，加强对地方工作的督查、考核和评估，建立综合评价指标体系和评价方法，客观评价农业面源污染防治效果；强化责任意识和主体意识，科学制定规划和具体的实施方案，加大投入力度，因地制宜创设实施相关重大工程项目，加强监管与综合执法，确保农业面源污染防治工作取得实效。

（2）加强法制建设，完善政策措施。

贯彻落实《农业法》《环境保护法》等有关农业面源污染防治要求，推动《土壤污染防治法》《耕地质量保护条例》《肥料管理条例》等的出台及《农产品质量安全法》《农药管理条例》等的修订工作。依法明确农业部门的职能定位，围绕执法队伍、能力、手段等方面加强执法体系建设。不断拓宽农业面源污染防治经费渠道，加大测土配方施肥、低毒生物农药补贴、病虫害统防统治补助、耕地质量保护与提升、农业清洁生产示范、种养结合循环农业、畜禽粪污资源化利用等项目资金投入力度，逐步形成稳定的资金来源。探索建立农业生态补偿机制，推动落实金融、税收等扶持政策，完善投融资体制，拓宽市场准入，鼓励和吸引社会资本参与，引导各类农业经营主体、社会化服务组织和企业等参与农业面源污染防治工作。

（3）加强监测预警，强化科技支撑。

建立完善农田氮磷流失、畜禽养殖废弃物排放、农田地膜残留、耕地重金属污染等农业面源污染监测体系，摸清农业面源污染的组成、发生特征和影响因素，进一步加强流域尺度农业面源污染监测，实现监测与评价、预报与预警的常态化和规范化，定期发布《全国农业面源污染状况公报》。加强农业环境监测队伍机构建设，不断提升农业面源污染例行监测的能力和水平。促进科研资源整合与协同创新，紧紧围绕科学施肥用药、农业投入品高效利用、农业面源污染综合防治、农业废弃物循环利用、耕地重金属污染修复、生态友好型农业和农业机械化关键技术问题，开展重点科研项目，形成符合实际的农业清洁生产技术和农业面源污染防治技术的模式与体系。

（4）加强舆论引导，鼓励公众参与。

充分利用报纸、广播、电视、新媒体等途径，加强农业面源污染防治的科学普及、舆论宣传和技术推广，让社会公众和农民群众认清农业面源污染的来源、本质和危害；大力宣传农业面源污染防治工作的意义，推广普及化害为利、变废为宝的清洁生产技术和污染防治措施，让广大群众理解、支持、参与到农业面源污染防治工作。

三、畜禽养殖污染控制方案及管理机制

（一）畜禽养殖污染控制方案

（1）优化畜禽养殖业布局，科学划定禁、限养区。

依据《畜禽规模养殖污染防治条例》和《水污染防治行动计划》等规定，清楚划定禁养区。禁养区主要包括：①生活饮用水水源保护区、风景名胜区、自然保护区的核心区及缓冲区；②城市和城镇居民区、文教科研区、医疗区等人口集中地区；③地方人民政府依法划定的禁养区域；④国家或地方法律、法规规定需要特殊保护的其他区域。各地区可根据相关法律法规自行划定限养区和适养区。

各地农业部门要科学制定畜牧业发展规划或畜禽养殖布局调整方案。按照"种养结合、畜地平衡"的原则，统筹考虑环境承载力、市场需求、农民增收和污染治理的要求，并与当地畜禽养殖污染规划和禁养区划定工作相衔接，落实畜禽养殖发展和治理规划，严格实行总量控制，合理确定畜禽养殖区域、总量、畜种及规模。依法关闭或搬迁禁养区的畜禽养殖场（小区）和养殖专业户，推进规模化畜禽养殖场配套废弃物综合利用设施，关闭一、二级保护区内规模以上畜禽养殖场，拆除可养区未改造或改造后仍不能达标的规模养殖场。强化清理工作的监督检查，增加养殖场环境影响评价，指导养殖场按要求配套建设畜禽粪便、废水和其他固体废弃物的综合利用或无害化处理设施。

（2）推进畜禽标准化规模养殖，开展循环生态的养殖方式。

发展畜禽标准化规模养殖，是加快生产方式转变，建设现代畜牧业的重要内容。加快推进畜禽标准化规模养殖，有利于从源头对产品质量安全进行控制，提升畜产品质量安全水平；有利于有效提升疫病防控能力，降低疫病风险，确保人畜安全；有利于加快牧区生产方式转变，维护国家生态安全；有利于畜禽粪污的集中有效处理和资源化利用，实现畜牧业与环境的协调发展。畜禽标准化规模养殖是一项长期的系统工程，必须认真谋划、扎实推进，要与全国生猪、奶牛、肉牛和肉羊优势区域布局规划相结合，与当地国民经济与社会发展计划、与种植业布局规划相衔接。要因地制宜，分类指导，农区要把种养结合、适度规模养殖作为主推方向，牧区要大力推进现代生态型家庭牧场建设。各地要从实际出发，根据不同区域的特点，综合考虑当地饲草料资源条件、土地粪污消纳能力、经济发展水平等因素，认真理清发展思路，明确发展目标，发挥比较优势，形成各具特色的标准化规模生产格局。

引导畜禽养殖业发展从数量扩张为主向质量提升为主转变，从环境污染型行业向生态资源型产业转变。发挥市场调节、规范管理和环境整治等多重作用，加快淘汰散养户，压缩小规模养殖比重；因地制宜发展多种形式的规模养殖，以家庭经营为重点，加快发展适度规模养殖，提升大中型规模比重；组织实施畜禽规模养殖场改造升级工程，加大标准化、生态健康养殖示范创建力度，鼓励养殖场更新升级设施设备，规范养殖行为，推进清洁健康生产，培养一批标准化、集约化、专业化的畜禽规模养殖企业。养殖场周边消纳土地充足的，鼓励引导其通过自行配套土地或者签订粪污消纳利用协议方式，采取堆沤、沼气处理等措施，将粪污处理后就近还田利用。推广"厌氧发酵＋土地吸纳"，通过肥水管网浇灌果树、茶叶、蔬菜等作物，形成"畜—沼—茶""畜—沼—果""畜—沼—鱼"和"畜—沼—菜"等循环发展模式，促进养殖废弃物无害化和资源化利用，打造立体、生态、种养结合的养殖模式。

（3）加强治污减排力度，重视小型养殖场治理。

对于农村养殖业污染治理的问题，地方政府部门应该给予高度的重视，并且要加强推行污染减排。牧业和农业以及环保等相关部门要联合对规模化养殖场进行管理，并且还需要提供适当的政策资金用于鼓励与支持养殖场污染物的处理。同时还需要对养殖户所采用的饲料配方进行督促，必须使用科学合理的配方，从而使饲料中的氮利用率得到提高。另外，对于那些规模较小的养殖户要协调镇村将其清理和整顿，同时要求其进行污染治理，针对难以治理或者是治理之后仍然不符合条件的必须限时关闭或转让。

推动小型及分散养殖场（户）主动配合建设标准化、规范化的粪污存储设施，并配套建立畜禽粪污专业化收运体系，引导分散养殖户密集的村庄建立粪污公共堆放点和简易处理设施，或者依托现有大中型规模养殖场的治污设施，实现分散养殖废弃物的统一收集和集中处理，实现对多、小、散、少的畜禽养殖废弃物进行综合回收利用，实现对小型及分散养殖场（户）分片区、分阶段综合整治。畜禽粪污收运体系建设中，要配备粪污运输车辆、施肥一体机、配套管网等，将畜禽粪污集中运送至农田、果园、菜地使用，或运送至畜禽粪便处理中心加工商品有机肥。

（4）完善畜禽养殖污染治理设施，提升废弃物资源化利用率。

规模化畜禽养殖场应因地制宜，选取合理的污染治理方式，配套污染治理设施，做到"两分离""三配套"。"两分离"指：生产工艺和设施合理，畜禽舍及生产设施达到雨污分离、干湿分离（必要时）；"三配套"指：有与生产规模相匹配的堆粪场、沼气处理设施和沼液（含废水）、沼渣储存、利用等配套设施，并正常运行。其他生化或工业净化处理的应具备相应工艺的配套设施。还需设立畜牧业环境污染防治专项资金，在原有项目支持的基础上，加大对养殖场配套建设污染防治设施的财政支持，并对通过贷款融资用于污染防治设施建设的养殖场给予贷款贴息支持，以减轻养殖场治污的经济负担，提高养殖者开展污染防治的积极性。

各地要正确处理好发展和环境保护的关系，抓紧出台畜禽养殖废弃物综合防治规划。突出减量化、无害化和资源化的原则，把畜禽养殖废弃物防治作为标准化规模养殖的重要内容，总结推广养殖废弃物综合防治和资源化利用的有效模式。要结合各地实际情况，采取不同处理工艺，对养殖场实施干清粪、雨污分流改造，从源头上减少污水产生量；对于具备粪污消纳能力的畜禽养殖区域，按照生态农业理念统一筹划，以综合利用为主，推广种养结合生态模式，实现粪污资源化利用，发展循环农业；对于畜禽规模养殖相对集中的地区，可规划建设畜禽粪便处理中心（厂），生产有机肥料，变废为宝；对于粪污量大而周边耕地面积少，土地消纳能力有限的畜禽养殖场，采取工业化处理实现达标排放。各地在抓好畜禽粪污治理的同时，要按有关规定做好病死动物的无害化处理。

（二）畜禽养殖污染管理机制

（1）完善畜禽养殖污染防治政策法规。

1）制定专门的畜禽养殖污染防治法。现有畜禽养殖污染防治立法可见于《固体废物污染环境防治法》《水污染防治法》《清洁生产促进法》《循环经济促进法》等专门环境立法和《畜牧法》《农业法》《动物防疫法》等行业性立法之中，尚无专门的畜禽养殖污染防治法出台。其结果是：一方面有关畜禽养殖污染防治的法律条款松散，彼此缺乏相互支撑联系；另一方面专门环境立法与行业性立法在立法目标上存在一定冲突。因此，应考虑制定专门的畜禽养殖污染防治法，提升其法律效力。

2）细化制度体系，拓展法律调控手段。注重法律条款的可操作性问题。考虑到法律出台的程序性和畜禽养殖污染防治的急需性，各地在制定地方性法规和政府规章时，应细化法律条款，尽量使一些指标量化，提高其可操作性。在保留必要的行政命令控制的同时，畜禽养殖污染防治立法应进一步拓展法律调控手段，一方面要切实通过市场机制，采用经济刺激法律调控手段，如通过税费的调整引导畜禽养殖户进行污染防治；另一方面还可采用信息公开、自愿协议等新型法律调控手段。

（2）健全畜禽养殖污染长效治理机制。

全面落实环保、农业、国土、财政等各部门畜禽养殖污染治理责任，强化能力建设、强化资金保障、协调统一行动，大幅度加强畜禽养殖污染监测监管力度，依法严肃查处养殖场的环境违法行为。加强对畜禽养殖污染防治的扶持，实施必要的财政补贴和优惠政策，逐步形成较为完整系统的畜禽污染治理长效机制。加强养殖场污染治理培训，结合"263"专项行动，编印畜禽污染防治小册子，宣传畜禽污染防治的要求、规范及其他注意事项。督促养殖场制定内部综合环境管理制度、污染治理设施管理制度等各项环境管理制度，纳入企业环境保护管理档案，并将制度上墙。养殖场应按实际需要建立部门内部环境职责分工、综合环境保护管理办法、厂区环境综合整治制度（包括清污分流及干湿分离管理等）、废水处理设施运行制度、畜禽废弃物储存场所管理制度、畜禽废弃物综合利用制度、环境应急制度或应急预案等。加强养殖场污染防治标准化管理，规模化养殖场应当按照相关操作规范的要求，保持各类污染物防治设施稳定正常运行，并如实记录各类污染防治设施的运行、维修、更新和污染物排放情况及药物投放和用电量情况，供有关监管部门定期检查。

（3）完善资金保障机制。

进一步完善现有的环境污染损害赔偿制度，明确农村环境污染损害赔偿的范围、赔偿数额等，使受害人的损失得到公平、合理的赔偿。还可以尝试建立农村环境污染损害赔偿基金，一旦发生畜禽养殖污染损害，在未查明责任之前，可以先由该基金补偿环境受害人，使受害者的损失得到及时赔偿。鼓励地方政府利用中央财政农机购置补贴资金，对养殖场废弃物资源化利用装备实行敞开补贴。开展规模化生物天然气工程和大中型沼气工程建设。落实沼气和生物天然气增值税即征即退政策，支持生物天然气和沼气工程开展碳交易项目。地方财政应加大畜禽养殖废弃物资源化利用投入，支持养殖场、第三方处理企业、社会化服务组织建设粪污处理设施，积极推广使用有机肥。鼓励地方政府和社会资本设立投资基金，创新粪污资源化利用设施建设和运营模式。

（4）建立整体联动机制。

建立各级政府、环保、畜牧、发改、财政、统计等多部门联动的污染防治机制，从制度上分解各级政府和各部门对畜牧业环境污染防治的责任，并从监管方式、监管频次、监管重点、治理要求等方面入手，增加基层环境监察机构部门专业技术人员和专用仪器设备，提高基层环境污染监测能力，进一步细化基层环境监察机构日常监管的内容，并把畜牧业环境污染监管纳入乡镇一级政府绩效考核，确保日常监管责任的有效落实。

（5）加强科技及装备支撑。

组织开展畜禽粪污资源化利用先进工艺、技术和装备研发，修订相关标准，提高资源转化利用效率。开发安全、高效、环保的新型饲料产品，引导矿物元素类饲料添加剂减量使用。加强畜禽粪污资源化利用技术集成，围绕"源头控制"及"末端治理"，从环境评价、场舍设计、饲养模式、饲料生产、粪污处理和资源化利用等多方面加强技术组装，集成一批清洁生产、粪便综合利用、养殖环境污染高效治理等可复制、可推广的新技术、新模式。

四、水产养殖污染控制方案及管理机制

（一）水产养殖污染控制方案

（1）优化水产养殖业布局，科学划定禁、限养区。

根据水域条件，合理规划布局，控制适度规模，规范养殖活动，保障渔民合法权益，保护水域生态环境，确保有效供给安全、环境生态安全和产品质量安全，实现提质增效、减量增收、绿色发展、富裕渔民的发展总目标。

参考《养殖水域滩涂规划编制工作规范》要求，科学划定禁止养殖区、限制养殖区和养殖区。禁止养殖区主要包括：①饮用水水源地一级保护区、自然保护区核心区和缓冲区、国家级水产种质资源保护区核心区和未批准利用的无居民海岛等重点生态功能区；②港口、航道、行洪区、河道堤防安全保护区等公共设施安全区域；③有毒有害物质超过规定标准的水体；④法律法规规定的其他禁止从事水产养殖的区域。限制养殖区主要包括：①饮用水水源二级保护区、自然保护区实验区和外围保护地带、国家级水产种质资源保护区实验区、风景名胜区、依法确定为开展旅游活动的可利用无居民海岛及其周边海域等生态功能区；②重点湖泊水库及近岸海域等公共自然水域。

（2）加强污染治理力度，重点防治二次污染。

水产养殖污染宜因地制宜地选择处理技术和工艺，处理排放水应达标排放，污染物排放量达到本地区总量控制要求。应重点控制 COD、氮、磷、重金属、硫、悬浮物等污染指标和水体残饵、药物、排泄物等污染物。同时还应加强水质调控和管理，鼓励通过合理使用消毒剂、酸碱度调控剂、高效复合微生物制剂、底质改良剂和采用水生植物栽培等方法来调节养殖水质，保持养殖水体生态系统平衡，增强自净能力，减少污染物排放，鼓励研发和推广先进、高效、低成本的工厂化水产养殖废水处理和回用的新技术与设备。

为防治水产养殖污染，需加强渔业药品研发，不断引进新兴生物技术，为水产养殖培育高产、优质、抗逆的优良水产苗种，提高鱼苗抗病害能力，减少药品的使用。同时要积极研发使用清洁高效废水处理技术，减少处理过程中的二次污染，促进水产养殖业的可持续发展。

（3）发展生态养殖健康模式，合理利用水产养殖废弃物。

熟练观测水质理化因子状态与变化趋势，对养殖水体污染状况、自净能力、有毒有害物质安全浓度和最大允许浓度、生活和工业废水排放标准等做全面研究与评价，主动调节水质，优化饵料结构，进行营养调控，使养殖生物处于最优的生存与生长环境。在生态养殖的前提下，求得最佳生长率、饲料转化率、繁殖率和成活率的养殖模式。推广水产养殖废水循环利用技术，设置收集存储和净化设施，减少污染物排放和水资源消耗。应加强水

质调控和管理，鼓励合理使用消毒剂、酸碱度调控剂、高效复合微生物制剂、底质改良剂和采用水生植物栽培等方法调节养殖水质，保持养殖水体生态系统平衡，增强自净能力，减少污染物排放。加强投饵管理，提高饵料质量和饵料转化率，鼓励使用全价饲料，定时、定位、定质、定量投饵，从源头实现固体废物减量化。鼓励研发和推广应用高效、环保的配合饵料或优质饵料。

工厂化养殖和网箱养殖宜采用堆肥、厌氧等技术实现水产养殖固体废弃物资源化利用。池塘养殖和网箱围网养殖产生的淤泥、粪便及未利用饵料，可采用堆肥、厌氧消化等技术处理和资源化利用，同时积极研发和推广应用无害化处理的技术与设备。

（二）水产养殖污染管理机制

（1）完善相关政策法规。

1）因地制宜地制定水产养殖政策和相关法律、法规细则。提高相关法律、法规细则的可操作性。农村小型水产养殖场和养殖户涉及范围广，虽然个体养殖量少，但总体数量却不可忽视，且大部分地区小型养殖场、养殖户未治理或未彻底治理产生的污染，所排放的污染物对环境带来严重的污染隐患。这些小型水产养殖户是一个较为特殊的群体，非个体工商户，也不具有法人资格，是国家法规上的盲点或空白点。

2）制定渔业用水排放标准或选用与之相当的标准。养殖场应对废水排放进行控制，对超标排放者进行处罚。我国也先后制定和颁布了一系列与渔业有关的法律法规，如《中华人民共和国渔业法》等，但却无相应的渔业用水排放标准。随着水产养殖向规模化、集约化的方向发展，其工业化的特点愈加明显，制定水产养殖废水排放标准，发展和推广水产养殖最佳环境管理实践（BMPs），制定和执行水产养殖废水排放许可证制度更为重要。

3）建立健全水产养殖法规和许可证制度。对养殖区域全面规划，对规模以上的水产养殖场的建设进行环境影响评估，确定环境容纳量或养殖容量。在实际生产中，在尚未清楚养殖容量和环境容量时，不能盲目或超负荷地发展水产养殖。应全面推进养殖权登记和养殖证核发工作，加强水域滩涂养殖权保护和救济政策研究，切实维护养殖渔民的合法权益。

（2）加大执法力度。

严格执行环境保护法、水污染防治行动计划等法律法规和规定。完善和推进以养殖许可证为核心的水产养殖管理制度，强化水产养殖环境、苗种、饲料、渔药和水产品质量等全面管理。为了水产养殖能够合理有序地发展，促进其社会经济效益及环境效益的协调发展，政府部门需要建立并完善相应的法律法规，对加入到养殖行列的养殖户进行法制教育，强化依法养殖意识，从根本上杜绝"想怎么养就怎么养"的现象。同时应配备专门的执法人员，定期对水产养殖户的污染情况进行监督和管理。

（3）完善资金保障机制。

养殖业是市场经济的组成部分，受市场波动影响大，它的发展、调整和治理工作必须符合市场规律。在现有的技术条件下，水产产业集中、污染技术的应用都会产生一定的成本，这在很大程度上会影响技术政策的实施。因此，政府应该充分利用信贷、利率和税收等财政政策，对技术政策的实施给予支持，提高技术政策实施经济可行性，解决技术政策推广过程中的"市场失灵"问题。主管部门应建立环境友好型水产品评价制度，对在水产养殖污染防治中的先进养殖户或个人，通过不同形式予以奖励；对在污染防治工作中成绩出色的地方政府与主管部门，予以物质和精神奖励；同时树立典型，重视宣传，发挥先进与模范带头作用。

（4）提升水产养殖科技水平。

科技对于从源头减轻养殖尾水污染具有事半功倍的效果。要规范水产养殖投饵管理，在引导养殖户在选取放养料和投饵料时，要根据池塘的消化能力来适当选取，减少过量投饵。对水产养殖中使用违禁投入品、非法添加等现象进行高压严打。鼓励不要频繁地进行水体交换，最大程度地重复利用，还要适当地对池塘的水体进行混合，以保持水质的稳定。

五、船舶港口及底泥内源污染控制方案及管理机制

（一）内源污染控制方案

（1）推进港口码头污染接收处理设施建设，提高污染物接收处置能力。

加强港口、船舶修造厂环卫设施、污水处理设施建设规划与城市设施建设规划的衔接。会同工业与信息化、环境保护、住房和城乡建设等部门探索建立船舶污染物接收处置新机制，建立船舶污染物接收、转运、处置监管联单制度及多部门联合监管制度，推动港口、船舶修造厂加快建设含油污水、化学品洗舱水、生活污水和垃圾等污染物的接收设施，做好船港之间、港城之间污染物转运、处置设施的衔接，提高污染物接收处置能力。

（2）持续推进船型标准化，保证船舶达到环保标准。

建立和健全船型标准化监控机制，加大监控力度，加强各部门、各地区之间的协调配合，有效监督船型标准化的推进过程，通过行政手段和经济鼓励措施相结合推进内河船型标准化工作。可以采取差别规费、优先过闸等措施，也可以争取标准船舶建造和购置的税收、贷款优惠政策等。禁止挂桨机船舶进入禁航水域，所有机动船舶要按有关标准配备防污染设备。新投入使用的沿海、内河船舶严格按照国家要求执行相关环保标准。加快淘汰老旧落后船舶，依法强制报废超过使用年限的船舶。其他船舶经改造仍不能达到要求的，限期予以淘汰。推进内河危险化学品运输船舶的船型标准化，强化危化品运输船舶的身份识别和动态管控，对港区存储实施动态全过程监控。

（3）制定船舶港口水污染应急计划，提升污染事故应急处置能力。

建立健全应急预案体系，统筹水上污染事故应急能力建设，推动地方人民政府制定船舶污染事故应急预案，编制防治船舶及其有关作业活动污染水域环境应急能力建设规划。水源地保护区内存在危化品码头的，制定专项整改方案，确保水源地保护区内无化工码头，彻底消除风险隐患。建立和完善船舶污染应急基地、码头配备，完善应急资源储备和运行维护制度，强化应急救援队伍建设，改善应急装备，提高人员素质，加强应急演练，提升油品、危险化学品泄漏事故应急处理能力。

（二）内源污染管理机制

（1）完善相关法律法规，严格执法杜绝港口码头违规作业。

按照国家污染防治总体要求，完善相关管理制度，加强船舶与港口污染防治相关法规、标准、规范的制定与修订工作，强化标准约束，做好船舶与港口污染防治标准，以及与国家有关标准的衔接。加大现场巡查力度，对违规作业的港口码头加大处罚力度并严肃追责。对无环评手续的码头、无港口危险货物作业附证的港口企业依法进行查处，整改到位前责令其停止危险货物作业。

（2）健全河湖轮浚机制，打造优美河湖水环境。

在多年开展河湖疏浚的经验基础上，提出河湖轮浚和长效管理两手抓的河湖轮浚管理机制理念。针对中小河道面广量大、整治任务繁重艰巨的实际情况，进一步明确县、镇两级政府、相关部门和各村的工作要求，建立县、镇、村三级轮疏工作机制。县级要加强统筹协调，加快项目审批等工作流程，及时解决乡镇反映的实际问题；乡镇要落实主体责任，切实按照年度计划实施，并加强质量监管；村级要积极动员村民参与、配合、支持轮疏工作。

因地制宜，采取适宜的清淤方式。为实现"面清、岸洁、有绿、流畅"的河湖水环境，在河湖轮疏的过程中，既要符合镇村级河湖整治的标准，又要尊重、突出河道自身的特点。河湖轮疏作为重大工程项目，涉及各乡镇、村乃至千家万户，也涉及众多部门。因此要充分发挥专业监督、党内监督、社会监督等作用，强化对轮疏工程的施工进度、施工质量和资金使用的监管督查工作。河湖疏浚后，为防止河湖淤积等现象反弹，更需要进行常态化长效管护。应从主体、模式、经费、监管等方面深入研究，并形成机制，使河湖保持符合生态岛要求的清新亮丽的面貌。妥善处置河湖淤泥，提升淤泥资源化利用水平。

第三节　农业农村生活及内源污染控制技术

解决农业农村生活及内源污染问题需要落实到行动上，在以上两节论述的问题、控制方案及管理机制的基础上，本节提出合理的控制技术，有效地控制和处理农业农村生活及内源污染，并且结合相应的污染源治理的案例深入解析探讨。

一、农村生活污染控制技术

（一）农村生活污水处理技术

目前，农村生活污水的处理模式和形式多种多样，从工艺原理上可以分为三类：第一类是以土地利用为主的处理技术，利用土壤过滤、植物吸收和微生物分解的原理有效处置污水，常用的有人工湿地处理技术、土地处理技术等；第二类是稳定塘技术，该技术主要利用菌藻共同作用去除污水中的污染物；第三类是厌氧/好氧生物处理技术，利用微生物的降解作用实现对污染物质的去除，常用的厌氧生物处理技术有生活污水净化沼气池，常用的好氧生物处理技术有生物接触氧化法、序批式活性污泥法等。三类处理方式可以分开使用，也可以根据需要将两种具体处理方法结合在一起，如兼氧接触氧化与土地渗滤联合、滴滤池与人工湿地组合等，以提高污水处理的出水水质。三类农村生活污水处理技术的技术经济指标、技术特点及应用情况等方面的对比见表5-1。

表 5-1　　　　　　　　　　　　　　农村生活污水处理技术对比

类型	技术名称	技术分类	技术经济指标	技术特点	应用实例
土地利用技术	人工湿地	自由表面流人工湿地 水平潜流人工湿地 垂直潜流人工湿地	有机负荷（BOD_5）：$10\sim116kg/(万\ m^2\cdot d)$ 水力停留时间：$7\sim10d$ 土壤渗透速率：$0.025\sim0.035m/h$ 预处理要求：污水进入湿地系统前应先经过预处理	（1）良好的污水净化能力，对BOD_5的去除率可达$85\%\sim95\%$；（2）投资、运行费用低，维护技术低；（3）占地面积大；（4）适合土地条件比较宽裕的农村、中小城镇的污水处理，尤其适合于经济发展水平不高、能源短缺、技术力量相对缺乏的地区	浙江省乐清市四都乡樟岙村污水处理工程
土地利用技术	土地处理技术	快速渗滤系统	水力负荷：$5\sim120m/a$	（1）投资、运行费用低，能耗低；（2）占地面积大；（3）适合北方干旱和半干旱地区	浙江省温州市鹿城区双潮乡西坑村人工生态绿地处理系统
		慢速渗滤系统	有机负荷（BOD_5）：$50.45\sim504.45kg/(万\ m^2\cdot d)$ 水力负荷：$0.61\sim6.10m/a$		
		地表漫流系统	有机负荷：$50.45\sim504.45kg/(hm^2\cdot d)$ 水力负荷：$0.61\sim6.10m/a$		
		地下渗滤系统	有机负荷：$\leqslant39.24\sim112.1kg/(hm^2\cdot d)$ 水力负荷：$<3.05\sim21.34m/a$		
稳定塘技术	稳定塘	好氧塘	有机负荷（BOD_5）：$100\sim220kg/(万\ m^2\cdot d)$ 水力停留时间：$2\sim6d$ 深度：$0.3\sim0.45m$	（1）充分利用地形，工程简单，建设投资省；（2）实现污水资源化，使污水处理与利用相结合；（3）污水处理能耗少，维护方便，成本低廉；（4）占地面积大；（5）污水净化程度受季节、气温、光照等自然因素的影响；（6）防渗漏处理不当时，地下水可能遭到污染；（7）易于散发臭气和孳生蚊、蝇等；（8）稳定塘形状不规则，难进行设计和预测处理能力	广东省云浮市安塘镇古宠生态文明村污水处理工程
		兼性塘	有机负荷（BOD_5）：$20\sim60kg/(万\ m^2\cdot d)$ 水力停留时间：$7\sim50d$ 深度：$1.2\sim2.5m$		
		厌氧塘	有机负荷（BOD_5）：$160\sim800kg/(万\ m^2\cdot d)$ 水力停留时间：$20\sim50d$ 深度：$2.5\sim5.0m$		
		曝气塘	有机负荷（BOD_5）：$300\sim600kg/(万\ m^2\cdot d)$ 水力停留时间：$3\sim10d$ 深度：$2.0\sim6.0m$		
		深度处理塘	有机负荷（BOD_5）：$20\sim60kg/(万\ m^2\cdot d)$ 深度：$0.4\sim2.0m$		
		控制出水塘	—		

类型	技术名称	技术分类	技术经济指标	技术特点	应用实例
厌氧/好氧生物处理技术	序批式活性污泥技术（SBR）	间歇式循环延时曝气活性污泥法（ICEAS）间歇进水周期循环式活性污泥法（CASS或CAST）间歇排水延时曝气（IDEA）工艺需氧池-间歇曝气池（DAT－IAT）工艺UNITANK工艺	（1）SBR系统运行周期可按 4h、6h、8h、12h设定；（2）好氧曝气工序溶解氧浓度控制在2.5mg/L以上，曝气时间2～4h；沉淀、排水工序均为缺氧状态，溶解氧浓度不高于0.5mg/L，时间不宜超过2h	（1）工艺流程简便；（2）处理效果好；（3）控制灵活，易于实现脱氮除磷；（4）污泥沉降性能好	江苏省吴江市七都镇太浦闸村生活污水处理工程
	塔式蚯蚓生态滤池	—	吨水处理能力的总建设成本为2000～3000元	（1）占地面积小；（2）一次性投资成本低；（3）运行成本低	江苏省太仓市牌楼镇协心村塔式蚯蚓生态滤池
	高效微生物-改性竹炭技术	—	（1）吨水处理能力投资为1000～2500元；（2）吨水运行费用低于0.3元	（1）占地面积少，结构简单，工程投资小；（2）运行成本低；（3）出水水质好；（4）工艺灵活；（5）产生污泥量少	江苏省常州市武进区雪堰镇龚巷村高效微生物改性竹炭复合污水处理技术
	生物接触氧化技术	—	容积负荷（BOD_5）：2～5kg/（$m^3 \cdot d$）水力停留时间：2～6d	（1）BOD_5 容积负荷高，生物量大，处理效率较高，对进水冲击负荷的适应能力强；（2）处理时间短；（3）能够克服污泥膨胀问题；（4）可以间歇运转；（5）维护管理方便；（6）剩余污泥量少；（7）需要增加填料及支架等附件开支，导致建设费用增加	江苏省常熟市海虞镇汪桥村污水处理工程
	生活污水净化沼气池	—	沼气设计压力≤8kPa总水力滞留时间：72h	不消耗动力，运行管理简单方便	浙江省百万农户生活污水净化沼气工程
	膜生物反应器（MBR）	循环式MBR淹没式MBR	污泥负荷（MLSS）：0.12kg BOD_5/（kg·d）污泥龄：50d平均混合液体浓度：8000mg/L运行费用：0.85元/m^3	（1）能高效地进行固液分离；（2）运行控制灵活稳定，反应器内微生物浓度高，耐冲击负荷；（3）利于增殖缓慢的硝化细菌的截留、生长和繁殖；（4）污泥龄长；（5）可实现全程自动化、智能化控制，占地面积小，工艺设备集中	江苏省昆山市周市镇东方污水处理工程

（二）我国农村生活污水处理技术应用案例

我国农村地区经济相对欠发达，在选择污水处理技术时，必须因地制宜充分利用当地的土地资源，考虑低投入、低能耗、易维护的污水处理技术。通过分析比较太湖流域、珠江流域、三峡库区及四川地区、滇池流域和海河流域的农村生活污水处理技术，为不同地区的农村生活污染防治提供建议。

（1）太湖流域农村生活污水处理技术。

上海市农村生活污水处理技术主要有四类，包括庭院处理系统、小型分散处理系统、分散处理系统和集中处理系统，四种处理系统的服务范围、处理量、工艺技术、排放标准、适用条件、建设成本、运行成本等见表5-2。

表5-2   上海市农村生活污水处理技术方案

技术类别	服务范围	处理量 /(m³/d)	工艺技术	排放标准	适用条件	建设成本 /(元/户)	运行成本 /[元/(户·d)]
庭院处理系统	1~2户 (2~10人)	≤1	庭院处理系统	庭院式人工湿地	有可利用的空闲地	500~1000	0.01~0.025
小型分散处理系统	2~30户 (10~100人)	1~10	自然稳定塘	上海市综合排放二级标准	有可利用的空闲地	—	0.005~0.015
			地埋式污水渗滤工艺	城镇污水处理厂一级标准	有可利用的空闲地	2500	0.02~0.2
			分散式处理	城镇污水处理厂二级标准	无可利用的空闲地	1500~2500	0.05~0.25
分散处理系统	30~600户 (100~2000人)	10~200	复合厌氧/人工湿地	城镇污水处理厂二级标准	有可利用的空闲地	500~1000	0.025~0.1
			符合生物滤池/人工湿地	城镇污水处理厂二级标准	有可利用的空闲地	600~1000	0.025~0.075
			污水净化沼气池/人工湿地	上海市综合排放一级标准	处理要求较高，有可利用的空闲地	1000~2000	0.025~0.5
集中处理系统	600~10000户 (2000~30000人)	200~3000	化学强化絮凝/人工湿地	城镇污水处理厂一级标准	处理要求较高，有可利用的空闲地	300~500	0.1~0.3
			组合式生物/生态工艺	城镇污水处理厂一级标准	处理要求较高，有可利的用空闲地	1500~2000	0.1~0.2
			复合厌氧/接触氧化工艺	城镇污水处理厂二级标准	无可利用的空闲地	800~1500	0.1~0.3

注 "上海市综合排放标准"指上海市《污水综合排放标准》（DB 31/199—1997），"城镇污水处理厂标准"指国家《城镇污水处理厂污染物排放标准》（GB 18918—2002）。

江苏省住房和城乡建设厅2008年5月颁布了《农村生活污水处理适用技术指南》（以下简称《指南》），用以指导各地开展农村生活污水处理工作，该《指南》重点介绍了五种适合江苏农村地区的污水处理技术，见表5-3。

浙江省住房和城乡建设厅根据浙江省农村生活污水处理现状与农村分布特点，对浙江省内应用效果较好的农村生活污水处理技术进行筛选和总结，归纳了"农村生活污水处理十大模式"，见表5-4。

表 5 - 3　　　　　　　　　　　　　　　　江苏省农村生活污水处理技术方案

技术名称	适用范围	排放标准	投资估算	建设与运行管理
厌氧滤池-氧化塘-植物生态渠	适用于拥有自然池塘或闲置沟渠且规模适中的村庄,处理规模不宜超过200m³/d	城镇污水处理厂一级B标准	系统户均建设成本为1200～1500元,无设备运行费用	日常安排1人不定期维护,厌氧滤池每年清掏1次,水生植物生长旺期及时收割,冬季及时清理水生植物残体
厌氧池-跌水充氧接触氧化-人工湿地	适用于居住相对集中且有闲置荒地、废弃河塘的村庄,尤其适合于有地势差、有乡村旅游产业基础或对氮磷去除要求较高的村庄,处理规模不宜超过150m³/d	城镇污水处理厂一级B标准	系统户均建设成本为1800～2000元;设备运行成本仅为水泵提升消耗的电费,为0.1～0.2元/t	日常安排1人不定期维护;厌氧池每年清掏1次;高温季节及时清理跌水板上形成的较厚生物膜,防止其堵塞跌水孔隙,秋冬季及时清理跌水氧化池和人工湿地的树叶杂物,防止堵塞;及时清理湿地植物残体,防止二次污染
厌氧池-滴滤池-人工湿地	适用于土地资源紧张或拥有自然池塘、居住集聚程度较高、经济条件相对较好和有乡村旅游产业基础的村庄,尤其适合于有地势差或对氮磷去除要求较高的村庄,处理规模不宜小于20m³/d	城镇污水处理厂一级B标准	系统户均建设成本为2000～2500元;设备运行成本仅为水泵提升消耗的电费,为0.1～0.2元/t	定期对厌氧池和人工湿地进水口的杂物进行清理,注意防治人工湿地的杂草、病虫害,及时收割换茬;定期对水泵、控制系统等进行检查与维护;厌氧池每年清掏1次
厌氧池-(接触氧化)-人工湿地	适用于以第一产业为主、经济条件有限和对氮、磷去除要求不高的村庄	城镇污水处理厂二级标准	厌氧池-人工湿地系统户均建设成本为800～1000元;厌氧池-接触氧化-人工湿地技术户均建设成本为800～1100元,无设备运行费用	定期(每季度1次)对格栅井、接触氧化渠、人工湿地及相关沟渠进行清理与维护;并定期对人工湿地内的杂草、病虫害以及植物残体进行清理,对人工湿地内的植物进行收割和换茬
地埋式微动力氧化沟	适用于土地资源紧张、集聚程度较高、经济条件相对较好和有乡村旅游产业基础的村庄	城镇污水处理厂一级B标准	系统户均建设成本为1800～2200元;设备运行成本仅为水泵提升消耗的电费,为0.2～0.3元/t	该装置结构简单,施工管理方便,能耗低,全部埋入地下,不影响环境和景观。需定期对水泵、控制系统等进行检查与维护

注　"城镇污水处理厂标准"指国家《城镇污水处理厂污染物排放标准》(GB 18918—2002)

表 5 - 4　　　　　　　　　　　　　　　　浙江省农村生活污水十大处理模式

模式名称	适用村庄的主要特点	造价与运行费用	应用实例及处理效果
沼气池资源化利用	适用于自然地形复杂的农村;依地势就地分散建造净化池,建池地点一般在河浜和农田排渠旁	日常管理简便,不需日常运行管理方面的费用;建设成本低,净容积造价在400元/m³左右	海宁市丁桥镇民利村:出水主要水质指标 COD、BOD_5、SS 达到综合排放一级标准

续表

模式名称	适用村庄的主要特点	造价与运行费用	应用实例及处理效果
沼气池＋兼氧过滤	适用于农户居住集中，家庭无先进卫生设施的农村；村庄地形复杂，不能统一铺设排污管网；农户有用肥需求，具备处理后尾水农业利用条件	以建6~8蹲位的无动力沼气厌氧生态公厕为例，厌氧池容积70m³，公厕房面积30m²，造价8万元，户均建设成本为1300元；无运行费用	新昌县城南乡石溪村：出水水质达到粪便无害化标准与污水综合排放二级标准
沼气池＋微动力	适用于出水要求较高、经济实力较强的平原或半坡农村；住户集中、管网易于敷设的农村；分散居住的农户或别墅区单户或联户的形式，采用商品化玻璃钢微动力生活污水净化器	集中式微动力厌氧-好氧处理池工程造价成本1200~1500元/户；分散式微动力生活污水净化器的造价成本约3000元/户；日常运行费用为0.2~0.6/t	杭州市江干区丁桥镇皋城村：出水主要水质指标均达到综合排放一级排放标准
沼气池＋人工湿地	适用于村庄地势复杂、管网铺设困难但土地相对宽裕的农村	厌氧池建设参照沼气池建设标准，系统户均建设成本为1100元；无运行费用	诸暨市街亭镇茅塘山村：出水主要水质指标COD、BOD₅、SS达到综合排放一级标准
沼气池＋稳定塘	适用于乡村农户洗涤、洗澡、厕所冲洗等较低浓度的生活污水的处理；适宜有地势差异的农村生活污水的处理	厌氧池造价低廉，每立方米容积造价约400元；厌氧发酵产生的污泥量少，可3年清渣1次，清渣费每次400元；年运行费用约400元	金华市婺城区洋埠镇下肖村：各项指标达到了国家《粪便无害化卫生标准》和污水综合排放二级标准以上
厌氧＋兼氧过滤	适用于统一规划设计和建造的农村集中居住点，一般处理规模在50户以上；建池地点一般在小区绿化带下，处理后的出水可部分回用作绿化浇灌	建设成本低，每立方米净容积造价约400元；不需日常运行管理方面的费用支出	海宁市斜桥镇华丰村：出水主要水质指标COD、BOD₅、SS达到污水综合排放一级标准
厌氧＋微动力	适用于有条件将污水集中处理且排放要求较高的农村地区	设计、菌种填料、设备费用为1000~1500元水；运行费用为0.12~0.16元/t	余姚市四明山镇：出水主要水质指标COD、BOD₅、SS达到污水综合排放一级标准
厌氧＋人工湿地	适用于有一定土地及经济条件但管理水平不高的城镇（农村、中小城镇、山区）污水的深度处理；尤其适用于此类地区的集中或分散式污水处理	砌体结构造价为1900元；土工布防渗结构吨水造价1300元；运行费用小于0.1元/t，甚至为0	湖州市长兴县水口乡：出水主要水质指标COD、SS、NH₃-N等达到污水综合排放一级标准
厌氧＋稳定塘	适用于平原、水网区域，及无法集中收集污水的地区	吨水处理能力建设费用为1200元；运行过程中不需要费用	温州市龙湾区永中街道王宅村：出水主要水质指标COD、BOD、SS、NH₃-N达到污水综合排放一级标准
多种技术综合（以微动力生化＋人工湿地＋人工生态塘处理系统技术为例）	适用于集中式处理；适宜湿地植物常绿、冬季冰冻期短的地区	吨水处理能力建设费用为1000~1800元；运行管理费用为0.08~0.20元/t；基本无管网建设和土建设施建设费用	湖州市孚镇重兆村：污水经过微动力生化处理后水质达到综合排放一级标准；一部分污水经人工湿地处理和人工生态塘处理后，水质达到绿化用水和景观回用水水质标准

注 表中所述综合排放标准均指国家《污水综合排放标准》（GB 8978—1996）。

（2）珠江流域及我国南部地区农村生活污水处理技术。

珠江流域位于我国南部地区，根据《西南地区农村生活污水处理技术指南》和《东南地区农村生活污水处理技术指南》，珠江流域农村生活污水处理模式主要有散户污水处理模式和村落污水处理模式，按污水处理目的可分为去除有机污染物和去除氮、磷两大类，具体污水处理工艺见表5-5。

表5-5　珠江流域农村生活污水处理工艺

处理目的	处理模式	处理工艺	适用范围
去除有机污染物	散户污水处理工艺	化粪池和沼气处理工艺	适用于农村生活污水的预处理，对粪便或沼气能有利用需求的农户
		厌氧-生态组合工艺	年平均温度高于10℃地区有可利用土地的农户
		生物处理工艺	适用于没有可利用土地或可用土地，有一定经济承受能力的农户
		黑灰分离处理工艺	适用于黑水农用的农户
		生态处理工艺	适用于有可利用土地的农户
	村落污水处理工艺	生物处理技术为主的处理工艺	投资省，占地面积小，处理效果好，需要专门人员维护
		生态技术为主的处理工艺	投资省，维护简单，占地面积大
去除氮、磷	生物与生态技术组合工艺	生物处理采用生物接触氧化池、生物滤池、氧化沟等技术；生态处理采用人工湿地技术和土地渗滤技术等	适用于饮用水水源地保护区、风景或人文旅游区、自然保护区、重点流域等环境敏感区

（3）三峡库区及四川地区农村生活污水处理技术。

三峡库区及四川地区地处我国西南地区，四川省农村生活污水处理模式主要有三种：纳入城市污水收集及处理系统统一处理、单村或联村集中处理、单户或联户分散处理，主要处理技术见表5-6。

表5-6　四川省农村生活污水处理技术

技术名称	应用情况	出水水质	优缺点
人工快速渗滤系统	目前主要停留在试验研究阶段，实际运行工程很少	COD、NH_3-N、SS达到城镇污水处理厂一级A标准，TN、TP效果不理想	效果较好，但目前应用不多，参数需进一步优化
人工湿地系统	在眉山市东坡区白马镇龚村和广济乡应用较多	出水水质不稳定	效果较好，但不稳定
传统3格化粪池技术	分布较广	出水水质较差	投资省，运行简单，但处理效率低
生活污水净化沼气池技术	应用广泛，主要分布在阆中、洪雅、丹棱、绵竹、眉山等地	生化指标达到《四川省环境污染物排放标准》中Ⅲ类污染物排放Ⅰ类水域的甲级标准	处理污水有效，并能实现处理后污水的资源化利用，但处理负荷低，出水水质不稳定
沼气池＋人工湿地系统	在眉山市东坡区及成都市郫县部分农村有应用	处理效果良好	建造技术要求较低、处理效果良好，但对地形要求较高，且要占用一定的地表土地

注　"城镇污水处理厂标准"指国家《城镇污水处理厂污染物排放标准》（GB 18918—2002）。

（4）滇池流域和海河流域农村生活污水处理技术。

滇池流域农村生活污水具有可生化性强、分布零散、无集中统一的污水管道收集系统的特点，滇池流域的自然条件具有多降水、高蒸发且四季如春的特点，本着投资运行费用少、管理维护简便的原则，土地处理技术和生态卫生旱厕为滇池流域可行的农村生活污水处理技术。

海河流域属于我国北方地区，进入冬季后气温偏低，我国北方地区农村生活污水处理中，土地利用技术和地埋式一体化污水净化技术较为多见。土地利用技术主要有潜流式人工湿地、毛细管土地渗滤和稳定塘三种。膜生物反应器（MBR）与传统生物处理技术相比，具有出水水质稳定、占地面积少、污泥排放量少、抗负荷冲击性强、操作管理简单等优点，但投资和运行成本稍高，在北京市怀柔区应用较多。

二、农田面源污染控制技术

（一）农田面源源头控制技术

农田面源源头控制技术有精准施肥技术、农药改进使用技术、种植模式优化技术、土壤耕作优化技术、节水灌溉技术、农田废弃物处理技术等。

（1）精准施肥技术。

精准施肥技术有增施有机肥、合理施用化学肥料、叶面喷肥技术、测土配方施肥技术等技术，具体技术特点见表5-7。

表5-7　　　　　　　　　　　精准施肥技术及技术特点

技术名称	技术简介	技术特点
增施有机肥	有机肥肥料是指有大量有机物质的肥料	可就地取材、就地积制、成本低、肥效长、增强土壤保水保肥能力、减少氮磷流失风险
合理施用化学肥料	在增施有机肥的基础上，合理施用化学肥料，是调节作物营养、提高土壤肥力、获得农业持续高产的一项重要措施	含量高、成分单纯、肥效快、肥效短、有化学酸碱反应和生理酸碱反应、不含有机物质、单纯大量施用会破坏土壤结构
叶面喷肥技术	以叶面吸收为目的，将作物所需养分直接施用于叶面	肥料利用率高、用量少而经济有效、养分吸收快、肥料用料省、经济效益高，具有增强作物光合作用、提高作物酶的活性的作用
测土配方施肥技术	综合运用现代农业科技成果，根据作物需肥规律、土壤供肥性能与肥料效应，在以有机肥为基础的条件下，提出氮、磷、钾和微肥的适宜用量和比例	肥料利用率高、氮磷养分损失少

（2）农药改进使用技术。

农药改进技术有低容量喷雾技术、静电喷雾技术、"丸粒化"施药技术、循环喷雾技术、药辊涂抹技术、电子计算机施药技术等，具体技术特点见表5-8。

（3）种植模式优化技术。

新型种植模式包括无土种植模式、生态种植模式、种养结合模式、种植绿肥模式等，具体特点见表5-9。

表 5 - 8 农药改进技术及技术特点

技术名称	技术简介	技术特点
低容量喷雾技术	将常规喷雾机具有的大孔径喷片换成孔径0.3μm的小孔径喷片，单位面积上在施药量不变的情况下，将农药原液稍加水稀释后使用，用水量相当常规喷雾技术的1/10～1/5	该技术特别适宜温室和缺水的山区应用，深受农民欢迎；应用十分简便，大大提高作业效率，减少农药流失，节约大量用水，显著提高防治效果，有效克服了常规喷雾给温室造成的湿害
静电喷雾技术	在喷药机具上安装高压静电发生装置，作业时通过高压静电发生装置，使雾滴带电喷施的药液在作物叶片表面沉积量大幅增加	农药的有效利用率达到90%，从而避免了大量农药无效地进入农田土壤和大气环境
"丸粒化"施药技术	把加工好的药丸均匀地撒施于农田中便可	该施药技术适用于水田，比常规施药法可提高工效十几倍，而且没有农药漂移现象，有效防止了作物茎叶遭受药害，而且不污染临近的作物
循环喷雾技术	对常规喷雾机进行重新设计改造，在喷雾部件相对的一侧加装药物回流装置，把没有沉积在靶标植物上的药液收集后抽回到药箱内，使农药能循环利用	可大幅度提高农药的有效利用率，避免了农药的无效流失
药辊涂抹技术	药液通过药辊从表面渗出，药辊只需接触到杂草上部的叶片即可奏效	该技术主要适用于内吸性除草剂；几乎可使药剂全部施在靶标植物表面上，不会发生药液抛洒和滴漏，农药利用率可达到100%
电子计算机施药技术	通过超声波传感器确定果树形状，使农药喷雾特性始终依据果树形状的变化而自动调节	可大大提高作业效率和农药的有效利用率，这一新技术的出现代表了农药使用技术的发展方向

表 5 - 9 新型种植模式及技术特点

名称	种植模式简介	种植模式特点
无土种植模式	不用天然土壤而用基质或仅育苗时用基质，在定制以后用营养液进行灌溉	有效防止土壤连作病害及土壤盐分积累造成的生理障碍，充分满足作物对矿质营养、水分、气体等环境条件的需要，具有省水、省肥、省工、高产优质等特点
生态种植模式	在田野里使用微生物技术和轮作制，即豆类、粮食、苜蓿、根茎植物不断轮种，以增加土地的氮肥和绿肥，使地下水保持清洁。待农作物收货之后，再把其根茎和麦秆捣碎，喷洒上益生菌原液后埋入地下	能使地下水保持清洁，能促进有机质的转化，保持水土不致流失；能促进有机质的转化，保持水土不致流失
种养结合模式	多物种共栖、多层次配置、多级物质利用和能量循环的立体农业模式及技术	合理地利用自然资源、生物资源和人类生产技能，使农业生态系统处于良性循环之中
种植绿肥模式	将绿肥施用于种质土壤，绿肥是一种养分全的生物肥源	增辟肥源，改良土壤

（4）土壤耕作优化技术。

优化的土壤耕作技术包括免耕技术、等高耕作技术、沟垄耕作技术、蓄水聚肥改土耕作技术等，具体技术特点见表5-10。

表 5 - 10 优化的土壤耕作技术及技术特点

耕作技术名称	技术简介	耕作技术特点
免耕技术	少耕和免耕法的总称，尽量减少翻耕次数	对坡度较小的农田具有保持水土、改善土壤结构的功能，特别是结合大量秸秆残茬覆盖
等高耕作技术	沿等高线耕作，形成一道道等高犁沟	拦蓄水分，减少地表径流和土壤冲刷，这种方法适宜于坡度大于 2°的坡地
沟垄耕作技术	沿等高线进行犁耕并形成沟和垄，沟内或陇上种植作物	改变小地形，分散和拦蓄地表径流，减少冲刷和拦截泥沙
蓄水聚肥改土耕作技术	把土壤分层组合成"种植沟"和"生土垄"两部分，种植沟集中耕层肥土，集中施肥，底土做成垄	集中施肥，拦蓄径流和泥沙

（5）节水灌溉技术。

节水灌溉是解决农作物缺水用水的根本性措施，也是缓解旱情和防止污染物迁移的有效措施，常见的节水灌溉措施有喷灌技术、微灌技术和低压管道灌溉技术，具体技术特点见表 5 - 11。

表 5 - 11 节水灌溉技术及技术特点

技术名称	技术简介	技术特点
喷灌技术	借助水泵和管道系统或利用自然水源的落差，把具有一定压力的水喷到空中，散成小水滴或形成弥雾降落到植物上和地面上	喷水均匀，受地形条件的限制小，在砂土或地形坡度达到 5％等地面灌溉有困难的地方都可以采用，一般能增产 15％，节水率比一般灌溉提高了近 30％～50％，提高工效 20～30 倍，提高耕地利用率 7％；缺点是受环境因素制约，在有风的情况下，很难保证对农作物的均匀喷洒，并且不适合于蒸发较强的环境。由于喷灌设备投资较高，目前多用在水资源缺乏的经济较发达地区
微灌技术	利用安装在末级管道（称为毛管）上的滴头，将压力水一滴一滴地、均匀地、缓慢地滴入作物根系	微灌技术做到了灌溉均匀，可以控制每个灌水器的出水流量，均匀率高达 80％以上；微灌技术可节省大量的劳动力，只需监察灌水器的工作情况即可，操作方便，也容易控制，可以把肥料溶于水中，减少氨挥发、径流和淋溶损失，增加了肥料的利用率；该技术最大的缺点就是投资成本过大，需要在地下铺设大量的管道增加了灌溉成本，喷水器很小很容易堵塞，需要经常检查，比较麻烦
低压管道灌溉技术	通过机泵（或利用天然水头）和管道系统直接将低压水引入田间进行灌溉	管道输水有效地减少了水分的蒸发和渗漏损失，提高了水的有效利用率；输水快、省时、省力；减少土渠占地；工作压力相对于喷灌和微灌技术较低，一般可节省能耗 20％～25％；灌水及时，促进增产增收

（6）农田废弃物处理技术。

按照"循环再生"理论，连接种植业和养殖业，形成"种植业—养殖业—种植业"循环链，是农业废弃资源多层次环保循环利用的有效途径。农作物秸秆可经不同循环利用后的废弃物施入农田，如秸秆好氧堆肥、秸秆栽培食用菌后菌渣还田（新鲜菌渣）、秸秆产沼气后沼渣还田（新鲜沼渣）、秸秆用于生产建筑材料、秸秆用于制备具有较高吸附性的生物炭，生物炭可用作制备缓释肥等。

（二）农田面源过程阻断技术

农田面源污染物质大部分随降雨径流进入水体，在其进入水体前，通过建立生态拦截系统，有效阻断径流水中氮磷等污染物进入水环境，是控制农田面源污染的重要技术手段。目前农田面源污染过程阻断常用的技术有两大类：一类是农田内部拦截，如稻田生态田埂技术、生态拦截缓冲带技术、生物篱技术、果园生草技术（果树下种植三叶草等减少地表径流量）；另一类是污染物离开农田后的拦截阻断技术，包括生态拦截沟渠技术、生态护岸边坡技术等。这类技术多通过对现有沟渠的生态改造和功能强化，或者额外建设生态工程，利用物理、化学和生物的联合作用对污染物（主要是氮、磷）进行强化净化和深度处理，不仅能有效拦截、净化农田氮磷污染物，而且能将土壤氮磷滞留于田内和（或）沟渠中，实现污染物中氮磷的减量化排放或最大化去除以及氮磷的资源化利用。

（1）生态田埂技术。

将现有田埂加高10～15cm可有效防止30～50mm降雨时产生地表径流，或在稻田施肥初期减少灌水以降低表层水深度，从而可减少大部分的农田地表径流。在田埂的两侧可栽种植物，形成隔离带，在发生地表径流时可有效阻截氮磷养分损失和控制残留农药向水体迁移。太湖地区将田埂高度增加8cm，稻季径流量和氮素径流排放分别降低73％和90％。

（2）生态拦截带技术。

生态拦截带又称生态隔离带，生态拦截带技术主要用于控制旱地系统氮磷养分、农药残留等向水体迁移，如蔬菜地、花卉地的养分损失的控制技术。将旱地的沟渠集成生态型沟渠，同时在旱地的周边建一生态隔离带，由地表径流携带的泥沙、氮磷养分、农药等通过生态隔离带被阻截，将大部分泥沙、部分可溶性氮磷养分、农药等留在生态拦截带内，拦截带种植的植物可吸收径流中的氮磷养分，达到控制地表径流，减少地表径流携带的氮、磷等向水体迁移。如太湖宜兴蔬菜地周边生态拦截带对总氮、总磷的拦截效率可达30％～90％，对水溶态磷酸盐的拦截效率可达20％～90％，对可溶态硝态氮的拦截效率可达10％～98％。

（3）生态沟渠拦截技术。

田间沟渠是用于雨季田间排水，防止田间作物渍害的重要农田基本建设内容，一般位于田块间。生沟渠通常含由初沉池（水入口）、泥质或硬质生态沟框架和植物组成。初沉池位于农田排水出口与生态沟渠连接处，用于收集农田径流颗粒物。生态沟渠框架采用泥质还是硬质取决于当地土地价值、经济水平等因素。土地紧张、经济发达的地区建议采取水泥硬质框架，而土地不紧张、经济实力弱的地区可以采取泥质框架。生态沟渠框架（沟底、沟板）用含孔穴的水泥硬质板建成，空穴用于植物（作物或草）种植。沟底、沟板种植的植物既能拦截农田径流污染物，也能吸收径流水、渗漏水中的氮磷养分，达到控制污染物向水体迁移和氮磷养分再利用的目的。如太湖宜兴稻区生态沟渠对氮磷拦截效率平均可达40％上。昆明蔬菜种植区生态支沟对氮、磷的拦截效率可达35％和50％。

（三）农田面源污染末端强化技术

农田面源污染物质离开农田、沟渠后的汇流被收集，再进行末端强化净化与资源化处理，如前置库技术、生态塘技术、人工湿地技术等。这类技术多通过对现有塘、池的生态改造和功能强化，或者额外建设生态工程，利用物理、化学和生物的联合作用对污染物（主要是氮、磷）进行强化净化和深度处理，能有效拦截、净化农区污染物，滞留农区氮、磷污染，回田再利用，实现农区氮磷污染物源化和氮磷减量化排放或最大化去除。

（1）前置库技术。

前置库通常由沉降带、强化净化系统、导流与回用系统三个部分组成的沟渠，加以适当改造，并种植水生植物，对引入处理系统的地表径流进行拦截、沉淀处理。前置库技术通过调节来水在前置库区的滞留时间，使径流污水中的泥沙和吸附在泥沙上的污染物质在前置库沉降；利用前置库内的生态系统，吸收去除水体和底泥中的污染物。前置库技术因其费用较低、适合多种条件等特点，是目前防治面源污染的有效措施之一。

（2）生态排水系统滞留拦截系统。

生态多塘系统主要用于收集、滞留沟渠排水。生态多塘系统一般包括两部分，位于前端的沉降塘系统和位于后端的滞留系统，沉降塘系统深度要大于后端。旱作区或水旱轮作区的旱作季节农田径流，流入沟渠，随后汇流进入多塘系统。排水系统包括引流渠和生态多塘系统。水田或水旱轮作区的水稻种植季节，生态排水系统仅包括生态沟渠和生态多塘系统。对于大面积连片旱地，在田间可以建设若干地表径流收集系统，收集田间径流水，并输送入生态多塘系统。径流输送系统可以通过地下暗管，也可通过地上沟渠输送。

（3）人工湿地技术。

在农业区下游，建设一个或若干个湿地，收集生态塘系统处理的排水，对其进行深度处理，有利于将农田面源污染降低到最低限度。湿地系统包括水收集沉降区和水净化植被过滤区两部分，为了达到高标准排水需要，也可在湿地系统中设置物化强化处理系统，用于吸附氮磷、农药和除草剂等污染物。

人工湿地根据污水在湿地床中流动的方式又可分为表面流湿地、潜流湿地、垂直流湿地三种类型，具体技术特点见表5-12。

表 5-12   人工湿地技术及技术特点

技术名称	技 术 特 点
表面流湿地	对于农业面源污染尤其是农田排水氮磷拦截具有优势，投资少、操作简单、运行费用低、景观效果好
潜流湿地	具有占地少、卫生条件好等优点，但这种处理系统要比表面流系统的投资高，对氮磷的去除效率低等不足
垂直流湿地	基建成本较高，较易滋生蚊蝇

由于人工湿地具有投资和运行费用低，污水处理规模灵活，维护和管理技术要求低，占地面积较大等特点，非常适合在土地资源丰富的农村地区应用。

三、畜禽养殖污染控制技术

（一）畜禽养殖废弃物无害化处理技术

（1）畜禽养殖废水无害化处理技术。

国内对养殖废水的处理技术多种多样，大致有自然处理和工业化处理两种模式。

1）自然处理法。利用天然的水体和土壤中的微生物来净化废水的方法称为自然生物处理法。该方法主要有水体净化法和土壤净化法两类，属于前者的有氧化塘（厌氧塘、兼氧塘、好氧塘、曝气塘），属于后者的有土地处理系统（慢速渗滤、快速渗滤地面漫流）、废水灌溉处理系统和人工湿地等。

自然生物处理法投资较省，能耗少，运行管理费用低，对难生化降解的有机物、氮磷等营养物和细菌的去除率都高于常规二级处理，达到部分三级处理的效果，而其基建费用和处理成本比二级处理厂低得多。此外，在一定条件下，氧化塘和污水灌溉能对废水资源进行利用，实现污水资源化，适用于距城市较远、气温较高且土地宽广的地区。但该方法的缺点是土地占用量较大，净化效率相对较低，处理效果易受季节温度变化的影响。

氧化塘（又称"稳定塘"）、土地处理系统及人工湿地技术的技术经济指标、技术特点等已在本节第一部分"农村生活污染控制技术"中进行了对比（表5-1），以下将重点对氧化塘、土地处理系统、废水灌溉系统和人工湿地的优缺点进行对比，见表5-13。

表5-13　　　　　　　　　　　　畜禽养殖废水自然处理技术对比

技术名称	优　点	缺　点	适　用　条　件
氧化塘	（1）在条件合适时，如有可利用的旧河道、河滩、沼泽、山谷及无农业利用价值的荒地等，氧化塘系统的基建投资少，在土地不贵的地区，氧化塘是最省钱的生物处理方法； （2）投资运行成本较低，管理操作简单方便，耗能少，运行管理费用为传统人工处理厂的1/5～1/3； （3）可进行综合利用，如种水生植物，养殖鱼、鸭、鹅等，形成多级食物网的复合生态系统，如使用得当，会产生明显的经济效益、环境效益和社会效益	（1）占地面积大，必须要有足够的面积来建塘或者必须要有现成的塘、沟，不适用于一些土地资源紧缺的地区，对环东部沿海地区和一些大城市周围，土地资源紧张，其运用受到限制； （2）处理技术受自然条件的限制比较大，如光线、温度、季节的影响较大。我国肉牛、奶牛养殖主要分布在北方，氧化塘不太适合其废水的处理； （3）处理周期较长，如设计或运行不当，可能形成二次污染，如污染地下水	（1）当地需有可供氧化塘使用的土地，最好是可找到无农业利用价值的荒地或者有现成的沟塘； （2）气候必须适于氧化塘的运行。气温对氧化塘处理效率影响较大，气温高适于塘中生物的生长和代谢，使污染物质去除率提高，从而可减少占地面积，降低投资
废水灌溉处理系统	能供给农作物水分和大量肥分，改良土壤和提高土壤肥力	灌溉的水量不能超过农作物的田间需要和田间持水量，否则会流失且污染地下水，影响环境卫生等	（1）在作物的需水及施肥季节进行灌溉，在其他季节，污水则需要进行其他方法的处理后排放； （2）在雨季及作物非生长期不适宜进行污水灌溉
土地处理系统	（1）投资、运行费用低，能耗低； （2）是常年性的污水处理方法	占地面积大	不同类型的土地处理系统适宜于不同渗透性能的土地
人工湿地处理系统	（1）投资较省，能耗少，运行管理费用较低； （2）污泥量少，不需要复杂的污泥处理系统，且便于管理，对周围环境影响较小； （3）不仅可以去除水中的溶解营养性污染物，还可以去除和固定养殖污泥，利用植物过滤技术在净化养殖废水方面具有较大的潜力，且因植物的收获还会产生一定的经济效益和生态效益	（1）处理效果容易受季节温度变化的影响，并且还有污染地下水的可能； （2）土地占用量较大，对于城镇土地紧张的规模化畜禽养殖场废水不适用	适合土地条件比较宽裕的农村，尤其适合于经济发展水平不高、能源短缺、技术力量相对缺乏的地区

2）工业化处理方法。畜禽养殖废水产量大、污染物浓度高、处理难度大。对于规模较大的养殖场，地处经济发达的大城市近郊，土地紧张且无足够的农田消纳粪便污水，自然生物处理难以有效处理畜禽养殖废水，采用工业化处理模式净化处理畜禽养殖废水较好。工业化处理模式包括厌氧处理、好氧处理以及厌氧-好氧组合处理等不同的组合处理系统，具有占地少、适应性广、不受地理位置限制、季节温度受变化的影响较小等特点。厌氧与好氧处理工艺优缺点对比见表5-14。

表5-14　　　　　　　　　　厌氧处理与好氧处理工艺对比

技术名称	技术分类	优　点	缺　点
厌氧处理工艺	厌氧滤池（AF）；上流式厌氧污泥床反应器（UASB）；污泥床滤器（UBF）；两相厌氧消化法	（1）有机负荷高，能降解好氧微生物不能降解的部分；（2）占地面积比较小，造价低，有机物转化成污泥的比例小，因此污泥处理和处置的费用少；（3）能量需求低，运行费用少，还可以产生沼气，污水有机质浓度越高，产能越多，有较好的经济效益；（4）处理过程不需要氧，不受传氧能力的限制	（1）厌氧处理出水中的COD浓度和氨氮浓度仍比较高，溶解氧很低；（2）大多数养殖废水因混入粪尿呈偏酸性，在pH=7以下，产甲烷菌将会受到抑制甚至死亡，不利于厌氧处理；（3）厌氧处理的最适温度是35℃，低于这个温度时处理效率迅速降低
好氧处理工艺	氧化沟；生物滤池；生物转盘；A/O工艺、生物接触氧化法；序批式活性污泥法（SBR）	好氧处理工艺对pH值的要求不是很严格，对温度要求不高，在冬季时即使不控制水温仍能达到较好的出水水质	（1）好氧处理工艺不耐冲击负荷，需对废水进行稀释，或采用很长的水力停留时间（一般6d以上，有的甚至长达16d），这都需建大型处理装置，涉及处理工艺、设备和占用场地等方面的问题；（2）氮、磷去除率低，处理时间长；（3）投资大，能耗高，运行费用较贵

厌氧-好氧联合处理工艺，既克服了好氧处理能耗大、不耐冲击负荷及土地面积紧缺的不足，又克服了厌氧处理达不到要求的缺陷，具有投资少，运行费用低，净化效果好，能源环境综合效益高等优点，特别适合产生高浓度有机废水的畜禽场的废水处理。厌氧-好氧组合工艺流程如图5-1～图5-3所示。

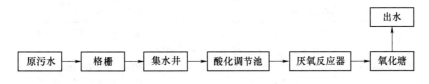

图5-1　厌氧-好氧组合工艺流程（1）

（2）畜禽粪便收集与处理技术。

根据环境保护部发布的《畜禽养殖业污染治理工程技术规范》（HJ 497—2009），新建、改建、扩建的畜禽养殖场宜采用干清粪工艺收集养殖粪便。现有采用水冲粪、水泡粪清粪工艺的养殖场，应逐步改为干清粪工艺。畜禽养殖粪便处理技术主要分为堆肥技术、

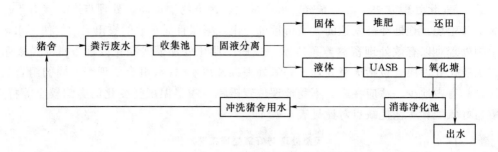

图 5-2 厌氧-好氧组合工艺流程（2）

图 5-3 厌氧-好氧组合工艺流程（3）

厌氧发酵技术和微生物发酵床技术，具体技术简介、特点及适用范围见表 5-15。

表 5-15 畜禽粪便收集与处理技术

类型	技术名称		技 术 简 介	技 术 特 点	适用范围
废弃物收集技术	干清粪工艺	人工清粪	干清粪工艺是指粪便一经产生便进行分离，干粪由机械或人工收集、清扫，尿及冲洗水则从下水道分流，分别进行处理	（1）使用设备简单； （2）工人劳动量大，清理效率低	适用于小规模养殖场
		机械清粪		（1）工作效率高； （2）一次性投资大，运行、维护费用较多	适用于中大型的养殖场
废弃物处理技术	堆肥技术	好氧堆肥	在人工控制的好氧条件下，通过微生物的发酵作用，将对环境有潜在危害的有机质转变为无害的有机肥料	（1）发酵周期短； （2）分解效果佳； （3）产气量少	—
		厌氧堆肥	在厌氧状态下，通过厌氧菌和兼性菌的作用降解有机物，制成有机肥料	（1）技术工艺简单，操作简便； （2）发酵周期较长； （3）会产生大量沼气	—
	厌氧发酵技术		在无氧条件下通过微生物作用，将畜禽粪便中的有机物转化为二氧化碳和甲烷	（1）发酵条件易控制，产气稳定； （2）操作相对简单，能耗适中； （3）能产生沼气能源，可消除臭气、杀灭致病菌和虫卵	—
	微生物发酵床技术		通过在养殖场内铺设装填有机填料的发酵床，利用兼性好氧菌等微生物的原位发酵分解粪便中的有机物，将其转化成可供畜禽食用的营养物质	（1）粪便的综合利用率高； （2）能消除恶臭和抑制病菌、寄生虫的滋生； （3）成本投入大	—

（二）综合处理模式

（1）集中处理模式。

集中处理模式是指在养殖密集区，依托规模化养殖场处理设备设施或委托专门从事粪便处置的处理中心，对周边养殖场的粪便和（或）污水实施专业化收集和运输，并按资源化和无害化要求集中处理和综合利用。其中，粪便通过堆肥工艺制得有机肥，液体经过高效生物处理后作为肥水储存起来，施用于农田。该模式改变了现有单个养殖场粪污单独处理的模式，降低单位动物的投资与运行费用，适用于无粪便处理能力的分散性畜禽养殖区域，有一定规模的小型畜禽养殖场或"企业＋农户"的规模化企业，该处理模式流程见图5-4。

（2）种养结合模式。

种养结合模式就是"以地定养、以养肥地、种养对接"，是一种结合种植业和养殖业的生态农业模式，将禽畜养殖产生的粪便、有机物作为有机肥的基础，通过厌氧发酵为种植业提供有机肥来源；同时种植业生产的作物又能够给畜禽养殖提供食源。种养结合模式有利于种植业与养殖业有机结合。该模式可减少化肥用量、实现节能减排，也有利于改善农田土壤质量。但在应用中也存在若干问题，如：①由于农田对厌氧发酵过程产生的沼渣和沼液有机肥的需求受季节影响，需要修建足量的储存池对沼液进行储存，否则将导致二次污染；②需采取适当的土地处理措施，防止水土流失和施用液体粪肥污染水体；③沼液运输资金投入较大。种养结合模式适用于各种畜禽养殖场的粪污处理与利用，该模式示意图如图5-5所示。

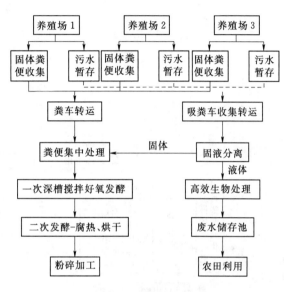

图5-4 畜禽养殖集中处理模式

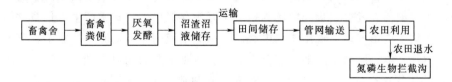

图5-5 畜禽养殖种养结合模式

（3）循环利用模式。

循环利用模式是在畜禽舍采用碗式或虹吸式饮水器供水、机械刮粪板清粪，严格控制生产用水、实现粪尿分离，分离后的固体粪便与死亡动物尸体进行堆肥无害化处理，得到的有机肥可以施用于农田或销售；污水通过污水管网输送、雨污分流、固液分离、生物处理和消毒后回用于养殖场，实现养殖场零排放。循环利用模式具有用水量少、过程污染低、养殖场零排放等优点，适用于所有新建的规模化养殖场，循环利用模式示意图如图5-6所示。

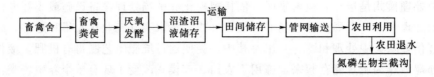

图5-6 循环利用模式

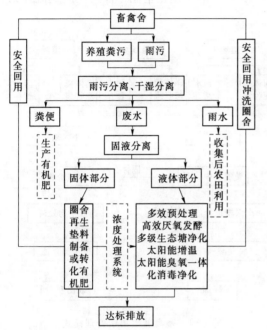

图5-7 达标排放模式

（4）达标排放模式。

达标排放模式是指在养殖场采用机械干清粪工艺进行粪便清理，将养殖场内的养殖粪污与雨水分别进行干湿分离和雨污分离，分离产物有粪便、废水和雨水，粪便通过堆肥得到有机肥；废水进一步进行固液分离，固体部分用于圈舍再生垫料制备或转化为有机肥，液体部分通过畜禽养殖废水处理技术部分回用于养殖场，部分达标排放；雨水收集后用于农田灌溉。该模式污水处理设施建设、运行成本高，适用于土地消纳能力不足，甚至无粪污消纳土地的养殖场。达标排放模式示意图如图5-7所示。

（三）畜禽养殖污染控制案例——蒙牛大型沼气发电工程

蒙牛是中国规模最大的乳制品制造企业之一，奶牛养殖是企业生产链的核心环节，养殖污染控制也成为企业不可忽视的问题。2008年，蒙牛遵循废弃物减量化、资源化、无害化、生态化的原则，引进国内外先进技术和设备，在其位于山东济宁的汶上现代牧场建设了大型沼气发电工程。牧场养殖有1万头存栏奶牛，日常产生大量畜禽粪污，利用养殖废弃物生产沼气，沼气用于热电联产，沼渣沼液用作有机肥，形成了牧草种植、奶牛养殖、沼气发电、肥料生产的可循环产业链。该项工程日可处理粪污350t、尿液259t、污水200t，沼气日产量8000~10000m³，年产有机肥3万t，年发电量300多万kW·h。这一沼气发电工程能够供应80%以上的牧场运行用电。

蒙牛还依托其在内蒙古的奥亚国际牧场建成了全球最大的畜禽类生物质能沼气发电厂，该项工程日可处理牛粪500t，沼气日产量1.2万m³，年发电量960多万kW·h。根据测算，项目实施后年减排温室气体可达2.5万t CO_2 当量。工程能够满足牧场日常所有养殖废弃物的处理，构建了"种草—养牛—牛粪肥草—卖奶—种草"的绿色循环养殖模式，同时工程发电直接接入国家电网，产生了良好的生态效益、经济效益和社会效益。

四、水产养殖污染控制技术

(一) 水产养殖废水处理技术

水产养殖废水的处理方法包括物理处理技术、化学处理技术和生物处理技术，物理处理技术主要有过滤、反渗透、吸附、泡沫分离等，其中机械过滤技术和泡沫分离技术在实际中被广泛应用；化学处理技术有氧化消毒技术、电化学技术、絮凝沉降、光电化学催化等，其中光电化学催化技术具有能耗低、净化比较彻底的特点，同时具有杀菌功能，并且无二次污染，所以被认为是最具发展潜力的新型水处理技术；生物处理技术有生物膜法、活性污泥法、人工湿地法、生态塘处理法等，水产养殖污染控制技术见表5-16。

表5-16　　　　　　　　　　　　　水产养殖污染控制技术

分 类	技术名称		特 点
物理处理技术	过滤技术		运行费用低，在工程上只作为废水的前期处理工艺
	RO（反渗透）技术		处理效果好，能源消耗量大，运行成本高
	泡沫分离技术		适合污染物浓度较低的废水
	吸附		使用和再生成本高
化学处理方法	氧化消毒技术		处理效果好，反应速度快，受外界环境影响小，投资也较少，处理后水体中存在残留化学品
	电化学技术		占地面积小，运行管理方便；能耗高，效果不稳定
	絮凝沉降		对TSS的去除效果好，需要控制絮凝剂的使用量
	光电化学催化		能耗低，净化比较彻底，无二次污染
生物处理技术	生物膜法	生物滤池	安装简便，处理效果较好，运行稳定，维护简单；占地面积大，填料易堵塞，易孳生蝇虫
		流化床反应器	占地面积少，投资费用少，处理效率高，不存在堵塞问题
		生物转盘	占地面积小，管理方便；生物膜易脱落，能耗高，处理效率比较低；适合处理低浓度废水
		生物絮凝技术	可实现氨的快速转化，还能作为饲料；存在硝酸盐积累问题
	活性污泥法		工艺流程简单，基建费用低，氮、磷去除效果好，出水可靠，对水质水量适应性强；适用于处理污染物浓度较高的虾养殖废水
	人工湿地法		建造和运行费用低，处理效果可靠，能耗低，对水产养殖废水中有机物和磷的去除效果很好；占地面积大，易受病虫害影响，易受季节更替影响，维护管理困难
	生态塘处理法		对污染物去除率优于自然湿地，水体中浮游植物多样性增加，水质得到明显改善

(二) 生态循环养殖模式

（1）多营养层次综合水产养殖模式。

多营养层次综合水产养殖（IMTA）是一种基于生态系统的环境友好型水产养殖模式。养殖行为带来的主要污染包括饲料和鱼类排泄物，虽然水体中的藻类、微生物等能够消化一部分有机质和营养元素，但仍无法从根本上解决问题。多营养层次综合水产养殖通过引入藻类、贝类等不同营养级的物种，科学搭建生态系统来提升水体自净能力，这一技术原理是基于不同营养层级生物的生态理化特征进行品种搭配，利用物种间的食物关系实现物质和能量的流通。在水产养殖过程中，过量的残饵和鱼类等生物的排泄物可被互补生物利用，如滤食性贝类可通过过滤大量水摄取水体中的浮游植物和悬浮颗粒，同时起到沉降水质净化的作用。如苏州地区虾蟹池塘养殖系统内配置有水草、螺蛳、鲢鱼、鳙鱼，其中水草起到净化水质和补给饵料的作用，螺蛳能够摄取残饵、有机悬浮颗粒和微生物，鱼类则进一步完善了生态系统，形成多营养层级的生物结构。

（2）工业化循环水养殖模式。

循环水养殖是一种新型集约化水产养殖模式，结合高密度水产养殖技术、水处理技术和工程技术，将养殖用水净化后继续循环使用，水利用率可达95％以上，有效减少对水资源的耗用和污染，符合可持续发展理念。工业化循环水养殖将循环水养殖技术应用在工业化生产上，在规避水产养殖对外部水环境依赖的同时争取经济效益最大化，因其节能、节水、节地、减排等特点被越来越多地应用于生产实践中，成为国内外水产养殖业绿色发展的支撑技术。常见的工业化循环水养殖模式有封闭循环水养殖系统、池塘循环水养殖模式、海水循环水产养殖系统等。封闭循环水养殖适用于养殖耐高密度的鱼类及名贵鱼种；池塘循环水养殖模式一般用于淡水养殖，将生态工程技术与水产养殖有机结合，运用生态学原理构筑养殖系统，具有良好的氮磷污染削减功能；海水循环水养殖系统也是水产养殖的重要发展方向，与淡水循环水养殖模式类似，同样利用生态学原理将多种生态技术耦合，在对虾、石斑鱼等海水生物养殖业的应用越来越多。

（3）种养结合模式。

种养结合是指养殖池塘闲置季节进行农作物种植。其原理是利用冬春季节池塘闲置期间，种植该季节适宜生长的农作物，提高土地的周年利用率，对时间空间的合理配置，充分利用太阳能，生产大量的绿色作物，提高了土地的产出率，而其通过农作物的种植，有利于池塘底部有机质的分解，降低水环境和池塘本身的富营养化对生物造成的压力。同时充分利用了闲置的鱼塘，提高了池塘的综合生产力，继而提高了总体经济效益。

（4）轮养轮休模式。

混养是指在主养某种品种的同时兼养其他一个或多个品种的混合养殖模式；轮养是指在同一口池塘中，在不同年份进行养殖对象之间的轮流养殖，或在同一口池塘中利用不同养殖品种的养殖时间的差异，进行轮流养殖；结合混养和轮养技术，轮养轮休模式结合是在养殖区域内设定轮养区和轮休区。在轮养区进行正常的养殖活动，在轮休区则通过种植水生植物、投加螺蛳和贝类等措施加强渔业资源养护和生态环境修复，处于轮休期的区域一般可设少量网箱养殖不影响资源恢复的经济鱼类，充分利用轮休水体养殖高品质水产品，提高水体利用率，提升养殖环境的抗风险能力与经济效益。此项技术要求简单，养殖户易于接受，便于掌握，可在大水面养殖中广泛应用。

（三）水产养殖污染控制案例

（1）稻田养鱼。

在浙江青田，稻田养鱼有着1200余年的历史，被联合国粮农组织列为首批全球重要农业文化遗产保护项目。稻鱼共生轮作技术在传统稻田养鱼模式的基础上，充分利用水稻和鱼虾间共生互利的特点和动植物生长环境条件的需求，结合轮作轮养、生态修复的理念和多营养层次综合水产养殖、生态工程技术，形成提质增产、稳粮增效的生态种养结合模式，同时可做到零添加、零污染，有效避免遏制了水产养殖业对环境造成的负面作用。

（2）稻蟹共生。

浙江省景宁澄照乡朱坑村的金轩绒蟹养殖专业合作社引进稻蟹共生养殖技术，养殖面积从 2013 年初的 80 亩扩增到 2017 年的 180 亩，产出包括有机大米、螃蟹、田鱼、田螺等多种特色生态农产品，预计增收可超过 130 万元。稻蟹共生的种养结合模式充分利用了稻和蟹的生长特性，可有效减少杂草和病虫害的滋生，创建了良好的养殖环境，推动了当地农业的转型升级和经济增长。

（3）水稻轮作。

水稻轮作则充分利用了农作物的生长周期差异，在水稻收割后灌水养鱼，至次年育秧时节再捕鱼插秧，充分利用水土资源的同时达到稳粮增收、生态修复的效果。2014 年，重庆市潼南县将 205 亩稻田划定为稻田轮作试验田，采用鲫鱼、黄颡鱼和乌鱼三个品种进行混养，同时放养草鱼和白鲢以提高生态系统的抗风险能力。次年的测产结果显示试验田亩产超双千，稻鱼轮作模式获得成功。

五、船舶港口及内源污染控制技术

（一）船舶港口污染控制技术

船舶港口污染控制包括源头预防、船上处理与回用、船上收集与转运、岸上接收与处理等方面的控制技术。

（1）船舶水污染源头预防措施。

首先，鼓励生产企业开展船舶的绿色生态设计，降低能耗物耗，最大限度地减少船舶水污染物的产生。其次，含油污水、生活污水、船舶垃圾应分别实施具有针对性的源头预防措施。对于含油污水，机器处含油污水、油船含货油残余物的收集或排放系统，应单独设置，各自专用；燃油、滑油及其他油类装卸管路的甲板接头处，应设置封闭式泄放系统的滴油盘；燃油沉淀柜、滑油柜和其他日用油柜应设有高液位报警装置，防止溢流。对于生活污水，除设置能够同时处理黑水和灰水的船用生活污水处理装置外，还应单独设置黑水与灰水的收集或排放系统；鼓励船舶采用真空便器等节水装置。对于船舶垃圾，应实施分类收集、储存；清洗货舱、甲板和船舶外表面时，应使用不含有危害海洋环境物质的清洁剂或添加剂。另外，逐步淘汰不合规老旧船舶，如剩余寿命较短的老旧船舶因空间限制、难以承受改造成本等因素不能安装船上污水处理装置和收集装置的，应逐步淘汰。

（2）船上收集与转运控制措施。

对于收集环节，要求实施收集的船舶，应在船上设置含油污水储存舱（柜、容器）、船舶生活污水集污舱和船舶垃圾收集、储存点。同时，含油污水储存舱、船舶生活污水集污舱应防渗防漏，设置高液位报警装置。船舶垃圾收集和储存应符合国家法律法规的相关要求，保持卫生，不发生污染、腐烂和产生恶臭气味。

对于接收环节，要求向接收设施转移含油污水、生活污水的船舶，应设置相应的标准排放接头。同时，接收设施应设置标准接收接头。

为加强船舶污染物的接收、转运、处置监管，根据《船舶与港口污染防治专项行动实施方案（2015—2020 年）》（交水发〔2015〕133 号）和《中华人民共和国船舶及其有关作业活动污染海洋环境防治管理规定》（交通运输部令〔2017〕15号）中的相关要求，应逐步建立完善船舶污染物接收、转运、处置监管联单制度。

（3）船上处理水污染技术。

对于含油污水，船舶宜安装符合相关法规及规范要求并经形式认可的油水分离器，采用重力分离、聚合分离、吸附过滤或膜法过滤等处理技术及其组合工艺。

对于船舶生活污水中的黑水，船上处理宜采用膜生物反应器、接触氧化法、电解法、膜过滤、臭氧消毒、紫外线消毒等技术及其组合工艺，减少五日生化需氧量、悬浮物、耐热大肠菌群、化学需氧量和总氯（总余氯）的排放。新安装（含更换）黑水处理装置的客运船舶，应增加高效的脱氮除磷一体化处理工艺，将黑水处理后达标排放至内河。

对于船舶生活污水中的灰水，鼓励逐步实施灰水管控，船舶灰水处理宜采用模块集成处理装置。船舶生活污水处理装置宜具有集成度高、一体化、占地面积小、耐冲击负荷、处理效果稳定等特点。同时，坚持泥水并重，船舶生活污水处理宜采用污泥产生量少的技术，应将污泥及时排入接收设施或排至适用的船上焚烧炉。

（4）岸上接收与处理控制措施。

1）强调岸上接收与处理设施的统筹规划与建设。港口、码头、装卸站和船舶修造厂所在地市、县级人民政府应按《中华人民共和国水污染防治法》等法律要求，统筹规划建设船舶污染物、废弃物的接收、转运和处置设施，宜与其他市政设施衔接，集约高效运行。合理区分建设重点，港口应建设船舶含油污水接收设施，鼓励地方人民政府在港口建设船舶含油污水处理和回用设施。岸上处理处置污泥、船舶垃圾，宜送交市政设施处置。

2）明确岸上处理设施的排放控制要求。港口码头建设的污水处理设施向环境水体排放水污染物应满足国家和地方相关水污染物排放标准和排污许可证要求。港口码头建设的污水接收设施或处理设施排向污水集中处理设施的，应执行间接排放标准或满足污水集中处理设施的预处理要求。地方政府有更严格要求的，从其规定。

3）加强环境风险防范，推动内河船舶含有毒液体物质的污水的接收和处理设施的建设和运行。鼓励建设国际公约中要求的其他船舶污染物的接收与处理处置设施。

（二）内源污染控制技术

（1）底泥修复与处理技术。

底泥修复与处理技术分为原位控制和异位控制。原位控制又称为原位修复，是指在原地利用物理、化学及生物等技术对污染底泥进行控制或修复的方法，可以分为物理覆盖技术、化学控制技术、生物修复技术；异位控制是指把底泥搬运到其他地方进行控制或处理的一种方法，可以分为底泥疏浚、干式热处理、淋洗法等。具体技术简介、材料、特点见表5-17。

（2）底泥资源化利用技术。

1）土地利用。底泥的土地利用是一种符合国情的安全积极的底泥处置方式，此方法要求底泥有机质的含量比较多，需去除有害的病菌、病原体、重金属、难分解的持久性有害有机物等物质，避免长期使用对人体及土地的毒副作用。底泥中含有丰富的有机物和氮、磷、钾等营养元素以及植物生长必需的各种微量元素钙、镁、铁等，施用后能够改良

表 5-17   底泥修复与处理技术对比

类型	技术名称		技术简介	使用材料	技术特点
原位控制技术	物理覆盖技术		在污染的底泥上放置一层或多层覆盖物，使污染底泥与上覆水体隔离，防止底泥向水体释放污染物	清洁底泥、清洁砂子、砾石、钙质润土、灰渣、人工沸石、水泥和其他人工合成材料等	(1) 能有效防止底泥污染物进入水体而产生二次污染； (2) 技术工程量大，需要大量覆盖物； (3) 对持久性有毒污染物污染底泥的修复效果非常明显； (4) 不适于河流、湖泊、港口和水库，只适用于深海底泥修复
	化学控制技术		是指利用化学药剂通过絮凝沉淀等作用将污染物稳定在底泥中，对于磷的控制有较好的效果	铝盐、铁盐、聚丙烯酰胺等	(1) 成本较低； (2) 操作简单； (3) 可能会对水质产生一定的影响
	生物修复技术	微生物	是指采用微生物降解底泥中的污染物质，减少底泥中的污染物向上覆水体的释放	人工驯化、固定化微生物和转基因工程菌等	(1) 成本较低； (2) 处理效率高； (3) 不破坏原有生态
		植物	是指通过植物自身的生长代谢大量吸收底泥中的氮、磷等营养物质，还可以富集不同类型的重金属或吸收降解某些有机污染物	沉水植物和挺水植物	
异位控制技术	底泥疏浚	工程疏浚	是指通过挖除表层的底泥，增加水体容积、维持航道深度的作用	—	(1) 底泥污染控制效果不佳； (2) 疏浚深度较深，一般在几米到几十米不等，无法保留水底的生态环境，难以为疏浚后的生态重建提供合适的条件
		环保疏浚	是指通过挖除表层的污染底泥，控制和减少底泥污染物释放，从而起到改善水环境质量的作用	—	(1) 疏浚精度高； (2) 疏浚深度一般在1m以下，对水底的生态环境影响不大，短期内可使原有的生态系统得以恢复； (3) 疏浚挖出大量的污染底泥处理难度较大
	干式热处理	污泥干化	是指通过直接或间接的加热方式，进行低温处理，使污泥脱水、减容，同时使泥性趋于稳定化	—	(1) 成本较高； (2) 有可能产生二次污染； (3) 处理产物需与其他方法结合使用进行最终处置
		焚烧	是指将底泥作为固体燃料投入焚化炉中，使其与氧发生反应，转化成高温的燃烧气和少量性质稳定的固定残渣	—	
	淋洗法		是指将水、油或其他能够促进污染物溶出、溶解迁移的溶剂掺入或注入污染的底泥中	酸、碱、表面活性剂、植物油和EDTA（乙二胺四乙酸）络合剂等	(1) 需谨慎选取和研制高效淋洗剂，不破坏土壤的结构，不能造成二次污染； (2) 费用太高，难以广泛使用

农田的土壤结构、增加土壤肥力、促进农作物的生长。但是底泥中也含大量病原菌、寄生虫，以及铜、铝、锌、铬、汞等重金属和多氯联苯、二噁英、放射性元素等难降解的有毒有害物。所以，底泥要土地利用必须经无毒无害处理，否则底泥中的有毒有害物会导致水体或土壤二次污染。

2）建筑材料。底泥中除了有机物和重金属外，还含有 20％左右的矿物元素，如硅、铁、铝、钙等，其组成与黏土基本相似。以往的技术都是以污泥焚烧灰作为原料生产建材，现在可直接利用污泥作为原料来生产建材，这样可充分利用污泥自身的热值，节省能耗，节约投资，目前相关方面的技术已开发成功。污泥制水泥的原料有三种形式：脱水污泥、干燥污泥、污泥焚烧灰。现已确认以污泥为原料生产水泥时，水泥窑排出的气体中 NO_x 含量减少 40％，这是因为污泥中氮在高温下挥发，与气体中的 NO_x 反应，使之分解，从而起到脱硝剂的作用。另外还有污泥制轻质陶瓷、污泥制微晶玻璃、污泥制生化纤维板。选取适当的利用途径，可能实现清淤底泥不脱水直接利用，成功地把污泥处理费用转移到有用的产品生产上来，因此，污染底泥用于建筑材料有着显著的节能效果，但其适用于性质稳定、有机质的含量比较低、黏土成分的含量高，无毒害且不含具有放射性的元素的污染底泥。

3）填方材料。疏浚底泥可以通过脱水、固化和热处理等预处理方法使其满足作为填方材料的要求，固化土有透水性小、强度高、不易固结沉降的特点，一般应用于道路路基、低洼地区的回填和筑堤材料。

4）污水处理材料。疏浚底泥能制备污水处理填料与其自身性质有关，含有大量的腐殖质，对金属离子有吸附交换和络合的作用，并且其吸附能力与底泥表面积有关，表面积越大，吸附能力越强，所以粉状底泥较颗粒状底泥具有更强的吸附能力和富集能力。此技术制备的产品应用于污水处理，具有良好的环保效益。

第六章

地 下 水 污 染 防 治

地下水资源是全球水资源的重要组成部分，与地表水资源联系密切，两者相互影响、相互转化。在开展流域的水资源管理和保护、水污染防治和生态健康等工作时，有必要对地下水给予足够的重视。地下水污染主要指人类活动引起地下水化学成分、物理性质和生物学特性发生改变而使质量下降的现象。由于地表以下地层复杂，地下水流动极其缓慢，造成地下水污染具有过程缓慢、不易发现和难以治理的特点。《水污染防治行动计划》中强调要严格控制地下水超采区，遏制地下水污染加剧的趋势，将全国地下水质量极差的比例控制在15％左右。因此，开展地下水污染防治工作对当前我国水体污染控制与治理具有重要意义。

第一节　地下水污染问题分析

一、地下水污染及环境保护现状

根据《中国环境状况公报》，2016年，以地下水含水系统为单元，以潜水为主的浅层地下水和承压水为主的中深层地下水为对象，国土资源部门对全国31个省（自治区、直辖市）225个地市级行政区的6124个监测点（其中国家级监测点1000个）开展了地下水水质监测。评价结果显示：水质为优良级、良好级、较好级、较差级和极差级的监测点分别占10.1％、25.4％、4.4％、45.4％和14.7％。主要超标指标为锰、铁、总硬度、溶解性总固体、"三氮"（亚硝酸盐氮、硝酸盐氮和氨氮）、硫酸盐、氟化物等，个别监测点存在砷、铅、汞、六价铬、镉等重（类）金属超标现象。

水利部门流域地下水水质监测井主要分布于松辽平原、黄淮海平原、山西及西北地区盆地和平原、江汉平原重点区域，监测对象以浅层地下水为主，基本涵盖了地下水开发利用程度较大、污染较严重的地区。2104个测站地下水质量综合评价结果显示：水质评价结果总体较差。水质优良的测站比例为2.9％，良好的测站比例为21.2％，无较好的测站，较差的测站比例为56.2％，极差的测站比例为19.8％。主要污染指标除总硬度、溶解性总固体、锰、铁和氟化物可能由于水文地质化学背景值偏高外，"三氮"污染情况较重，部分地区存在一定程度的重金属和有毒有机物污染。

据近十几年地下水水质变化情况的不完全统计分析，初步判断我国地下水污染的趋势为：由点状、条带状向面上扩散，由浅层深层渗透，由城市向周边蔓延。南方地区地下水环境质量变化趋势以保持相对稳定为主，地下水污染主要发生在城市及其周边地区；北方地区地下水环境质量变化趋势以下降为主。其中，华北地区地下水环境质量进一步恶化；

西北地区地下水环境质量总体保持稳定，局部有所恶化，特别是大中城市及其周边地区、农业开发区地下水污染不断加重；东北地区地下水环境质量以下降为主，大中城市及其周边和农业开发区污染有所加重，地下水污染从城市向周围蔓延。

党中央、国务院高度重视地下水环境保护工作，不断加强地下水环境保护与污染控制工作的力度。2011年10月环境保护部、国土资源部与水利部发布了《全国地下水污染防治规划（2011—2020年）》（以下简称《规划》），按照"预防为主，综合防治；突出重点，分类指导；落实责任，强化监管"的原则，以全面提升监管能力，改善地下水水质，加强污染风险防范能力为目标，提出开展地下水污染状况调查；持续削减城镇生活、农田面源污染负荷，加强重点工业企业、土壤对地下水污染的防控监管力度；建立地下水污染风险防范体系，建立预警预报标准库，构建地下水污染预报、应急信息发布和综合信息社会化服务系统等主要任务。2013年2—3月，为认真落实《规划》有关要求，环境保护部针对华北平原重点区域——北京、天津、河北、山西、山东及河南开展了工业企业废水排放去向和污染物达标排放情况排查。2013年4月，环境保护部、国土资源部、水利部、住建部联合发布《华北平原地下水污染防治工作方案》，依照"预防为主，协同控制；分区防治，突出重点；加强监控，循序渐进"的原则，以全面监控华北平原地下水环境质量和污染源状况，改善重点区域地下水水质为目标，将华北平原及其地下水重要补给区划分为30个污染防治单元，提出建立华北平原地下水质量监测网，控制地表水下渗影响，加强重点污染源和重点区域的污染防治等主要任务。自2015年起，国土资源部组织开展了我国首轮地下水污染调查评价工作，完成了主要区域的地下水污染调查工作，全面掌握地下水污染状况。2016年1月，环境保护部发布了《环境影响评价技术导则　地下水环境》（HJ 610—2016），该标准规定了地下水环境影响评价的原则、内容、工作程序、方法和要求，规范和指导了建设项目地下水环境影响评价工作。

二、地下水污染问题分析

国内地下水污染防治工作面临许多困难和问题。例如，在政策法规层面，水资源管理法律体系不完善，宏观政策框架较缺乏；在施政策略层面，管理单元划分欠合理，市场经济调节方式单一；在具体工作方向层面，压采控采难度较大，水源补给及水质保护开展不足等，具体问题分析如下。

（一）法律体系不完善，政策框架较缺乏

我国目前只在已颁布的水法及其他相关法规政策中对地下水资源开发与管理做出了一些分散规定，尚未制定出关于地下水资源管理与保护的专项法律或法规。如《中华人民共和国水法》第二十五条、第三十六条规定"控制和降低地下水的水位""严格控制开采地下水"；《中华人民共和国水污染防治法》第三十八条规定"兴建地下工程设施或者进行地下勘探、采矿等活动，应当采取防护性措施，防止地下水污染"，但对于如何采取措施保护地下水环境、防止地下水污染，如何对已受污染的地下水进行修复，并未给出具体的规定，使得相关条款实施难度较大。法制建设是依法管水、依法治水的前提，地下水管理立法工作亟待提速。我国虽然编制了多个国家级地下水相关规划，但大都属于专业技术性规划，有关地下水管理政策的宏观性指导框架或策略规划还较为缺乏。如此一来，无论是全国层面，还是流域、省（自治区）层面，地下水管理施政策略的全局协调性和持续性将大

打折扣。

（二）管理单元划分欠合理，环境监管能力较薄弱

在地下水资源评价、开发规划中普遍采取水文地质单元套行政分区的划分方法，如此划分方式为地下水管理工作带来一定难度。科学划分同一水文地质单元而不同行政分区内的地下水资源量值得深入商榷。如何公平、公正、合理地将地下水用水总量指标分解到各行政分区是较为突出的技术性问题。目前我国在地下水环境监管中尚缺乏完善的有关地下水污染场地调查评估标准、治理修复标准及相关技术规范。污染场地的风险管理中则更多地关注表层土壤和包气带，以往的污染场地监管中也很少考虑地下水污染风险管理，相对于大气、地表水和土壤污染，地下水污染不易察觉，易被忽视。随着我国经济社会快速发展对水资源需求的不断增加，因地下水污染而引发的相关问题正受到越来越多的关注，有关地下水污染风险管理的工作亟待加强。

（三）压采控采难度大，水源补给工作待突破

在替代水源缺乏地区，地下水超采问题长期存在。在已规划替代水源地区，也存在压采目标无法顺利实现的风险。如何确保农村地区输配水工程高效覆盖，保证替代水源输送；如何确保污水处理工程的常态运转，保证再生水水质；如何调动农民积极性转变用水观念，减少对地下水的依赖；如何有效监督管理农村地区封填井工作，保证压采目标实现等问题，都将为压采工作的推行带来不小的影响。在 20 世纪 70 年代，我国以控制地面沉降、防止海水入侵为目的的人工回灌工程逐渐兴起。目前，上海、北京、河北、山东等地都建有不同规模的地下水人工补给工程，但由于相关技术发展滞后、管理经验缺乏、运行保障不善等原因，国内地下水人工调蓄工作尚未广泛开展。国家层面相关政策、规划、技术研究基本处于停滞状态，有关地下水人工补给的管理问题与技术问题还处于初期探索阶段，尚未形成系统的技术理论体系和完善的指导管理体系。

（四）水质保护工作开展不足，重点污染源治理有待加强

目前不论是地下水开采还是保护行动，地下水管理工作的重点仍是水量管理，而对水质保护工作开展不足。因此，加强水资源保护职能，积极探索地下水水源防污保护工作，防止地下水水质恶化，保障供水安全，是目前地下水管理工作需要突破的方向。我国存在大量的地下水污染场地，由于这些污染场地的类型不同，主要污染物、污染机理和特性复杂，给地下水资源带来了严重的威胁，亟须开展研究。我国地下水污染的场地数量巨大，仅就城市生活垃圾填埋场渗滤液泄漏导致的地下水污染问题就十分严重，几乎所有的城市都被垃圾填埋场"包围"，而这些以前建设的垃圾填埋场大多没有有效的卫生防护措施，造成了浅层地下水污染的普遍问题。又如城市众多的加油站地下储油罐泄漏，以及污水排放管线的泄漏等问题也比较普遍，造成了地下水的污染，形成了众多的污染场地。

（五）修复技术支撑能力不强，治理资金缺乏有效保障

我国目前的地下水修复治理技术尚不成熟，多数技术仍处于实验室模拟研究阶段，缺乏工程实践，技术与装备研发落后于发达国家。国外在土壤和地下水修复技术的选择上常通过专家决策系统来筛选最适用的修复技术，并初步建立了较系统的地下水修复技术筛选体系。目前我国缺乏土壤和地下水修复技术筛选体系，难以满足当前土壤污染和地下水修复工作的需求。此外，当前我国污染场地土壤和地下水修复治理资金一般来源于各级政府或土地开发商，资金来源有限，资金缺乏成为制约污染土壤和修复地下水的一个关键因素。

第二节 地下水防治的控制方案及管理机制

"加强水污染防治，统筹水上、岸上污染治理，排查入河（湖）污染源，优化入河（湖）排污口布局"是河长制的重要任务之一。过去，人们在开展水污染防治等工作时，更多着眼于独立的地表水系统或地下水系统，地表水与地下水的交换转化常被忽视，这导致了水污染防治工作往往不能从根本上发挥作用。为了改变这种情况，各级河长在组织领导相应河湖的水污染防治工作时，需要更多地考虑地表地下水的水量交换、物质交换，建立起一个区域的地表—地下协同共治系统。在具体工作中应按照《全国地下水污染防治规划（2011—2020年）》中提到的目标、主要任务和保障措施制定相应的控制方案及管理机制。

一、地下水防治控制方案

（一）开展地下水污染状况调查

考虑地下水水文地质结构、脆弱性、污染状况、水资源禀赋及其使用功能和行政区划等因素，建立地下水污染防治区划体系，划定地下水污染治理区、防控区及一般保护区。针对我国地下水污染物来源复杂、有机污染日益凸显、污染总体状况不清的现状，基于新一轮全国地下水资源评价、全国水资源评价、第一次全国污染源普查和全国土壤污染状况调查成果，从区域和重点地区两个层面，开展地下水污染状况调查。

（二）严格控制影响地下水的城镇污染

持续削减影响地下水水质的城镇生活污染负荷，控制城镇生活污水、污泥及生活垃圾对地下水的影响。在提高城镇生活污水处理率和回用率的同时，加强现有合流管网系统改造，减少管网渗漏。规范污泥处置系统建设，严格按照污泥处理标准及堆存处置要求对污泥进行无害化处理处置。逐步开展城市污水管网渗漏排查工作，结合城市基础设施建设和改造，建立健全城市地下水污染监督、检查、管理及修复机制。

（三）强化重点工业地下水污染防治

加强重点工业行业地下水环境监管。定期评估有关工业企业及周边地下水环境安全隐患，定期检查地下水污染区域内重点工业企业的污染治理状况。依法关停造成地下水严重污染事件的企业。建立工业企业地下水影响分级管理体系，以石油炼化、焦化、黑色金属冶炼及压延加工业等排放重金属和其他有毒有害污染物的工业行业为重点。防范石油化工行业污染地下水，防控地下工程设施或活动对地下水的污染。采用科学合理的防护措施，尽量减少地下工程设施建设，尤其是隧道开挖对地下水的影响。整顿或关闭对地下水影响大、环境管理水平差的矿山，控制工业危险废物对地下水的影响。加快完成综合性危险废物处置中心建设，重点做好地下水污染防治工作。加强危险废物堆放场地治理，防止对地下水的污染，开展危险废物污染场地地下水污染调查评估，针对铬渣、锰渣堆放场及工业尾矿库等开展地下水污染防治示范工作。

（四）分类控制农业面源对地下水污染的影响

逐步控制农业面源污染对地下水的影响。对由于农业面源污染导致地下水氨氮、硝酸盐氮、亚硝酸盐氮超标的华北平原和长江三角洲等地区，特别是粮食主产区和地下水污染较重的平原区，要大力推广测土配方施肥技术，积极引导农民科学施肥，使用生物农药或高效、低毒、低残留农药，推广病虫草害综合防治、生物防治和精准施药等技术。开展种植业结构调整与布局优化，在地下水高污染风险区优先种植需肥量低、环境效益突出的农作物。严格控制地下水饮用水水源补给区农业面源污染，通过工程技术、生态补偿等综合措施，在水源补给区内科学合理使用化肥和农药，积极发展生态及有机农业。

（五）加强纳污坑塘地下水环境整治

加强工业类纳污坑塘地下水环境整治。应将导致地下水或土壤中污染物浓度水平明显高于所在地环境背景值的工业类纳污坑塘作为整治重点。针对工业类纳污坑塘，应选择科学可行的治理方法，实行水、土同步治理，不应仅采取简单的加药处理和覆土回填等方式进行治理；针对农村生活类纳污坑塘，应完善农村环保基础设施建设、加强生活垃圾收集处理等改善农村环境质量；针对养殖类纳污坑塘，可与畜禽养殖污染防治工作结合，通过禁养区划定整治、资源利用等方式，改善畜禽废水无序排放现状，消除养殖类纳污坑塘污染，推进畜禽养殖业污染防治工作。

（六）加强土壤对地下水污染的防控

逐步开展土壤污染对地下水环境影响的风险评估。结合全国土壤污染状况调查工作成果，加强地下水水源补给区污染土壤环境质量监测，评估污染土壤对地下水环境安全构成的风险，研究制定相应的污染土壤治理措施。严格控制污水灌溉对地下水造成污染。要科学分析灌区水文地质条件等因素，客观评价污水灌溉的适用性。避免在土壤渗透性强、地下水位高、含水层露头区进行污水灌溉，防止灌溉引水量过大，杜绝污水漫灌和倒灌引起深层渗漏污染地下水。污水灌溉的水质要达到灌溉用水水质标准。定期开展污灌区地下水监测，建立健全污水灌溉管理体系。

（七）有计划地开展地下水污染修复

开展典型地下水污染场地修复。借鉴国外地下水污染修复技术经验，在地下水污染问题突出的工业危险废物堆存、垃圾填埋、矿山开采、石油化工行业生产（包括勘探开发、加工、储运和销售）等区域，筛选典型污染场地，积极开展地下水污染修复试点工作。开展沿海地区海水入侵综合防治示范，严格控制海水入侵易发区地下水开采，采取综合措施，加快海水入侵区地下水保护治理，防止海水入侵。切断废弃钻井、矿井、取水井等地下水污染途径，报废的各类钻井、矿井、取水井要由使用单位负责封井，及时开展废弃井回填工作，并保证封井质量，避免引起各层地下水串层污染，防止污染物通过各类废弃设施进入地下水。

（八）建立健全地下水环境监测体系

在国土资源、水利及环境保护等部门已有的地下水监测工作基础上，充分衔接"国家地下水监测工程"监测网络，整合并优化地下水环境监测布设点位，完善地下水环境监测网络，实现地下水环境监测信息共享。建立地下水污染风险防范体系。建立预警预报标准库，构建地下水污染预报、应急信息发布和综合信息社会化服务系统。制定地下水污染防治应急措施，增强供水厂对地下水污染物的应急处理能力，强化水处理工艺的净化效果。加强地下水环境监管，提高地下水环境保护执法装备水平，重点加强工业危险废物堆放场、石化企业、矿山渣场、加油站及垃圾填埋场地下水环境监察。定期检查重点企业和垃圾填埋场的污染治理情况，评估企业和垃圾填埋场周边地下水环境状况，排查安全隐患。全过程监管地下水资源的开发利用，分层开采水质差异大的多层地下水含水层，不得混合开采已受污染的潜水和承压水，人工回灌不得恶化地下水质。提高用水效率，节约使用地下水，严格实施地下水用水总量控制。研究制定地下水超采区及生态环境敏感区的压采和限采方案，保障地下水采补平衡，避免造成地下水环境污染及生态破坏。

（九）加强地下水—地表水协同共治

考虑到地表水与地下水两者之间水量、水质可以相互交换，其中任何一方产生污染势必引起另一方一系列的水环境及其伴生的生态环境问题。因此，在地下水污染控制与修复以及地表水体水污染治理中，有必要对地表水与地下水进行协同控制，从法律监管、技术攻关和公众监督等方面，构建地表水与地下水协同控制下新的水环境治理模式。

（1）统筹规划地表水—地下水污染防治，建立包含地表水—地下水的完整水环境监管体系。其中，监测技术体系的构建是实现地表水—地下水水质联合管控的第一要求。构建地表水—地下水环境监测评价体系和信息共享平台，实现我国从地表到地下、从宏观（区域尺度）到微观（场地尺度）的水环境监管体系。

（2）深化地表水—地下水水质水量相互转化研究，构建地表水—地下水联合风险预警平台。需要研发一套适合于我国国情及水环境现状的地表水—地下水联合模拟预测技术体系，包括基础数据库建设、模拟软件研发以及模拟信息平台构建等，真正实现地表水—地下水环境的直观数字化管理。

（3）加大地表水—地下水污染防治科研力度，针对有毒有害有机物、重金属等对人类健康影响较大的指标开展研究，重视地表水—地下水污染联合防治技术研发。

二、地下水防治管理机制

（一）完善法规标准、加强执法管理

建立和完善地下水污染防治法律法规体系。统筹协调相关法律法规的关系，建立健全地下水环境管理和污染防治方面的政策法规。加快制定并完善与地下水环境资源利用和管理、污染责任追究和补偿、地下水环境标准和评价等方面相关的规章。建立地下水污染责任终身追究制，对造成地下水环境危害的有关单位和个人要依法追究责任，并进行环境损害赔偿，构成犯罪的，依法移送司法机关。借鉴国际先进经验，在完善相关环境标准体系的过程中，兼顾地下水环境保护的需求。各地也要加快配套法规标准体系的建设。

严格执法，依法查处违法违规行为。严格落实《水污染防治法》、环境影响评价制度和取水许可制度。对于污染地下水的建设项目和活动，要依法严格查处。对于涉及地下水污染治理工程、修复示范工程、综合整治工程以及相关人口搬迁工程的建设项目，应根据《中华人民共和国环境影响评价法》的要求，开展环境影响评价工作。建立健全地下水污染责任认定、损失核算以及补偿等机制，严格执行污染物排放总量控制制度及排污许可证制度。加强地下水饮用水源、典型污染场地和人工回灌区等区域的监督管理，进一步加强农村地区、西部地区和地下水敏感区域的环境执法，防止地下水污染较重的企业向农村或西部地区转移。建立跨部门的地下水污染防治联动机制，形成合建、共享、互动的监管体系。开展地下水污染防治专项行动，提高地下水污染防治执法、监督和管理水平。

（二）明确责任分工、加强组织协调

加强部门协调。环境保护部会同国土资源部、发展改革委、财政部、住建部、水利部、卫生部、工业和信息化部、总后勤部等部门和单位，指导、协调和督促、检查地下水污染防治规划的实施；会同国土资源部、住建部、水利部、卫生部等部门，统一规划、完善地下水环境监测网络，联合建立地下水环境监测评价体系和信息共享平台；联合国土资源部、水利部、财政部，会同有关部门开展全国地下水基础环境状况调查评估，提出地下水污染防治的对策意见。军事区域地下水污染防治工作，由总后勤部负责组织实施。各有关部门要按照职责分工，建立联动机制，密切配合，及时解决工作中存在的问题。

落实企业法律责任。有关单位应严格按照国家地下水保护和污染防治要求，切实履行监测、管理和治理责任，采取严格的防护措施，隔断地下水污染途径。对于造成污染的，应依法承担治理责任。工业危险废物堆放场、垃圾填埋场和重点石油化工企业应定期开展地下水环境监测，实施综合防治，降低污染负荷，防范环境风险。

（三）重视科学研究、增强技术支撑

加大科技研发力度。国家重大科技专项、国家科技计划、地方科技计划要重点支持地下水污染防治等相关课题研究。加强地下水环境监测、地下水脆弱性评价、地下水环境模拟预测、地下水环境风险评估、地下水控制和修复以及地下水污染对人体健康影响等方面的研究。围绕地下水饮用水水源污染防治、典型场地地下水污染治理、地下水污染修复、农业面源污染防治等内容，不断加大科技投入，提升地下水污染防治科技水平。

建立健全科技推广体系。鼓励大专院校、科研院所和相关企业加强针对性强、技术含量高的地下水污染防治应用技术研发。积极引进、消化、吸收国外先进适用治理技术及管理经验，开展地下水污染防治技术研究，科学制定地下水污染防治技术规范和指南，逐步建立先进实用技术目录，积极培育相关产业。

（四）创新经济政策、拓展融资渠道

地方各级人民政府要加大地下水污染防治的资金投入，建立多元化环保投融资机制，拓展融资渠道，落实规划项目资金，积极推进规划实施。相关企业要积极筹集治理资金，确保治理任务按时完成。要做好项目前期工作，现有相关渠道要加大对地下水污染防治项目资金的支持力度。加强与城市饮用水安全保障规划等相关规划的衔接，加强与其他污染防治项目的协调，突出重点，强化绩效。对于符合国家支持政策的规划项目，待具备条件后，可在现有投资渠道中予以统筹考虑。

进一步完善排污收费制度，加大排污费征收力度，有效调动企业治污积极性。从高制定地下水水资源费征收标准，完善差别水价等政策，加大征收力度，限制地下水过量开采。探索建立受益地区对地下水饮用水水源保护区的生态补偿机制。鼓励社会资本参与污染防治设施的建设和运行。

（五）加强舆论宣传、鼓励公众参与

综合利用电视、互联网、广播、报刊、杂志等大众媒体，结合世界环境日、地球日等重要环保宣传活动，有计划、有针对性地普及地下水污染防治知识，宣传地下水污染的危害性和防治的重要性，增强公众地下水保护的危机意识，形成全社会保护地下水环境的良好氛围。依托多元主体，开展形式多样的教育活动，构建地下水环境保护全民教育体系。

第三节　地下水污染处理与修复技术及案例分析

地下水污染防治主要针对污染场地的控制和修复，首先要控制污染物的来源，然后考虑污染物的削减，包括浓度、毒性的降低，以及污染物在环境中的迁移能力的降低等。要研究污染物在地下环境中的迁移和转化作用，建立数值模型进行模拟预报，从污染的途径上来阻断污染物的迁移，进行污染源的控制。最后，进行基于风险评估的已污染场地的治理和修复。

一、地下水污染处理与修复技术

（一）地下水污染异位处理技术

（1）污染土地开挖法。

对于污染范围较小的情形，可以采用开挖污染源处的污染土体，进行处理去除污染源。这一方法对于地下水污染控制和治理的效果很好，但对于污染面积较大的场地，污染土体的开挖去除往往不现实，难以进行。

（2）抽出-处理法。

抽出-处理法是先抽取出已污染的地下水，然后在地表进行处理的方法。处理方法可以是物理化学法，也可以是微生物法等。通过不断地抽取污染地下水，使污染源的范围和污染程度逐渐减小，并使含水层介质中的污染物质通过向水中转化而得到清除。目前，抽出-处理法被应用于地下环境中易溶污染质的恢复和治理，有时需要注入表面活性剂来增强吸附在地层介质颗粒上的有机污染物的溶解性能，从而加快抽出-处理的速度。对于从含水层中抽取出来的污染地下水，可以采用环境工程污水处理的多种方法进行处理，如碳吸附方法、化学氧化以及微生物处理等。

（二）地下水污染原位修复技术

（1）化学修复法。

化学修复法是通过氧化、还原、有机金属络合等化学反应使重金属或有机物在原地转化为无毒或毒性小的形式，或形成沉淀而去除。显然，反应药剂的研究与开发是关键，它们应具有很高的活性，本身无毒，不会对地下水造成二次污染。

（2）生物修复法。

生物修复法就是利用原生微生物在污染场地不同区域的好氧、兼氧、厌氧微生物反应降解污染物质的环境修复方法。一般单纯利用原生微生物降解污染物，降解效率低，所需时间长。因此，强化原生微生物降解污染物的效率就十分关键。研究表明，微生物的降解效果与温度、营养物质、污染物的生物可利用率等因素有关。因此，修复的关键集中在通过传送营养物质、电子受体、表面活性剂、共代谢基质等增加微生物的活性、污染物的生物可利用性或添加生物催化剂加速生物降解速度和效率等方面。

（3）循环井修复技术。

循环井修复技术是为地下水创造三维环流模式而进行原位修复。该技术将吹脱、空气注入、气相抽提、强化生物修复和化学氧化等多种技术结合应用在井中，能够促进污染物的溶解和运移，通过在井内曝气，使地下水形成循环，携带溶解在地下水中的挥发和半挥发性有机物进入内井，通过曝气吹脱去除。地下水循环井在设计上将含水层的地下水自双筛漏井的一个漏筛段抽取至井内，再由另一个漏筛段排出，从而在井的周围的含水层产生了原地垂直地下水循环流，井内两段漏筛间的压力梯度差是这个循环流的驱动力。

（4）污染土壤气体提取法。

气体提取法是对土壤挥发性有机污染进行原地恢复、处理的一种新方法，它用来处理包气带中岩石介质的污染问题。使包气带土（或土—水）中的污染物质进入气相，进而排出。SVE（土壤气体提取）系统要求在包气带中设立抽气井（井群），使用真空泵在地表抽取包气带中的空气，抽出的气体要经过除水汽和碳吸附后排入大气。可以在污染了的土壤附近设置空气补给井，以加强空气在包气带中的运动，或在补给井中加压注气等。微生物排气法也是SVE的一种方法，它是在包气带中注入和抽取空气，以增加地下氧气浓度，加速非饱和带微生物的降解。本方法可应用于所有可降解的污染物，但实际常应用于石油碳氢化合物污染的治理，而且已经有成功的实例。

（5）井中气提法。

井中气体去除方法包括使地下水进行循环，在去除井中使地下水中的挥发性有机物VOCs汽化，污染气体可以抽取至地表处理或进入包气带用微生物降解。部分处理后的地下水可通过井注入包气带，再入渗到地下水面，未处理的地下水从底部进入井中取代被抽取的地下水，部分处理的地下水又逐渐循环进入水井被抽取处理，由此不断循环，直至达到处理的目标。

（6）原位冲洗法。

原位冲洗法是将液体注入或渗入土壤、地下水污染带，在下游抽取地下水和冲洗混合液，然后再注入地下或进行地上处理。冲洗液可以是水、表面活性剂、潜溶剂或其他物质。这种方法由于加强了对空隙的冲洗效果和作用，从而可以增大传统抽取-处理法的处理效果。该方法的应用成功与具体场地的情况密切相关。虽然该处理方法不受污染深度和位置的限制，但需要事先进行大量的资料收集和可行性研究。

（7）可渗透反应墙。

可渗透反应墙是在地下安装透水的活性材料墙体拦截污染物羽状体，当污染羽状体通过反应墙时，污染物在可渗透反应墙内发生沉淀、吸附、氧化还原、生物降解等作用得以去除或转化，从而实现地下水净化的目的。该方法适用于处理碳氢化合物［如BTEX（苯、甲苯、乙苯、二甲苯）、石油烃］、氯代脂肪烃、氯代芳香烃、金属、非金属、硝酸盐、硫酸盐、放射性物质等污染物。不适用于承压含水层，不宜用于含水层深度超过10m的非承压含水层，对反应墙中沉淀和反应介质的更换、维护、监测要求较高。

（8）电动力学法。

电动力学法可以使污染物从地下水、淤泥、沉积物和饱和或非饱和的土壤中分离或提取出来。电动力学法治理的目标是：通过电渗、电移或电泳现象，形成附加电场影响地下污染物的迁移。当在土壤中施加低压电流时会产生这些现象。这三种过程的基本特点是：在污染后的土体两侧设置电极并施加电压。这种方法主要是用来处理具有低渗透性的土体污染问题。在使用该方法前，应进行一系列实验分析，以确定该方法是否适用于拟处理场地。

二、地下水污染防治案例

（一）案例1——深圳市宝安区

（1）区域概况。

深圳市宝安区，位于深圳市西北部，全区总面积约 $392km^2$。宝安区地下水以第四系孔隙水和基岩裂隙水为主要类型，地下水水质整体状况不佳，地下水中氨氮、重金属、痕量有机污染物等为主要污染因子。水质较差的地下水主要分布在北部，尤其是工业园区。松岗街道工业园区是地下水污染最为严重的区域，石岩街道北部、福永街道西部水质相对较好。

宝安区地下水污染的主要来源是工业污染、生活污水、危险废除处置场及加油站等。工业污染源以印刷电路板制造或金属表面处理及热处理加工行业为主，主要污染物为有机贴膜产生的有机污染物、电镀工艺中产生的铜、镍、铬等重金属以及氰化物；生活方面的污染物质主要包括 COD、BOD、总磷、氨氮、总氮、动植物油等；加油站对地下水的污染主要来源于站区生活污水中的 COD、氨氮以及油站清洗废水中的石油类污染物和 SS；危险废物污染排放主要包括医疗废水和工业废物，主要污染物有酸、碱、悬浮固体、BOD、COD 和有毒有害物质，以及病源性微生物；垃圾填埋场要污染物包括汞、铬、砷、铅、氨氮、总氮、总磷以及大肠菌等。

（2）综合治理工程。

1）铁岗—石岩水库饮用水源地周边地下水污染监控预警工程。调查重点污染源，选择合适的范围，沿地下水流的方向布设不同深度环境监测井、背景值监测井和污染控制监测井，实现水质数据实时监测、传输。加密采样点位，开展区域水文地质条件调查，预留风险应急工程用地，储备特征污染物修复技术库，设置前置或后置库及开展备用水源地建设，构建完整的饮用水源地污染源风险预警体系。

2）江碧工业园区地下水氨氮与塑化剂复合污染场地修复。开展浅层地下水—地表水氮污染和挥发酚运移高效阻断技术研究，实施复合介质渗透反应格栅修复地下水示范工程。工程包括：①污染场地水文地质特征刻画；②氨氮与挥发酚在污染场地及周围土壤、包气带和地下水中的分布规律；③建立污染溶质运移模型，揭示氨氮与挥发酚在土壤和地下水中的迁移转化机理；④开展针对氨氮与挥发酚复合污染的渗透反应墙、土壤气相抽提及其相关配套技术（微生物修复、原位加热技术）等关键修复技术室内试验研究和原位试验研究（其中土壤气相抽提及其相关配套技术的原位试验待选），评估修复效果，进行污染场地的修复方案设计。

3）加油站地下油罐防渗池或双层罐建设工程（以林岗加油站为例）。选择存在环境安全隐患的加油站实施更换双层存油罐或设置防渗池。主要工程是，在宝安区 29 个大型的加油站更换存油罐或在原有存油罐基础上设置防渗池，防止加油站附近地下水受到石油类或苯系物的污染。

4）老虎坑垃圾填埋场污染高效阻断工程。开展老虎坑垃圾填埋场渗漏液向地下水运移高效阻断技术研究，实施复合介质渗透反应格栅修复地下水示范工程。主体工程包括：①污染场地水文地质特征刻画；②建立污染溶质运移模型，揭示垃圾渗漏液土壤和地下水中的迁移转化机理；③开展针对垃圾渗漏液特征污染物的渗透反应墙、土壤气相抽提及其相关配套技术（微生物修复、原位加热技术）等关键修复技术室内试验研究和原位试验研究（其中土壤气相抽提及其相关配套技术的原位试验待选），评估修复效果，进行污染场地的修复方案设计。

（二）案例 2——吉林某污染场地

（1）区域概况。

吉林某污染场地治理工程为地下水修复项目，主要污染物包括重金属、有机物等。

（2）综合治理工程。

该工程共治理受污染地下水 70 万 m^3，采用的修复技术为抽出处理技术。具体实施方式是抽取已污染的地下水至地表，然后用地表污水处理技术进行处理，通过不断地抽取污染地下水，使污染源的范围和污染程度逐渐减小，并使含水层介质中的污染物通过向水中转化而得到清除。工程现场共建设 60 余口抽水井，抽出的污染地下水经絮凝沉淀联合臭氧氧化处理后达到入网标准，排入市政管网。该项目是全国规模最大的地下水抽出处理修复项目之一。

（三）案例 3——江苏某污染场地

（1）区域概况。

江苏某污染场地有机污染严重，污染物主要包括氯苯、苯和石油类等，污染深度最深达到 18m，治理难度大。

（2）综合治理工程。

该修复工程现场采用的主要技术包括原位注入协同化学氧化技术和原位搅拌化学氧化技术，在不改变污染区块地层结构的情况下，对污染区域进行修复治理。通过向土壤中添加氧化剂的方式把土壤中的污染物氧化为低毒、易生物降解的物质或者直接把污染物降解，将存在于土壤和水中的污染物降解为小分子，反应完全生成无害的二氧化碳、水和其他盐离子等，彻底去除污染物。该修复工程适用于苯系物、含氯溶剂、多氯联苯、多环芳烃等有机物的污染，作为有机物污染场地示范工程，取得了很好的成效。

第七章

入河排污口整治及水污染事件应急预案

入河排污口是造成江河湖库污染的直接污染源。本章第一节主要从入河排污口的现状、设置布局和监督管理三个方面介绍入河排污口整治存在的问题；第二节针对入河排污口存在的问题有针对性地论述控制方案与措施技术，并运用案例进行分析；第三节针对突发性水污染事件，提出相应的应急预案，由此降低突发性水污染事件对水体造成的影响。

第一节　入河排污口存在的问题

2017年3月23日，水利部印发《水利部关于进一步加强入河排污口监督管理工作的通知》（水资源〔2017〕138号）中指出，"入河排污口是污染物进入河湖的最后关口。近年来，各流域和省区针对入河排污口开展了大量监督管理工作，但从目前水资源管理专项监督检查情况看，部分省区依然存在现状情况不明、监管权责不清、设置布局不合理、监测能力和监管手段不足等问题，'不愿管、不敢管、管不了'的思想较为严重，已成为当前水资源保护和水生态文明建设的一块短板"。本节针对入河排污口存在的问题进行具体分析。

一、入河排污口现状情况不明确，信息统计工作较为滞后

由于入河排污口工作较为细致繁杂，且我国开展入河排污口普查工作较为滞后，使得入河排污口管理缺失较为严重。排污口名录更新不及时，大量新增、减少的入河排污口未能在台账中显示；现有入河排污口信息单一，仅设置单位等简单信息，对排污口类型、入河方式、入河污染物量、设置审批等关键信息缺失严重。

二、入河排污口布局不合理，部分河段点源污染依然严峻

部分城市的入河排污口缺乏科学、统一的布局规划，已设入河排污口位置不合理，其废污水排放与划定的水功能区管理要求不相适应，影响水功能区水质管理目标和用水安全，部分地区存在污水未经处理、散排入河的情况。我国仍有部分省市河段入河排污口数量多呈无序排放；或由于工业化进程快、城市化水平高，入河排污口监管能力不足，现状污染物入河量远超水体纳污能力，排污控制难度大。

三、入河排污口监督管理不到位，监测能力有待提高

（1）入河排污口设置同意与登记、审批程序未有效落实。多数新建、改建、扩建的入河排污口，在项目设置排污口环境影响评价审批时，未按照《中华人民共和国水法》要求征求相关水行政主管部门意见，缺少水行政主管部门出具的入河排污口设置同意意见或批复文件。

（2）入河排污口监控手段落后。一是水利部门在水质监测方面没有完整的监测网络，水利与环境保护的监测信息没有实现共享；二是水利部门现场监测主要还是人工单次现场测量，效率低。

（3）入河排污口监测监控能力不足。一是多数省（自治区、直辖市）由省级水文局（水环境监测中心）承担监督性监测任务，每年只能对主要入河排污口开展监督性监测。市级以下水利部门很少具备对特征污染物的监测资质，监督性监测能力滞后，监测覆盖面难以扩大。二是在线监测和计量监控等基础设施薄弱。仅有部分入河排污口在企业污染源排放口或排污入河过程中建设了自动监控系统，虽然环境保护部门对部分重点企业实施了自动（在线）监测，但仅是对出厂污水进行监测，无法全面、准确、及时掌握污染物入河情况。

（4）入河排污口监督性监测和日常督查工作不健全。目前，地方规模以上入河排污口监督性监测尚未做到全覆盖，重点行业以外的企业入河排污口监测频次偏少，入河排污口日常检查、巡查制度尚未健全。

（5）社会公众的监督作用没有得到充分发挥。入河排污口有关信息不翔实、监督举报电话等通信信息缺失、监督举报渠道不畅、公众参与入河排污口监督管理的激励机制没有建立、奖励措施没有制定，造成社会公众对入河排污口的监督管理作用无法得到发挥。

第二节　入河排污口控制方案及措施技术

为全面贯彻落实党的十九大精神，坚持生态优先、绿色发展，落实河长制关于水资源保护、水污染防治的要求，针对入河排污口存在的问题，本节提出了入河排污口控制方案及措施技术，分别从入河排污口调查、入河排污口布局与整治及入河排污口管理与监督进行论述。

一、入河排污口调查
（一）调查任务

（1）全面摸清辖区内入河排污口现状情况。查清入河排污口数量、所在位置、排入水体、排放规模、排放物质、入河方式、废污水排放量等基本情况。梳理辖区入河排污口相关法律法规、制度建设的落实情况，检查入河排污口登记和审批执行情况（含入河排污口设置同意、所在项目环境影响评价及排污许可证等）以及台账和统计工作、监督性监测、限制排污总量意见等工作落实情况，总结入河排污口监管方面好的经验和做法。

（2）查找入河排污口布局和监管中存在的问题。重点查找位于饮用水水源保护区、自然保护区等法律法规明令禁止设置区域内的入河排污口，以及位于不达标水功能区内和不符合相关布局规划或意见要求的入河排污口。梳理入河排污口监管方面存在的职责不明确、执法不到位、信息不共享等问题。

（3）全面清理违法违规设置的入河排污口。制定整改工作方案和综合整治计划，全面取缔位于饮用水水源区、自然保护区等禁止设置区域内的入河排污口，开展布局不合理、审批不健全、影响水功能区水质目标以及威胁饮用水安全等违规设置入河排污口的集中整改。

（4）建立健全入河排污口监管长效机制。完善入河排污口监管制度，建立动态管理台账。加强部门协同配合，建立入河排污口监管与环境影响评价、排污许可管理的联动与信息共享机制，提升入河排污口监管能力，加强入河排污口监督性监测和规范化设置。

（二）调查内容

按照《意见》要求，结合各自的实际情况，制定实施方案，组织开展入河排污口调查摸底工作，查清现状情况，归纳好的经验和做法，分析存在的问题，同步开展"边查边改"，建立入河排污口台账，并填写入河排污口基本信息调查表（表7-1）、入河排污口设置单位基本情况调查表（表7-2）、入河排污口监测情况统计表（表7-3）。

表 7-1　　　　　　　　　　　　入河排污口基本信息调查表

入河排污口名称	入河排污口编号	排入水体					入河排污口类型	入河排污口规模	设置时间	入河排污口所在位置							污水入河方式	排放方式	存在的问题						所在河段河长意见	
		所在水资源分区	河湖名称	水功能区编码	水功能区一级区	水功能区二级区				经度			纬度			所在地			所在保护区		距离下游最近取水口的距离/km	所在水功能区2017年水质是否达标	是否符合入河排污口有关布局规划或意见要求	其他情况	地市级	县级
										度	分	秒	度	分	秒				保护区名称	所在位置						

填表人：　　　　　　　　　校核：　　　　　　　　　主管领导审核：　　　　　　　　（单位公章）

联系电话：

填写说明：1. 入河排污口名称和编号按入河排污口管理技术导则（SL 532—2011）填写（下同），表7-2、表7-3所填入河排污口的顺序应与表7-1保持一致。2. 所在水资源分区应分别填写所在的水资源一级、二级区名称。3. 水功能区名称按照国务院或各省（自治区、直辖市）批复的水功能区划填写，开发利用区应填至水功能区二级区。4. 入河排污口类型按实际情况填写企业（工厂）入河排污口、市政生活入河排污口、雨污合流市政排水口或混合废污水入河排污口等。若是火电厂贯流式冷却水或矿山排水，应注明。5. 入河排污口规模分为"规模以上"和"规模以下"；其中，"规模以上"指日排废污水 300m³ 或年排废污水 10 万 m³ 以上。6. 设置时间填写年月。如有入河排污口存在改建或扩建情况的，应以改建或扩建时间为准。7. 入河排污口所在位置应确定其地理坐标，填写经度和纬度；所在地填写排入水体地点详细地址，包括所在的地市、县（区）、城市的区名或者县所辖的乡（镇）、村（街道）等详细信息。8. 污水入河方式按实际情况填写明渠、暗管、泵站、涵闸等。9. 排放方式按实际情况填写连续、间歇、季节性排放等。间歇或季节性排放应注明排放周期；无规律排放，也应注明。10. 存在的问题部分，"保护区"是指饮用水水源一级、二级保护区、自然保护区核心区、缓冲区以及其他国家明确禁止排污的其他水域；如入河排污口位于保护区内，应写明所在保护区名称及位置（饮用水水源一级保护区或二级保护区、自然保护区核心区或缓冲区等）。如不符合入河排污口有关布局规划或意见要求的，应注明原因；"其他情况"包括：是否在省级以上人民政府要求削减排污总量水域设置、不符合防洪要求、不符合法律法规和国家产业政策规定、不符合水行政主管部门其他规定条件等情况。11. 所在河段河长意见填写市、县级河长信息，包括河长姓名、职务、联系方式等。

表 7－2　　　　　　　　　　　　　入河排污口设置单位基本情况调查表

入河排污口名称	入河排污口编号	入河排污设置单位	单位性质	法人代表	组织机构代码	所属行业	联系地址	联系人		入河排污口登记或设置同意情况			所属项目环评情况			排污许可证情况		是否重点污染源	入河排污口规模	备注
								姓名	电话	办理的设置同意文件	办理的登记文件	设置同意的入河排放量、主要污染物质、排放位置	所属项目名称	审批单位及审批文号		证号	许可结论			

填表人：　　　　　　　校核：　　　　　　　　　主管领导审核：　　　　　　　（单位公章）
联系电话：

填写说明：1. 入河排污口设置单位填写入河排污口设置单位的法定全称（下同）；如入河排污口有多个设置单位的，应保持相同的入河排污口名称和编号，增加一行分别填写设置单位的相关信息。2. 单位性质填写企业、事业、个体工商户或其他（即除企业、事业和个体工商户以外的单位）等，企业可进一步区分国有独资、国有控股、中外合资、中外合作、外商独资、民营等。3. 所属行业主要分为：纺织印染、食品、造纸纸浆、冶金、电镀、石油、化工、制药、电子、污水处理厂、畜禽养殖及其他。4. 联系地址填写设置单位的详细地址，包括所在地市、县（区）、城市的区名或者县所辖的乡（镇）名。5. 联系人填写设置单位负责入河排污管理工作的具体人员姓名和联系电话。6. 入河排污口登记或设置同意情况中，"办理的设置同意文件"和"办理的登记文件"应填写文件或表格名称和文号；如未办理设置同意或登记手续，填写"无"。7. 所属项目环评情况填写入河排污口对应污染源所属项目的环境影响评价文件审批情况；如未办理，填写"无"。8. 排污许可证中的"许可结论"填写许可的废污水排放量、主要污染物排放量等信息；如未办理，填写"无"。9. 是否为重点污染源主要指入河排污口设置单位是否为环保部门认定的重点控制污染源，如是则填写"国控"或"省控"；如不是则填写"否"。10. 有其他需要说明的情况，在"备注"中填写。

表 7－3　　　　　　　　　　　　　入河排污口监测情况统计表

入河排污口名称	入河排污口编号	设置单位	执行的排放标准	入河排污口设置单位监测情况			入河排污口监督性监测情况			2017年入河废污水量	2017年入河主要污染物排放量/t						入河排污口规模	备注
				在线监测主要项目	人工监测		监测单位	监测频次	主要监测项目		COD	氨氮	总磷	总氮	总铜	……		
					监测频次	主要监测项目												

填表人：　　　　　　　校核：　　　　　　　　　主管领导审核：　　　　　　　（单位公章）
联系电话：

填写说明：1. 入河排污口如有多个设置单位的，应保持相同的入河排污口名称和编号，增加一行分别填写表格内的所有信息。2. 执行的排放标准应注明执行的排放标准名称和级别。3. 入河排污口设置单位监测情况指的是对出厂排污口的监测情况。4. 入河排污口监督性监测情况以地方水行政主管部门开展的监测为准；如有流域机构同时开展监测的，请注明。5. 2017年入河废污水量和主要污染物排放量，按照《入河排污量统计技术规程》（SL 662—2014），如有实测数据的，以实测数据填写；如未开展实测的，按照相应测算方法测算。在"备注"中注明采用的方法，如"实测法"或"测算法"。COD、氨氮为必填项目，其他污染物排放量按照行业类型和审批的特征污染物填写。

（三）监测项目

入河排污口监测项目为：流量、水温、pH值、氨氮、挥发酚、五日生化需氧量（BOD$_5$）、化学需氧量（COD）、总氮和总磷共计9项。监测方法按照《污水综合排放标准》（GB 8978—1996）、《地面水环境质量标准》（GB 3838—2002）中水质分析方法进行。水温采用温度计法（GB 13195—91），pH值采用玻璃电极法（GB 6920—86），氨氮采用纳氏试剂比色法（HJ 537—2009），挥发酚蒸馏后用4-氨基安替比林分光光度法（HJ 503—2009），五日生化需氧量采用稀释与接种法（GB 7488—87），化学需氧量采用重铬酸钾法（GB 11914—89），总磷采用钼酸铵分光光度法（GB 11893—89），总氮采用碱性过硫酸钾消解紫外分光光度法（GB 11894—89），水量水质同步监测，水量按照水温测流要求测量，采用流速仪法、浮标法、容量法等。

二、入河排污口布局及整治

入河排污口总体布局以保护区域水资源质量、维护水资源可持续利用为目标，以饮用水源地保护为重点，实施最严格水资源管理制度，严格控制污染物排放总量，进行排污口布局，按照流域和区域的限排总量保障供水安全的要求，消除入河排污口排污对取水口的影响，各省级人民政府应按照本规划的思路，结合《全国重要江河湖泊水功能区划（2011—2030年）》，开展辖区内的入河排污口整治规划。严格按照入河排污口优化布局方案，对禁止排污区提出入河排污口清理方案；对严格限制排污区应结合河段区位功能、生态功能以及水功能区要求及优化产业结构布局的要求，严格控制污染物排放量；对一般限制排污区应合理安排产业结构布局，提出入河排污口布局的总体安排。开展入河排污口整治实施方案，加强项目调整实施过程中的监督，确保排污口按优化调整方案要求实施，建立排污口优化调整实施情况报告制度。

（一）入河排污口布局分区

以国务院批复的《全国重要江河湖泊水功能区划（2011—2030年）》为依据，以规划区涉及的江河湖泊水功能区划成果为基础，基于上述原则将规划水域划分为禁止排污区、严格限制排污区和一般限制排污区三类。

禁止排污区为各级政府批复实施的饮用水水源保护区、跨流域调水水源地及其输水干线、区域供水水源地及其输水通道、自然保护区、重要湿地、风景名胜区以及国家级水产种质资源保护区的核心区等禁止污染物排入的保护水域或者保护要求很高的水域。

严格限制排污区为与禁止设置入河排污口水域联系比较密切的一级支流及部分二级支流，保留区、省界缓冲区，现状污染物入河量超过或接近限制排污总量以及污染物排放量接近或超过有关环境保护行政主管部门下达的总量控制指标、水质评价不达标的水功能区等保护要求较高的水域。

一般限制排污区为上述水域之外的其他水域，其现状污染物入河量明显低于水功能区限制排污总量以及污染物排放量明显低于有关环境保护行政主管部门下达的总量控制指标，尚有一定的纳污空间。太湖流域水环境治理要求和水功能区功能定位都较高，大部分一般限制排污区已无纳污空间，原则上不应再增加污染物入河量。

（二）入河排污口整治

（1）入河排污口整治方案。

入河排污口综合整治方案一般是指在入河排污口优化布局的基础上，根据污染物入河总量控制分解方案，综合考虑河道管理、岸线规划等要求，研究提出包括排污口净化生态工程、排污口合并与调整工程、污水经处理后回用、企业搬迁等措施的主要水功能区入河排污口综合整治方案。

对已设置在禁止排污区的入河排污口，按相关法律法规要求须拆除的，应限期关闭或调整至相关水域外；对相关法律法规未作要求的，应视条件对入河排污口采取关闭、调整、削减污染物入河量等整治措施，以保护水质；对位于禁止排污区内，其污染物入河量对水域水质影响较大且不具备关闭条件的入河排污口，应采取治理措施，改善水域水质以达到水功能区水质管理目标。重点治理严格限制排污区河段和一般限制排污区中水质不达标河段及城市河段的入河排污口，应采取调整、改造与深度处理、规范化建设等治理措施或综合治理措施。

对位于严格限制排污区水域的现有入河排污口，对水域水质影响重大的，根据水功能区水质目标，结合污水处理设施的建设情况和规划要求，对入河排污口进行必要的合并与调整，重点考虑污水集中入管网，并与城市的污水截流系统相协调；截污导流一般采取将入河排污口延伸至下游水功能区，或延伸至下游与其他入河排污口归并等形式；对于无法实施集中入管网或截污导流的入河排污口，如具备条件，可进行调整，调整后排放水域的入河排污口设置须符合水功能区管理的要求。

对位于严格限制排污区和一般限制排污区水域的现有入河排污口，对水域水质影响较大的，应结合当地自然地理条件、废污水特性、防洪排涝要求及景观需求等，采取人工湿地、生态沟渠、净水塘坑、跌水复氧等污水深度处理措施，降低入河污染负荷，改善水域水质；对若干分布较为集中的入河排污口，应归并后统一进行深度处理；对于排污量大、严重影响水功能区水质的排污企业，若采取上述整治措施仍不能满足水功能区水质目标要求，应提出关闭或搬迁企业的整治要求。

对建设不规范的现有入河排污口及规划进行调整和改造的入河排污口，应完善公告牌、警示牌、标志牌、缓冲堰板等入河排污口规范化建设。对重点水域及时开展入河排污口监督检查，近期应将单一企业和集中产业园区的排污口、大型综合排污口全部纳入监测、监控体系，远期实现所有排污口的全覆盖监测监控。

（2）入河排污口整治技术及案例。

入河排污口具体整治技术主要包括沿河截污技术、生态修复技术、排污口合并与调整工程、污水经处理后回用工程、关闭或搬迁排污单位工程、规范化建设等。

1）沿河截污技术。沿河截污作为合流制改造过程的过渡产物，通过拦截技术收集污水后排至污水管理系统，最大程度地削减输入河道的污物，是河道水质改善的根本前提。沿河截污技术包括截污管道技术、截流井技术和截污箱涵技术，具体技术简介、特点、适用范围见表 7-4。

2）生态修复技术。排污口生态修复是针对经处理达到相应排放标准的废污水，或合流制截流式排水系统的排水，为进一步改善其水质、满足水功能区水质要求而采取的各种生态工程措施，包括河道曝气、引水冲刷/稀释、砾间接触氧化、河道稳定塘、生态浮床、人工湿地等。应结合当地自然地理条件、废污水特性、防洪排涝要求及景观需求等，综合

表 7-4   沿 河 截 污 技 术 对 比

技术名称			技术简介	技术特点	适用范围
截污管道技术	岸边铺设		平行于河流在河岸上敷设截污干管,并在直排合流管出口处设置截流溢流井	(1) 投资小,施工难度小; (2) 维护管理方便; (3) 施工时容易对周围建筑物产生沉降、开裂等不良影响	直排式合流制系统
	河道铺设		截污管道埋设在河道中,在岸边设置污水截流溢流井	(1) 不影响岸边建筑物,不需要拆迁; (2) 施工需围堰,日常维护管理非常困难	河流两岸均没有道路,直排式排水管分散,排水口较多时
	管堤结合	附壁式	污水管道通过横向支撑结构,依附在河堤上,检查井紧贴河堤,可在岸边疏通、清淤,管径较小,河堤结构牢固	(1) 不影响岸边建筑物,不需要拆迁; (2) 施工相对简单,维护管理也较简单; (3) 占用一部分河道,对景观有较大影响	—
		桩架式	紧靠河堤打灌注桩,污水管道由桩基支撑,紧靠河堤铺设,管径较大,河堤结构较差		—
		完全结合式	将污水管道(或箱涵)纳入到河堤结构中,形成一个整体,并同时进行施工		适合河堤与污水管道同时新建的情况
截流井技术	闸板式截流井		污水截流井溢流管管底出口高程,宜在排放水体洪水位以上,为防止河水倒灌,溢流管道上还要设置闸门等防倒灌设施	(1) 选用手动或电动; (2) 雨季时雨水从溢流口溢出,暴雨时可开闸排涝	—
	可调堰式截流井		为控制调节堰高,堰顶埋设不锈钢板,堰顶高度可根据截污点实际水量进行焊接加高		—
	水力翻板闸式截流井		利用水力和闸门重量平衡的原理,增设阻尼反馈系统来达到闸门随上游水位升高,而逐渐开启泄流;上游水位下降,而逐渐回关蓄水,使上游水位始终保持在要求的范围内	(1) 不需人为操作,完全由水流及时自动控制; (2) 结构简单,操作方便,运行安全; (3) 运行时稳定性较好,维护修理方便	—
	水力自动折板堰式截流井		旱季截流时,堰板竖立成挡水堰,防止外河水倒灌,保证污水截流;雨季时,受渠内雨洪水水力作用,水力自动翻板堰平躺实现正常泄洪	安装方便,运行灵活	—
截污箱涵技术			在河堤临河位置建造合流管,箱涵的底部进行防渗处理,其高程与底齐平,箱涵的顶部高程高于景观水面。雨水管内的合流水直接进入箱涵,箱涵满水后其从顶部溢出以免造成内涝,箱涵收集的合流水,水量小时进污水处理厂,水量大污水处理厂无法处理时,则多余部分简单处理	(1) 雨水管渠内不设矮坎,管理量小,旱季污水收集彻底; (2) 河道可以蓄景观水体,河道内的水不会进入箱涵; (3) 旱季清理方便,雨季可以用作面源污染的收集管道	用箱涵收集合流水必须与河堤改造结合进行

考虑选择排污口生物修复技术。该技术适用对象包括经处理达到相应排放标准的废污水合流制截流式排水系统的排水，其他适宜的生态修复工程等。生态修复技术对比见表 7-5。

表 7-5　　　　　　　　　　　生 态 修 复 技 术

技术名称			技术简介	技术特点	适用范围
河道曝气			在适当位置向河水中进行人工充氧，加速水体复氧过程，提高水体好氧微生物活性，改善河流水质	基建费用少、运行费用低、占地少、见效快，具有良好的社会效益和经济效益	作为应对突发性河道污染的应急措施
引水稀释/冲刷			加强水体流动性，加快水体交换，加强了沉积物-水体界面物质交换	缩短污染物滞留时间，降低污染物浓度指标	可应用于污染严重且流动缓慢的河流
生物直投法净化技术			投加微生物以促进有机污染物降解	微生物应符合： (1) 不含病原菌等有害微生物； (2) 不对其他生物产生危害； (3) 能适应河流的环境特点	当河流污染严重而又缺乏有效微生物作用时，宜采用此法
河水全量集中净化法	砾间接触氧化		通过在河流中放置一定量的砾石做填充层，使河流断面上微生物的附着膜变为多层，水中污染物在砾间流动过程中与砾石上附着的生物膜接触沉淀	处理水量大；使用寿命长；设置地点灵活；运行维护成本低	适用于被污染河流的水质净化
	河道稳定塘	处理-储存塘修复系统	—	—	适用于北方，冬季储存污水，春、夏、秋进行修复
		多级稳定塘系统	在氧化塘水面种植多种水生植物，建立复杂的人工水生生态系统，对污染河水进行多级利用与修复	—	适用于水量丰富，不需要污水进行灌溉的地区
	生态浮床技术		以水生植物为主体，运用无土栽培技术原理，以高分子材料等为载体和基质，应用物种间的共生关系，充分利用水体空间生态位和营养生态位，建立人工生态系统，削减水体中的污染负荷	经济适用、治污效果明显；直接占用水面面积，不另外占地；美化水面景观；可创造一定经济效益，形成良好的自然生态平衡环境；栽培不易进行标准化推广应用	不适用于通航河道及行洪河道
	人工湿地		由人工建造和控制运行的与沼泽地类似的地面，将污水、污泥有控制地投配到人工建造的湿地上，污水与污泥在沿一定方向流动的过程中，主要利用土壤、人工介质、植物、微生物的物理、化学、生物三重协同作用，对污水、污泥进行处理的一种技术	良好的污水净化能力，对 BOD_5 的去除率可达 85%～95%；投资、运行费用低，维护技术低；占地面积大	适合土地条件比较宽裕的农村、中小城镇的污水处理，尤其适合于经济发展水平不高、能源短缺、技术力量相对缺乏的地区

3）排污口合并与调整工程。应根据河流、水功能区水质管理目标，结合当地污水处理设施的建设情况和规划要求，对入河排污口进行必要的合并与调整。对于城镇区域内禁止设置入河排污口的水域，入河排污口整治应重点考虑污水集中入管网，并与城市的污水截流系统相协调。截污导流一般采取将入河排污口延伸至下游水功能区，或延伸至下游与其他入河排污口归并等形式。对于无法实施集中入管网或截污导流的入河排污口，如果具备合适的条件，可以考虑调整排放，调整排放的水域必须符合水功能区管理的要求。对于远离城市的禁止设置入河排污口水域，由于不具备污水入管网的条件，整治方案应重点考虑污水处理后回用、调整（改道）、截污导流等措施。

如张家港市为了改善南部河网地区水环境质量，减轻望虞河的污染负荷，将3家市政污水处理厂和1家企业污水处理厂尾水排放口整合迁建至走马塘。本项目综合考虑了排污口设置的影响范围、敏感点影响情况、新建管网工程可行性及对水功能区水质和水生态的影响，结合各污水处理厂的位置分布，将原有的4个排污口缩减至1个，其中3座市政污水处理厂的尾水经污水管网输送至泵站，在泵站汇集后由位于张家港立交枢纽上游的拟建排污口排放入走马塘。

4）污水经处理后回用工程。污水经处理后回用包括厂内循环回用和厂外回用两个部分。对于工业污水处理设施产生的达标尾水主要考虑企业内部循环回用；对于城镇污水处理厂处理达标的尾水主要考虑深度处理后的厂外中水回用。

应按有关政策要求积极开展中水回用，制定明确的回用方案。对于城区以外的入河排污口，回用方案包括农田灌溉、绿化用水等，但农田灌溉、绿化等回用水不应回流入原水域；对于未按有关要求建设中水处理回用系统、中水回用率达不到要求的城市区域，应提出包括限制新设入河排污口等限制措施的方案；对于排污量大、对水功能区的水质达标具有显著影响的排污企业，若采取上述整治措施仍无法满足水功能区的水质目标要求，应提出关闭或搬迁企业的整治要求；对于不具备污水入管网条件的远离城市的禁止设置入河排污口。

如山西省某水泥厂为响应国家环保号召，实现节能减排，建立了中水回用系统，处理生产过程中排放的污水全部回用作为补充余热发电循环水。该中水回用系统主要分为三部分：预处理系统、反渗透系统和配套加药系统。预处理系统的主要作用是降低污水浊度，通过全自动净水器和超滤装置完成，反渗透系统是该污水回用系统的主要脱盐装置。该水泥厂的污水排放量为28t/h，经中水回用系统处理后回用水量为20t/h，污水回收率约75%，不仅减少了污水排放量，同时提高了水资源利用率，带来良好的环境效益和经济效益。

5）关闭或搬迁排污单位工程。对于排污量大、对水功能区水质达标具有显著影响的排污企业，若采取上述整治措施仍无法满足水功能区的水质目标要求，应提出关闭或搬迁企业的整治要求。

6）规范化建设。对建设不规范的入河排污口，要完善公告牌、警示牌、标志牌、缓冲堰板等入河排污口规范化建设设施；对重点水域及时开展入河排污口监督检查；抓紧将单一企业和集中产业园区的排污口、大型综合排污口全部纳入监测、监控体系，逐步实现所有排污口的全覆盖监测监控。

如巢湖市启动入河排污口整治，将市域内全部13个规模以上入河排污口按要求登记建档并完成入河排污口基础信息录入，对辖区所有未经审批设置的入河排污口进行论证评估。同时，在各排污口竖立标识牌、公布监督举报电话，入河排污口实行常态化监测监管。

三、入河排污口管理与监督

入河排污口管理是控制入河湖污染物总量、改善河湖水质、保障水安全的关键环节，包括加强入河排污口设置管理，进一步完善入河排污口管理台账；建立入河排污口统计制度和年报制度，健全入河排污口日常监督管理制度。

（一）严格入河排污口设置审批

严格入河排污口设置审批，建立规划入河排污口设置论证制度，依法行政，将所有的入河排污口纳入管理对象。新设的入河排污口必须依法办理设置审批手续；已设的入河排污口的设置单位应按照入河排污口管理权限到流域管理机构或县级以上地方人民政府水行政主管部门办理或补办入河排污口设置审批手续。

依据水功能区限制排污总量意见等有关要求，严格入河排污口设置审批，推动建立入河排污口设置公示制度。对于现状水质不达标和现状污染物入河量超过限制排污总量要求的水功能区，原则上不得新增排污，根据流域水功能区管理要求，可采取综合措施进行污染物减排或减量置换。太湖流域根据水功能区管理要求，充分考虑水资源承载力和限制排污总量意见，严格控制不符合产业政策和《太湖流域管理条例》有关规定的项目审批。

建立规划入河排污口设置论证制度，各类工业聚集区应结合发展规划和水功能区限制排污总量意见，合理选择入河排污口设置地点、合理规划污染物入河量。沿江城市应结合城市污水处理厂建设和饮用水源地保护要求，以优化入河排污口布局、保障生活用水安全为原则，开展城市江段入河排污口总体布局论证。

（二）划定入河排污口监督管理权限

强化入河排污口监督管理合理划定入河排污口监督管理权限，进一步明晰入河排污口管理的中央事权和地方事权，细化入河排污口管理的具体内容和工作程序。流域管理机构及县级以上地方人民政府水行政主管部门应当按照入河排污口管理权限，对管辖范围内的入河排污口实施定期或不定期的现场监督检查和监督性监测，发现超标排放或水功能区水质未达标的，及时向有关地方人民政府和环境保护行政主管部门通报，地方各级政府环境保护主管部门应继续削减主要污染物排放总量。

（三）推进入河排污口信息系统建设

着力推进入河排污口信息统计与通报，建立入河排污口统计制度，积极推进建立入河排污口信息通报制度。县级以上水行政主管部门应当将统计结果逐级上报至省级水行政主管部门，省级水行政主管部门将统计结果报送流域管理机构，由流域管理机构汇总后上报水利部。

（四）案例——上海市入河排污口信息化管理

2016年，以排污许可证为依据，上海市对28家试点企业开展了"三监联动"管理的试运行，即统一调度监测、监察和监管，几个条线的系统进行数据对接。在以前，不同部门的系统都是分别开发的，同一污染源的数据在不同系统中有着不同的编号和名称。而这次改革，就是要建立起这些数据一一对应的关系，实现闭环管理。由此，上海市做了证后监管信息化技术系统，并为此系统安上了"一对翅膀"，即移动监测与移动执法。在"一个平台，一对翅膀"的格局下，企业的污染物排放口有了两个现场端的平板。无论是监测去采样，还是执法去检查，都有现场的移动端，可以进行现场数据的实时采集，而这个数据跟排污许可证的证后管理系统平台是相连接的。

为使信息化技术进一步优化，首先每个排放口都有统一的编码，构成信息传输基础，即以排污许可证编号和排放口编号为基础，通过一定的加密和验证措施，形成唯一的排放口编码，并通过全市统一的一套系统生成唯一的二维码。然后是将标牌统一设计，即每个排放口唯一的二维码放置于排放口标牌的显著位置，通过扫描该二维码，可以实现快速查询相关信息，包括污染源的基本信息（经纬度、编号、投产日期、技术负责人、联系电话、执行的排放标准等）、许可信息（各种污染物的许可排放浓度、总量）、监察信息、监测数据等，甚至还可以在线查看排污单位的排污许可证正副本、环评批文、竣工验收文件。

在已经获得了第一批新版排污许可证的吴泾热电厂，甚至连废水不排厂外的脱硫废水车间排口都装上了这样的排放口标牌。即便不外排，依据"全过程"管理的思路，相关的监测还是定期做并且记录在案，而这些记录都藏在了排放口标牌的二维码里。执法人员用手机"扫一扫"，就能看到这个排污口许可排放的污染物类型有几种重金属，每种重金属的许可排放浓度是多少，最近这几个季度的自行监测结果是否达标等。

实际上，对于吴泾热电厂等规范化管理的企业，自行监测和管理台账原本都在做，通过排污许可证的进一步明确和执行报告制度的建立，企业与监管部门之间建立起了更为通畅的信息桥梁。通过排放口信息化的设置手段，管理的效能将得到进一步的提高。

第三节　水污染事件应急预案

目前，我国应急预案框架体系已经初步形成。近年来，每当各地发生突发事件，我们总能通过媒体了解到国家或地方立即启动了应急预案。但从应对一些突发事件暴露出的问题看，由于相关部门或相关人员在进行应急工作时缺少应对突发事件的思想准备及物资准备，或应急技术水平较低，应对突发事件责任不清等问题，也反映出某些应急预案仍存在不足之处，甚至有些地方的应急预案只是徒有虚名，根本起不了"救急"的作用，这充分说明我国应急预案建设还存在一定的问题。因此本节针对突发性水污染事件管理存在的问题，编制了应急预案内容，提出了污染事件应急预案发展对策。

一、我国突发性水污染事件的应急管理存在的问题

目前，我国流域水污染防治还存在诸多问题，如管理体制没有完全理顺，运行机制不够协调；政策与法规体系尚不健全，只有原则性要求，而没有做出详细规定；监管体制效力不高，公众参与缺乏，技术支撑体系薄弱等。

（一）管理联合力度不足

行政管理不统一，流域管理体制与区域管理体制不协调，我国水源地的管理部门各不相同，有水利部门管的，也有建设部门管的；有地方管的，也有流域管理部门管的；同时我国水源工程设施管理与水源地的水质管理分离、水量调度与水质管理分离、原水管理与城市供水系统管理分离。在这样的管理分割和分离的状况下，如果出现突发性事件，牵涉部门多，统一行动艰难，应急反应将大打折扣。我国经济社会管理体制是按照行政单元划分的区域管理体制，新《中华人民共和国水法》规定，水资源管理实行"流域管理与行政区域管理相结合"的管理体制，但实践中水污染防治主要是"以地方行政区域管理为中心"的分割管理。这种忽视流域的污染指标分解方法科学性不足，无法有效地将水污染减排与流域环境质量的改善建立联系，容易形成各行政区污染责任不清，相互推诿的情形。

（二）政策体系不完善

政策体系不完善，只有原则性要求，而没有作出详细规定。中国现有环境法规中对突发事件的预防条款过于分散，流于表面，缺少可参照执行的实施细则，甚至由于法规之间缺乏衔接，实际执行中，各部门和责任单位推诿扯皮的现象屡见不鲜，最后往往"大事化小，小事化了"。根据现行法律规定，各级政府均设有应急办公室，以应对重大自然灾害、地质灾难、突发疫情、突发公共事件等。同时，各级政府的应急办公室也负责总体应急预案和专项应急预案的制定和修订。但目前中国依然缺乏翔实可行的水污染风险评估和应急预案，相关法规和政策的制定严重滞后，这使得水污染事件的预防与处置大打折扣。我国饮用水水源地总体状况及其供水系统未开展全面评估，过去对水源地的评估虽然至少包括水质状况的评估和工程安全方面的评估，但是这两个方面没有联系在一起，评价的结论往往是针对正常工作状况，对应急反应能力还不够详细具体，特别是输水管网、原水处理和配送系统，对废水处理系统的评估几乎近于匮乏。缺乏对总体水资源状况（水质状况和工程安全的评估）及其应急能力的全面评估，特别是关于突发情况下的数据资料几近匮乏，从而导致应急保护信息不完整、决策信息不足。

（三）监管体制效力不高

相关部门在对企业做环境评估和环境管理时，往往会触及地方经济利益，造成执法与经济利益的冲突。特别是由于近年来中央逐渐提高了行业准入的环保门槛，各级环保部门在实践中经常受到招商引资项目的掣肘，环保执法与地方利益的冲突日益明显。地方环保部门在财政经费以及人事上对于地方政府都有很强的依附性，虽然有大量关于环境保护、企业排污、严格执法方面的规定，环保目标也只好让位于经济发展目标。目前治污的大部分环节由行政主体来承担，使得地方政府常常既是运动员又是裁判员，也是导致监管失效的重要原因。

二、污染事件应急预案编制内容

（一）总则

制定污染事件应急预案需依据《中华人民共和国环境保护法》《中华人民共和国突发事件应对法》《中华人民共和国放射性污染防治法》《国家突发公共事件总体应急预案》等相关法律法规，坚持统一领导、分级负责、属地为主、协调联动、快速反应、科学处置、资源共享、保障有力的原则，突发环境事件发生后，需确定污染事件的类别，并根据事件严重程度进行分级（特别重大、重大、较大和一般），由地方人民政府和有关部门自动按照职责分工和相关预案开展应急处置工作。

（二）组织机构与职责

组织指挥机构分为国家层面和地方层面，国家组织指挥机构由环境保护部负责重特大突发环境事件应对的指导协调和环境应急的日常监督管理工作，根据事件发展态势及影响，成立国务院工作组，负责指导、协调、督促有关地区和部门开展突发环境事件应对工作，必要时，还需成立国家环境应急指挥部及相应工作小组，包括污染处置组、应急监测组、医学救援组、应急保障组、新闻宣传组、社会稳定组及涉外事务组等，由国务院领导同志担任总指挥，统一领导、组织和指挥应急处置工作。地方组织指挥机构由县级以上地方人民政府负责本行政区域内的突发环境事件应对工作，地方有关部门按照职责分工，密切配合，共同做好突发环境事件应对工作，必要时，还需成立现场指挥部，负责现场指挥工作。

（三）监测预警与信息报告

流域水环境监测预警是分析和评价某一特定水域或断面的特定状态，环境保护部门及其他相关单位通过进行日常水环境监测得出相应级别的警戒信息，并对水环境发生的影响变化进行分析，以期实现对水环境的未来情况的预测，企业事业单位和其他生产经营者需定期排查环境安全隐患，并开展环境风险评估，提高针对突发性水污染事件的预警能力。

当事故发生后，监控预警部门应立即向领导小组汇报情况，说明突发性水污染事件详细信息，包括事故发生的时间、地点、信息来源、简要经过、事故原因、造成的危害、受影响的范围、发展趋势，以及采取的应急处置措施和事件控制情况等内容，领导小组成员在接到报告后应立即汇报组长及副组长，并按照组长要求通知各相关单位、成员进入应急状态。

（四）应急响应

根据突发环境事件的严重程度和发展态势，将应急响应设定为Ⅰ级、Ⅱ级、Ⅲ级和Ⅳ级四个等级（分别对应的事件严重程度分级为特别重大、重大、较大和一般），突发环境事件发生在易造成重大影响的地区或重要时段时，可适当提高响应级别。应急响应启动后，可视事件损失情况及其发展趋势调整响应级别，避免响应不足或响应过度。

依照应急响应等级，各有关地方、部门需立即组织采取应急措施，包括现场污染处置、转移安置人员、医学救援、应急监测、市场监管和调控、信息发布和舆论引导、维护社会稳定、国际通报及援助等。在污染事件排除、污染物质已降至规定限值以内、所造成的危害基本消除时，由启动响应的人民政府终止应急响应。

（五）后期工作

突发环境事件应急响应终止后，需及时组织开展污染损害评估，并将评估结果向社会公布，依照评估结论作为事件调查处理、损害赔偿、环境修复和生态恢复重建的依据。同时还需组织开展事件调查，查明事件原因和性质，提出整改防范措施和处理建议。事发地人民政府要及时组织制定补助、补偿、抚慰、抚恤、安置和环境恢复等善后工作方案并组织实施，保险机构要及时开展相关理赔工作。

（六）应急保障

应急保障包括队伍保障、物资与资金保障、通信、交通与运输保障以及技术保障等。环境应急监测队伍、公安消防部队及其他相关方面应急救援队伍等力量，要积极参加突发环境事件应急监测、应急处置与救援、调查处理等工作。国务院或地方政府等有关部门按照职责分工，组织做好环境应急救援物资紧急生产、储备调拨和紧急配送工作，保障支援突发环境事件应急处置和环境恢复治理工作的需要。地方各级人民政府及其通信主管部门要建立健全突发环境事件应急通信保障体系，确保应急期间通信联络和信息传递的需要，开展应急保障工作需依托环境应急指挥技术平台，实现信息综合集成、分析处理、污染损害评估的智能化和数字化。

（七）附则

说明预案实施的时间、管理更新情况以及解释部门等。

三、污染事件应急预案发展对策

（一）开展风险排查，增强防范能力

提升风险防控基础能力，将风险纳入常态化管理，系统构建事前严防、事中严管、事后处置的全过程、多层级风险防范体系，严密防控重金属、危险废物、有毒有害化学品、核与辐射等重点领域环境风险，强化核与辐射安全监管体系和能力建设，有效控制影响健康的生态和社会环境危险因素，守牢安全底线，完善风险防控和应急响应体系。

（二）严格环境风险预警管理

构建生产、运输、储存、处置环节的环境风险监测预警网络，建设"能定位、能查询、能跟踪、能预警、能考核"的危险废物全过程信息化监管体系。建立健全突发环境事件应急指挥决策支持系统，完善环境风险源、敏感目标、环境应急能力及环境应急预案等数据库。加强石化等重点行业以及政府和部门突发环境事件应急预案管理，建设国家环境应急救援实训基地，加强环境应急管理队伍、专家队伍建设，强化环境应急物资储备和信息化建设，增强应急监测能力，推动环境应急装备产业化、社会化，推进环境应急能力标准化建设。

（三）加强突发性水资源污染的应急动态监测能力，建立水情信息传递系统

水资源动态监测可以在水资源恶性事件发生前、中、后，对水资源事件造成的后果进行预测、分析与评价，为事件的处理提供科学依据。为了减少污染物的扩散，及时查清事故现场，在力所能及的范围内，应添置必要的防护装备、交通工具、照明装置、通信装备和现场快速监测仪器，使监测人员及时赶到事故现场，在尽可能短的时间内对污染物质的种类、污染物质的浓度、污染的范围及其可能的危害作出判断。同时，在进行突发性事故动态水质监测的过程中，应该注意采样工作的科学性，即布点完整性、参照样典型性、采样及时性和样品保存稳定性等。建立水情、污情信息传递系统，则是实现动态监测资料运用于防污管理、指挥调度的重要环节。在实施水质动态监测，并搜集到较多的水情、污情信息后，需要将动态监测站的第一手信息传递到测站所在的省市主管部门和跨省的流域管理机构，以及自来水公司、重要的水企业等，以期得到合作，共同应对这类突发性的水污染事故。

（四）制定突发性水资源污染事故应急处理的相关法律法规

制定水资源污染紧急状态法，明确需要实行紧急状态的条件、程序和紧急状态时权力的行使等，并分别制定水环境灾害、供水安全等有关的应急处理的单项法律或行政法规，从而通过立法来完善由经济处理主体、紧急行政措施、应急处理法律后果等构成的突发性

水资源污染事故应急处理制度。中国人民大学环境政策与环境规划研究所教授宋国君表示，为有效预防和应对环境污染突发事件，在完善现有法律法规的同时，更应强化环境监管部门的"独立性"，否则所有的规章制度只能成为一纸空文。宋国君指出，近年来，政府及各有关部门加快了推进环境立法和修改进程，并且制定了有关突发污染事件预防和应对的规定。但是，现有环境管理水平仍然严重滞后，运行制度不完善，环保法规不全面，危机评估和风险管理更是亟须加强。

（五）建立突发性水资源污染处理组织机构，开展全面的事故调查评估机制

突发性水资源污染事故发生后，需要成立由行政首长负责的各级管理部门应对突发事件应急处理的专门议事协调机构——应急处理指挥部，并明确相关部门的职责，由涉及突发性水资源污染时间应急处理的有关部门参加，通过立法赋予的特别权力，从而建立突发性水资源污染事故处理的组织体系，以便事后从容不迫地进行组织协调工作。还需要建立其他类型的协调、联系组织，例如，美国建立了大城市水局联合会领导下的水信息和分析中心。防止突发性污染事故，关键在于预防与防治相结合，因此，开展突发性污染事故隐患调查，可为有重点地开展各种防范工作并建立运行有效、行动快速的突发性污染事故监测、处置和预决系统奠定坚实的基础。脆弱性评价则是在隐患调查等基础上，对水资源可能存在的危险或者受到一个或多个胁迫因素影响后，对不利后果出现的可能性作出的进一步评估。

（六）进行迅速、准确的事故损失评估

水资源污染的损失评估要从水污染对人类生存和社会发展的影响进行分析和评价，评价的结果一般以水污染造成的直接和间接经济损失大小和人员伤亡数量来表示，或以水污染的受污等级来表示。水资源污染事故的损失评估应该依据系统科学原理，力求评价结果准确、合理、系统、科学。有关部门应当对全国各级部门出具的环境风险评估方案和应急预案做一次"普查"，并将收集的信息交由相对客观的第三方机构，作出独立的科学性和可行性评估。目前，中国在环境管理制度、应急预案、风险评估等方面，迫切需要一场变革。有关部门不妨考虑引入"许可证制度"，对潜在污染源给出详细、严格的技术规范，通过完整、系统的评估机制和审核机制，规范企业的环境风险管理。应尽快理清各利益关联方的责任，强化潜在风险源管理，明确污染源预防、应急职责与对策。同时，不妨借鉴国际经验，把环境监测和管理的权力部分上移至省级和中央政府，使环保部门形成自上而下的独立管理体系。

第八章

河长制水污染防治方案的编制及案例

本章主要介绍河长制水污染防治方案编制的一般规定、方案框架及方案模板及水污染防治的三个典型案例，分别是太湖流域漕桥河、深圳茅洲河流域及欧洲莱茵河水污染防治案例。

第一节　河长制水污染防治方案的编制

一、一般规定

（一）适用范围

适用于指导设省级、市级河长的河湖编制"一河（湖）一策"方案，只设县级、乡级河长的河湖，"一河（湖）一策"方案编制可予以简化。

（二）编制的原则

坚持问题导向。围绕《关于全面推行河长制的意见》提出的水污染防治任务，梳理河湖管理保护存在的突出问题，因河（湖）施策，因地制宜设定目标任务，提出针对性强、易于操作的措施，切实解决影响河湖健康的突出问题。

坚持统筹协调。目标任务要与相关规划、全面推行河长制工作方案相协调，妥善处理好水下与岸上、整体与局部、近期与远期、上下游、左右岸、干支流的目标任务关系，整体推进河湖管理保护。

坚持分步实施。以近期目标为重点，合理分解年度目标任务，区分轻重缓急，分步实施。对于群众反映强烈的突出问题，要优先安排解决。

坚持责任明晰。明确属地责任和部门分工，将目标、任务逐一落实到责任单位和责任人，做到可监测、可监督、可考核。

（三）编制的对象

"一河一策"方案以整条河流或河段为单元编制，"一湖一策"原则上以整个湖泊为单元编制，支流"一河一策"方案要与干流方案衔接，河段"一河一策"方案要与整条河流方案衔接，入湖河流"一河一策"方案要与湖泊方案衔接。

（四）编制的主体

"一河（湖）一策"方案由省、市、县级河长制办公室负责组织编制。最高层级河长为省级领导的河湖，由省级河长制办公室负责组织编制；最高层级河长为市级领导的河湖，由市级河长制办公室负责组织编制；最高层级河长为县级及以下领导的河湖，由县级河长制办公室负责组织编制。其中，河长最高层级为乡级的河湖，可根据实际情况采取打捆、片区组合等方式编制。

"一河（湖）一策"方案可采取自上而下、自下而上、上下结合的方式进行编制，上级河长确定的目标任务要分级分段分解至下级河长。

（五）编制的基础

编制"一河（湖）一策"，在梳理现有相关涉水规划成果的基础上，要先行开展河湖水资源保护、水域岸线管理保护、水污染、水环境、水生态等基本情况调查，开展河湖健康评估，摸清河湖管理保护存在的主要问题及原因，以此作为确定河湖管理保护目标任务和措施的基础。

（六）方案的内容

"一河（湖）一策"方案内容包括综合说明、现状分析与存在问题、管理保护目标、管理保护任务、管理保护措施、保障措施等。其中，要重点制定好问题清单、目标清单、任务清单、措施清单和责任清单，明确时间表和路线图。

（1）问题清单。针对水资源、水域岸线、水污染、水环境和水生态等领域，梳理河湖管理保护存在的突出问题及其原因，提出问题清单。

（2）目标清单。根据问题清单，结合河湖特点和功能定位，合理确定实施周期内可预期、可实现的河湖管理保护目标。

（3）任务清单。根据目标清单，因地制宜地提出河湖管理保护的具体任务。

（4）措施清单。根据目标任务清单，细化分阶段实施计划，明确时间节点，提出具有针对性、可操作性的河湖管理保护措施。

（5）责任清单。明晰责任分工，将目标任务落实到责任单位和责任人。

（七）方案的审定

"一河（湖）一策"方案由河长制办公室报同级河长审定后实施，省级河长制办公室组织编制的"一河（湖）一策"方案应征求流域机构意见，对于市、县级河长制办公室组织编制的"一河（湖）一策"方案，若河湖涉及其他行政区的，应先报共同的上一级河长制办公室审核，统筹协调上下游、左右岸、干支流目标任务。

（八）实施的周期

"一河（湖）一策"方案实施周期原则上为2～3年。河长最高层级为省级、市级的河湖，方案实施周期一般3年；河长最高层级为县级、乡级的河湖，方案实施周期一般为2年。

二、方案框架

（一）综合说明

（1）编制的依据。

方案编制的依据包括法律法规、政策文件、工作方案、相关规划、技术标准等。

（2）编制的对象。

根据"一般规定"中明确的编制对象要求，说明河湖名称、位置、范围等。其中：以整条河流（湖泊）为编制对象的，应简要说明河流（湖泊）名称、地理位置、所属水系（或上级流域）、跨行政区域情况等。

以河段为编制对象的，应说明河段所在河流名称、地理位置、所属水系等内容，并明确河段的起止断面位置（可采用经纬度坐标、桩号等）。

编制范围包括入河（湖）支流部分河段的，需要说明该支流河段起止断面的位置。

（3）编制的主体。

根据"一般规定"中明确的编制主体要求，明确方案编制的组织单位和承担单位。

（4）实施的周期。

根据"一般规定"的有关要求明确方案的实施期限。

（5）河长组织体系。

河长组织体系包括区域总河长、本级河湖河长和本级河长制办公室设置情况及主要职责等内容。

（二）管理保护现状与存在的问题

（1）概况。

概要说明本级河长负责河湖（河段）的自然特征、资源开发利用状况等，重点说明河湖级别、地理位置、流域面积、长度（面积）、流经区域、水功能区划、河湖水质、涉河建筑物和设施等基本情况。

（2）管理保护现状。

说明水资源、水域岸线、水环境、水生态等方面保护和开发利用的现状，概述河湖管理保护体制机制、河湖管理主体、监管主体，落实日常巡查、占用水域岸线补偿、生态保护补偿、水政执法等制度建设，查明河湖管理队伍、执法队伍能力建设情况等。对于河湖基础资料不足的，可根据方案编制工作需要适当进行补充调查。包括如下内容：

1）水资源保护利用现状。一般包括本地区最严格水资源管理制度落实情况，工业、农业、生活节水情况，河湖堤供水源的高耗水项目情况，河湖取排水情况（取排水口数量、取排水口位置、取排水单位、取排水水量、供水对象等），水功能区划及水域纳污容量、限制排污总量情况，入河湖排污口数量、入河湖排污口位置、入河湖排污单位、入河湖排污量情况，河湖水源涵养区和饮用水水源地数量、规模、保护区划情况等。

2）水域岸线管理保护现状。一般包括河湖管理范围划界情况，河湖生态空间划定情况，河湖水域岸线保护利用规划及分区管理情况，包括水工程在内的临河湖、跨河湖、穿河湖等涉河建筑物及设施情况，围网养殖、航运、采砂、水上运动、旅游开发等河湖水域岸线利用情况，违法侵占河道、围垦湖泊、非法采砂等乱占滥用河湖水域岸线情况等。

3）河湖污染源现状。一般包括河湖流域内工业、农业种植、畜禽养殖、居民聚集区污水处理设施等情况，水域内航运、水产养殖等情况，河湖水域岸线船舶港口情况等。

4）水环境现状。一般包括河湖水质、水量情况，河湖水功能区水质达标情况，河湖水源地水质达标情况，河湖黑臭水体及劣Ⅴ类水体分布与范围等；河湖水文站点、水质监测断面布设和水质、水量监测频次情况等。

5）水生态现状。一般包括河道生态基流情况，湖泊生态水位情况，河湖水体流通性情况，河湖水系连通性情况，河流流域内的水土保持情况，河湖水生生物多样性情况，河湖涉及的自然保护区、水源涵养区、江河源头区、生态敏感区的生态保护情况等。

（3）存在问题分析。

针对水资源保护、水域岸线管理保护、水污染、水环境、水生态存在的主要问题，分析问题产生的主要原因，提出问题清单。参考问题清单如下：

1）水资源保护问题。一般包括本地区落实最严格水资源管理制度存在的问题，工业农业生活节水制度、节水设施建设滞后、用水效率低的问题，河湖水资源利用过度的问题，河湖水功能区尚未划定或者已划定但分区监管不严的问题，入河湖排污口监管不到位的问题，排污总量限制措施落实不严格的问题，饮水水源保护措施不到位的问题等。

2）水域岸线管理保护问题。一般包括河湖管理范围尚未划定或范围不明确的问题，河湖生态空间未划定、管控制度未建立的问题，河湖水域岸线保护利用规划未编制、功能分区不明确或分区管理不严格的问题，未经批准或不按批准方案建设临河湖、跨河湖、穿河湖等涉河湖建筑物及设施的问题，涉河湖建设项目审批不规范、监管不到位的问题，有砂石资源的河湖未编制采砂管理规划、采砂许可不规范、采砂监管粗放的问题，违法违规开展水上运动和旅游项目、违法养殖、侵占河道、围垦湖泊、非法采砂等乱占、滥用河湖水域岸线的问题，河湖堤防结构残缺、堤顶堤坡表面破损杂乱的问题等。

3）水污染问题。一般包括工业废污水、畜禽养殖排泄物、生活污水直排偷排河湖的问题，农药、化肥等农业面源污染严重的问题，河湖水域岸线内畜禽养殖污染、水产养殖污染的问题，河湖水面污染性漂浮物的问题，航运污染、船舶港口污染的问题，入河湖排污口设置不合理的问题，电毒炸鱼的问题等。

4）水环境问题。一般包括河湖水功能区、水源保护区水质保护粗放、水质不达标的问题，水源地保护区内存在违法建筑物和排污口的问题，工业垃圾、生产废料、生活垃圾等堆放河湖水域岸线的问题，河湖黑臭水体及劣Ⅴ类水体的问题等。

5）水生态问题。一般包括河道生态基流不足、湖泊生态水位不达标的问题，河湖淤积萎缩的问题，河湖水系不连通、水体流通性差、富营养化的问题，河湖流域内水土流失问题，围湖造田、围河湖养殖的问题，河湖水生生物单一或生境破坏的问题，河湖涉及的自然保护区、水源涵养区、江河源头区、生态敏感区生态保护粗放、生态恶化的问题等。

6）执法监管问题。一般包括河湖管理保护执法队伍人员少、经费不足、装备差、力量弱的问题，区域内部各部门联合执法机制未形成的问题，执法手段软化、执法效力不强的问题，河湖日常巡查制度不健全、不落实的问题，涉河涉湖违法违规行为查处打击力度不够、震慑效果不明显的问题等。

（三）管理保护目标

针对河湖存在的主要问题，依据国家相关规划，结合本地实际和可能达到的预期效果，合理提出"一河（湖）一策"方案实施周期内河湖管理保护的总体目标和年度目标清单。各地可选择、细化、调整下面供参考的总体目标清单，同时，本级河长负责的河湖

（河段）管理保护目标要分解至下一级河长负责的河段（湖片），并制定目标任务分解表。

（1）水资源保护目标。

一般包括河湖取水总量控制、饮用水水源地水质、水功能区监管和限制排污总量控制、提高用水效率、节水技术应用等指标。

（2）水域岸线管理保护目标。

通常有河湖管理范围划定、河湖生态空间划定、水域岸线分区管理、河湖水域岸线内清障等指标。

（3）水污染防治目标。

一般包括入河湖污染物总量控制、河湖污染物减排、入河湖排污口整治与监管、面源与内源污染控制等指标。

（4）水环境治理目标。

一般包括主要控制断面水质、水功能区水质、黑臭水体治理、废污水收集处理、沿岸垃圾废料处理等指标，有条件的地区可增加亲水生态岸线建设、农村水环境治理等指标。

（5）水生态修复目标。

一般包括河湖连通性、主要控制断面生态基流、重要生态区域（源头区、水源涵养区、生态敏感区）保护、重要水生生境保护、重点水土流失区监督整治等指标。有条件的地区可增加河湖清淤疏浚、建立生态补偿机制、水生生物资源养护等指标。

（四）管理保护任务

针对河湖管理保护存在的主要问题和实施周期内的管理保护目标，因地制宜地提出"一河（湖）一策"方案的管理保护任务，制定任务清单。管理保护任务既不要无限扩大，也不能有所偏废，要因地制宜、统筹兼顾，突出解决重点问题和焦点问题。参考任务清单如下：

（1）水资源保护任务。

落实最严格水资源管理制度，加强节约用水宣传，推广应用节水技术，加强河湖取用水总量与效率控制，加强水功能区监督管理，全面划定水功能区，明确水域纳污能力和限制排污总量，加强入河湖排污口监管，严格入河湖排污总量控制等。

（2）水域岸线管理保护任务。

划定河湖管理范围和生态空间，开展河湖岸线分区管理保护和节约集约利用，建立健全河湖岸线管控制度，对突出问题排查清理与专项整治等。

（3）水污染防治任务。

开展入河湖污染源排查与治理，优化调整入河湖排污口布局，开展入河排污口规范化建设，综合防治面源与内源污染，加强入河湖排污口监测监控，开展水污染防治成效考核等。

（4）水环境治理任务。

推进饮用水水源地达标建设，清理整治饮用水水源保护区的内违法建筑和排污口，治理城市河湖黑臭水体，推动农村水环境综合治理等。

（5）水生态修复任务。

开展城市河湖清淤疏浚，提高河湖水系连通性；实施退渔还湖、退田还湖还湿；开展水源涵养区和生态敏感区保护，保护水生生物生境；加强水土流失预防和治理，开展生态清洁型小流域治理，探索生态保护补偿机制等。

(6) 执法监管任务。

建立健全部门联合执法机制，落实执法责任主体，加强执法队伍与装备建设，开展日常巡查和动态监管，打击涉河涉湖违法行为等。

(五) 管理保护措施

根据河湖管理保护目标任务，提出具有针对性、可操作性的具体措施，明确各项措施的牵头单位和配合部门，落实管理保护责任，制定措施清单和责任清单。参考措施清单如下：

(1) 水资源保护措施。

加强规模以上取水口取水量监测监控监管；加强水资源费（税）征收，强化用水激励与约束机制，实行总量控制与定额管理；推广农业、工业和城乡节水技术，推广节水设施器具应用，有条件的地区可开展用水工艺流程节水改造升级、工业废水处理回用技术应用、供水管网更新改造等。已划定水功能区的河湖，落实入河湖污染物削减措施，加强排污口设置论证审批管理，强化排污口水质和污染物入河湖监测等；未划定水功能区的河湖，初步确定河湖河段功能定位、纳污总量、排污总量、水质水量监测、排污口监测等内容，明确保护、监管和控制措施等。

(2) 水域岸线管理保护措施。

已划定河湖管理范围的，严格实行分区管理，落实监管责任；尚未编制水域岸线利用管理规划的河湖，也要按照保护区、保留区、控制利用区和开发利用区分区要求加强管控。加大侵占河道、围垦湖泊、违规临河跨河穿河建筑物和设施、违规水上运动和旅游项目的整治清退力度，加强涉河建设项目审批管理，加大乱占滥用河湖岸线行为的处罚力度；加强河湖采砂监管，严厉打击非法采砂活动。

(3) 水污染防治措施。

加强入河湖排污口监测和整治，加大直排偷排行为处罚力度，督促工业企业全面实现废污水处理，有条件的地区可开展河湖沿岸工业、生活污水的截污纳管系统建设、改造和污水集中处理，开展河湖污泥清理等。大力发展绿色产业，积极推广生态农业、有机农业、生态养殖，减少面源和内源污染，有条件的地区可开展畜禽养殖废污水、沿河湖村镇污水集中处理等。

(4) 水环境治理措施。

清理整治水源地保护区内的排污口、污染源和违法违规建筑物，设置饮用水水源地隔离防护设施、警示牌和标识牌；全面实现城市工业生活垃圾集中处理，推进城市雨污分流和污水集中处理，促进城市黑臭水体治理；推动政府购买服务，委托河湖保洁任务，强化水域岸线环境卫生管理，积极吸引社会力量广泛参与河湖水环境保护；加强农村卫生意识宣传，转变生产生活习惯，完善农村生活垃圾集中处理措施等。有条件的地区可建立水环境风险评估及预警预报机制。

(5) 水生态修复措施。

针对河湖生态基流、生态水位不足，加强水量调度，逐步改善河湖生态；发挥城市经济功能，积极利用社会资本，实施城市河湖清淤疏浚，实现河湖水系连通，改善水生态；加强水生生物资源养护，改善水生生境，提升河湖水生生物多样性；有条件的地区可开展农村河湖清淤，解决河湖自然淤积堵塞问题；加强水土流失监测预防，推进河湖流域内的水土流失治理；落实河湖涉及的自然保护区、水源涵养区、江河源头区、生态敏感区的禁止开发利用管控措施等。

（六）保障措施

（1）组织保障。

各级河长负责方案实施的组织领导，河长制办公室负责具体组织、协调、分办、督办等工作，要明确各项任务和措施实施的具体责任单位和责任人，落实监督主体和责任人。

（2）制度保障。

建立健全推行河长制各项制度，主要包括河长会议制度、信息共享制度、信息报送制度、工作督察制度、考核问责和激励制度、验收制度等。

（3）经费保障。

根据方案实施的主要任务和措施，估算经费需求，说明资金筹措渠道，加大财政资金投入力度，积极吸引社会资本参与河湖水污染防治、水环境治理、水生态修复等任务，建立长效、稳定的经费保障机制。

（4）队伍保障。

健全河湖管理保护机构，加强河湖管护队伍能力建设。推动政府购买社会服务，吸引社会力量参与河湖管理保护工作，鼓励设立企业河长、民间河长、河长监督员、河道志愿者、巾帼护水岗等。

（5）机制保障。

结合全面推行河长制的需要，从提升河湖管理保护效率、落实方案实施各项要求等方面出发，加强河湖管理保护的沟通协调机制、综合执法机制、督察督导机制、考核问责机制、激励机制等机制建设。

（6）监督保障。

加强同级党委政府督察督导，人大、政协监督，上级河长对下级河长的指导监督，运用现代化信息技术手段，拓展、畅通监督渠道，主动接受社会监督，提升监督管理的效率。

三、河长制"一河一策"实施方案模板

××河"一河一策"实施方案（××—××年）

（参考浙江省河长制"一河一策"实施方案的编写）

1　现状调查

1.1　河道现状调查

××河道位于××省××市，流经××市××县××乡镇。起止点为××至××，其集水面积为××km²，河道全长××km。河道的主要支流为××、××等，分别长××km、××km。河道上共有××个各类监测站点，沿程共有××个主要控制建筑物。河道流经××市（或县）××年GDP××亿元，常住人口××人，主导产业为××等。

1.2　污染源调查

（1）涉河工矿企业概况。周边与河道相关的企业共有××家，其中，规模以上企业××家，化工类××家，印染类……（分类分规模进行简要介绍）。

（2）农林牧渔业概况。河道两岸周边共有耕地××亩，主要种植××，林地××亩，养殖业规模××，渔业规模××。

（3）涉水第三产业概况。区域内共有餐饮业××家，排用水情况；洗车业××家，排用水情况；其他涉水三产情况。

（4）污水处理概况。区域内共有污水处理厂××家，规模××，处理率××，污水处理后排向××河；农村污水处理设施××处，处理率××，覆盖人口××人，处理后排向××河。

（5）农业用水概况。区域内有灌区××处，规模××，农作物种类××，灌溉面积××，渠系利用系数××，农水工程（分类）规模××。

1.3　涉河（沿河）构筑物调查

涉河（沿河）建筑物主要包括水库、水闸、堤防、水电站、水文测站、管理站房、取排水口及设施、道桥、码头等，其中水闸××座，堤防××km，水电站××座，水文测站××座（各类工程的数量及规模）。

1.4　饮用水源及供水概况

区域内有集中式饮用水源地××处，位于××，规模××；农村饮用水源地××处，供水人口××人；自来水厂××处，规模××，企业自备水源××处。

1.5　水环境质量调查

××河道共有××个水功能区，水质监测断面为××类水，水功能区达标率为××％，污染较严重的河段为××，主要超标因子是××。流域内饮用水源地的达标率为××％，主要超标因子是××。

2　问题分析

根据现状调查结果，分析河道（湖泊）在水环境污染、水资源保护、河湖水域岸线管理、水环境行政执法（监管）等方面存在的主要问题。问题的总结与梳理应与目标和任务相结合。

2.1　水环境污染仍然较为严重

水质虽然总体较好，但仍有部分河段污染严重，如××，水质类别为××，主要污染物是××。水功能区达标率不能满足要求，现状为××％，要求为××％。饮用水源地水质不能稳定达标，具体情况为××。

2.2　污染源仍需整治

沿河两岸仍有工矿企业污水直排入河或不达标排放，重点为××类型的企业；农业面源污染面广量大（具体情况），农药使用等仍然超标，畜禽养殖污染较重，沿线××km内养殖场××家，污水粪便未经处理排放；沿线城镇生活污水虽然已经采用纳管处理，但还存在着雨污未分流、管道老化失修等问题；城镇污水处理厂规模不能满足要求，排放标准不高。

2.3　岸线管理与保护仍需加强

目前已划定管理范围的河道××km，划定管理范围和保护范围的水利工程××处，仍有××km河道未进行管理范围划界。水利工程标准化建设还需要加强。

2.4　水资源保护工作需进一步深入

××水功能区监督管理能力有待加强；××饮用水源地存在着面源污染，水质有富营养化趋势；××河段生态需水满足程度不够，在干枯季节容易出现断流现象。

2.5　水生态修复工作需要重视

区域内部分区域存在着水土流失问题，如××河的××段水土流失严重；××河段淤积严重，淤积量大约为××万 m^3（根据实际情况表述）；××河段现状防洪能力不达标；××河段岸坡不稳定。

2.6　执法监管能力有待提升

河道管理范围内仍存在违法违章搭建，有××处违法建筑；仍存在非法排污、设障、捕捞、养殖、采砂、围垦、侵占水域岸线等现象，如××河道。河道巡查力度仍不够，执法能力有待增强，信息化建设水平有待提升。

3　总体目标

到××年底，全面剿灭劣Ⅴ类水体。到2020年，重要江河湖泊水功能区水质达标率提高到××%以上，地表水省控断面达到或优于Ⅲ类水质比例达到××%以上；县级及以上河道管理范围划界××km，完成重要水域岸线保护利用规划编制，区域内××%以上水利工程达到标准化管理，新增水域面积××km²；全面清除河湖库塘污泥，有效清除存量淤泥，建立轮疏工作机制，新增河湖岸边绿化××km，新增水土流失治理面积××km²；严厉打击侵占水域、非法采砂、乱弃渣土等违法行为，加大涉水违建拆除力度，实现省级、市级河道管理范围内基本无违建，县级河道管理范围内无新增违建，基本建成河湖健康保障体系和管理机制，实现河湖水域不萎缩、功能不衰减、生态不退化。

4　主要任务

4.1　水污染防治

4.1.1　工业污染治理

一是大力开展铅酸蓄电池、电镀、制革、印染、造纸、化工等六大行业的整治，提出防治水污染的治理措施，建立长效监管机制；二是着力解决辖区内沿河两岸的酸洗、砂洗、氮肥、有色金属、废塑料、农副食品加工等行业的污染问题；三是全面排查装备水平低、环保设施差的小型工业企业，标注污染隐患等级，引导转型升级，实施重点监控；四是开展对水环境影响较大的"低、小、散"落后企业、加工点、作坊的专项整治；五是切实做好危险废物和污泥处置监管，建立危险废物和污泥产生、运输、储存、处置全过程监管体系；六是开展河湖库塘清淤（污）工程。具体目标可表述为：××月××日前完成整治各类污染企业××家；××月××日前制订《××河工业污染防控应急方案》。

集中治理工业集聚区水污染。对沿岸的各类工业集聚区开展专项污染治理。一是集聚区内工业废水必须经预处理达到集中处理要求，方可进入污水集中处理设施；二是新建、升级工业集聚区应同步规划、建设污水、垃圾和危险废物集中处理等污染治理设施；三是2020年底前，无法落实危险废物出路的工业集聚区应按要求建成危险废物集中处置设施，安装监控设备，实现集聚区危险废物的"自产自消"。具体目标可表述为：××月××日前××园区内企业必须达到治理目标要求；××月××日前制定出台《××工业区危险废物处置管理规定》。

实施重点水污染行业废水深度处理。对沿岸的重点水污染行业制定废水处理及排放规定，各厂制定"一厂一策"，行业主管部门在深度排查的基础上建立管理台账，实施高密度检查，明确各项治理和防控措施落实到位，严管重罚，杜绝重污染行业废水未经处理或未达标排放河道。具体目标可表述为：××月××日前出台《××企业重点水污染行业废水处理规定》。

4.1.2 城镇生活污染治理

制定实施沿岸城镇污水处理厂新改建、配套管网建设、污水泵站建设、污水处理厂提标改造、污水处理厂中水回用等设施建设和改造计划。积极推进雨污分流、全面封堵沿河违法排污口。积极创造条件，排污企业尽可能实现纳管。对未纳管直接排河的服务业、个体工商户，提出纳管或达标的整改计划。

推进城镇污水处理厂新改建工作。一是实施城镇污水处理设施建设与提标改造，以城镇一级A标准排放要求做好新建污水处理厂建设和老厂技术改造提升。二是到2020年，县级以上城市建成区污水基本实现全收集、全处理、全达标。对照目标，按河道范围和年度目标分解任务，制定建成区污水收集、处理及出水水质目标，并建立和完善污水处理设施第三方运营机制。三是做好进出水监管，有效提高城镇污水处理厂出厂水达标率。做好城镇排水与污水收集管网的日常养护工作，提高养护技术装备水平。四是全面实施城镇污水排入排水管网许可制度，依法核发排水许可证，切实做好对排水户污水排放的监管。五是工业企业等排水户应当按照国家和地方有关规定向城镇污水管网排放污水，并符合排水许可证要求，否则不得将污水排入城镇污水管网。具体目标可表述为：××市完成××个乡镇（街道）的污水零直排区建设；开展××个城市居住小区生活污水零直排整治。××月××日前完成污水处理厂建设××家，完成提升改造××家；××月××日前制定方案印发实施。

做好配套管网建设。一是开展污水收集管网特别是支线管网建设。二是强化城中村、老旧城区和城乡结合部污水截流、纳管。三是提高管网建设效率，推进现有雨污合流管网的分流改造；对在建或拟建城镇污水处理设施，要同步规划建设配套管网，严格做到配套管网长度与处理能力要求相适应。具体目标可表述为：××年底，新增城镇污水管网××km以上。××镇级污水处理厂运行负荷率提高至××％以上。××月××日前完成污水收集管网××m，其中支线管网××m；××月××日前完成旧城区污水纳管××m²；××月××日前完成雨污合流管网分流改造××m。

推进污泥处理处置。建立污泥的产生、运输、储存、处置全过程监管体系，污水处理设施产生的污泥应进行稳定化、无害化和资源化处理处置，禁止处理处置不达标的污泥进入耕地。非法污泥堆放点一律予以取缔。具体目标可表述为：××年底前，建成××集中式污水处理厂和造纸、制革、印染等行业的污泥处置设施。××月××日前制定《××河道污泥处理处置工作方案》。

加大河道两岸污染物入河管控措施。重点做好河道两岸地表 100m 范围内的保洁工作：一是加强范围内生活垃圾、建筑垃圾、堆积物等的清运和清理；二是对该范围内的无证堆场、废旧回收点进行清理整顿；三是定期清理河道、水域水面垃圾、河道采砂尾堆、水体障碍物及沉淀垃圾；四是加强船舶垃圾和废弃物的收集处理；五是在发生突发性污染物如病死动物入河或发生病疫、重大水污染事件等，及时上报农业畜牧水产、卫生防疫和环保等主管部门；六是受山洪、暴雨影响的地区，要在规定时间内及时组织专门力量清理河道中的垃圾、杂草、枯枝败叶、障碍物等，确保河道整洁。具体目标可表述为：××月××日前制定《××河道保洁工作方案》。

4.1.3 农业农村污染防治

防治畜禽养殖污染。一是根据畜禽养殖区域和污染物排放总量"双控制"制度以及禁养区、限养区制度划定两岸周边区域畜禽养殖规模；二是有计划、有步骤地发展农牧紧密结合的生态养殖业，减少养殖业单位排放量；三是切实做好畜禽养殖场废弃物综合利用、生态消纳，做好处理设施的运行监管；四是以规模化养殖场（小区）为重点，对规模化养殖场进行标准化改造，对中等规模养殖场进行设施修复以及资源化利用技术再提升。具体目标可表述为：××月××日前完成规模化养殖场标准化改造××家，完成中等规模养殖场技术提升××家。

控制农业面源污染。一是以发展现代生态循环农业和开展农业废弃物资源化利用为目标，切实提高农田的相关环保要求，减少农业种植面源污染；二是加快测土配方施肥技术的推广应用，引导农民科学施肥，在政策上鼓励施用有机肥，减少农田化肥氮磷流失；三是推广商品有机肥，逐年降低化肥使用量；四是开展农作物病虫害绿色防控和统防统治，引导农民使用生物农药或高效、低毒、低残留农药，切实降低农药对土壤和水环境的影响，实现化学农药使用量零增长；五是健全化肥、农药销售登记备案制度，建立农药废弃包装物和废弃农膜回收处理体系。

防治水产养殖污染。一是划定禁养区、限养区，严格控制水库、湖泊、滩涂和近岸小网箱养殖规模；二是持续开展对甲鱼温室、开放型水域投饲性网箱、高密度牛蛙和黑鱼等养殖的整治；三是出台政策措施，鼓励各地因地制宜地发展池塘循环水、工业化循环水和稻鱼共生轮作等循环养殖模式。

开展农村环境综合整治。一是以治理农村生活污水、垃圾为重点，制定建制村环境整治计划，明确河岸周边环境整治阶段目标；二是因地制宜地选择经济实用、维护简便、循环利用的生活污水治理工艺，开展农村生活污水治理，按照农村生活污水治理村覆盖率达到 90% 以上，农户受益率达到 70% 以上的要求，提出治理目标；三是实现农村生活垃圾户集、村收、镇运、县处理体系全覆盖，并建立完善的相关制度和保障体系。

4.1.4 船舶港口污染控制

一是所有机动船舶要按有关标准配备防污染设备；二是港口和码头等船舶集中停泊区域，要按有关规范配置船舶含油污水、垃圾的接收存储设施，建立健全含油污水、垃圾接收、转运和处理机制，做到含油污水、垃圾上岸处理；三是进一步规范建筑行业泥浆船舶运输工作，禁止运输船舶泥浆非法乱排。

4.2 水环境治理

4.2.1 入河排污（水）口监管

开展河道沿岸入河排污（水）口规范整治，统一标识，实行"身份证"管理，公开排放口名称、编号、汇入的主要污染源、整治措施和时限、监督电话等，并将入河排放口日常监管列入基层河长履职巡查的重点内容。依法开展新建、改建或扩建入河排污（水）口设置审核，对依法依规设置的入河排污（水）口进行登记，并公布名单信息。

4.2.2 水系连通工程

按照"引得进、流得动、排得出"的要求，逐步恢复水体自然连通性，实施××河段等处的水系连通工程，打通"断头河"，实施引配水工程，引水线路为××，引水流量××m³/s，通过增加闸泵配套设施，整体推进区域干支流、大小微水体系统治理，增强水体流动性。

4.2.3 "清三河"巩固措施

巩固"清三河"成效，加强对已整治好的河道的监管，如××河，每隔××个月开展复查和评估；推进"清三河"工作向小沟、小渠、小溪、小池塘等小微水体延伸，参照"清三河"标准开展全面整治，按月制定工作计划，以乡镇（社区）为主体，做到无盲区、全覆盖。

4.3 水资源保护

4.3.1 水功能区监督管理

加强水功能区水质监测和水质达标考核，定期向政府和有关部门通报水功能区水质状况。发现重点污染物排放总量超过控制指标的，或者水功能区的水质未达标的，应及时报告政府采取治理措施，并向环保部门通报。

4.3.2 饮用水源保护

推进区域内××河段等××个重要饮用水水源地达标建设，健全监测监控体系，建立安全保障机制，完善风险应对预案，同时采取水资源调度环境治理、生态修复等综合措施，达到饮用水水源地水量和水质要求。实施××等××处农村饮用水安全巩固提升工作，加强农村饮用水水源保护和水质检测能力建设。

4.3.3 河湖生态流量保障

完善水量调度方案，合理安排闸坝下泄水量和泄流时段，研究确定××河道控制断面生态流量，维持河湖基本生态用水需求，重点保障枯水期河道生态基流。生态用水短缺的地区（如××县）积极实施中水回用，增加河道生态流量。

4.4 水域岸线管理保护

4.4.1 河湖管理范围划界工作

完成县级河道××河道××km河道的管理范围，××处涉河水利工程管理与保护范围划定工作，并设立界桩等标志，明确管理界线，严格涉河湖活动的社会管理。

4.4.2 水域岸线保护

开展××河道××km的岸线利用规划编制工作，科学划分岸线功能区，严格河湖生态空间管控。

4.4.3　标准化创建

加快推进河湖及水利工程标准化管理工作，完成河道沿线××个水利工程的标准化管理创建工作。

4.5　水生态修复

4.5.1　生态河道建设

××河段等开展生态河道建设，实施××河段绿道建设××km，景观绿带建设××km，闸坝改造××处，堤防景观改造××处，××等有条件的河段积极创建以河湖或水利工程为依托的水利风景区。

4.5.2　水土流失治理

加强水土流失重点预防区域（如××区域）、重点治理区（如××区域）的水土流失预防监督和综合治理，提出封育治理、坡耕地治理、沟壑治理以及水土保持林种植等综合治理措施，其中，封育治理××、坡耕地治理××、沟壑治理××、水土保持林种植××；开展生态清洁型小流域建设，维护河湖源头生态环境，新增水体流失治理面积××km²。

4.5.3　河湖库塘清淤

完成河湖库塘清淤××万 m³，制定分年度清淤方案。重点做好劣Ⅴ类水体所在河段（如××河段）的清淤工作，鼓励选用生态环保的清淤方式；妥善处置河道淤泥，加强淤泥清理、排放、运输、处置的全过程管理；探索建立清淤轮疏长效机制，实现河湖库塘淤疏动态平衡。

4.6　执法监督

加强河湖管理范围内违法建筑的查处，打击河湖管理范围内的违法行为，坚决清理整治非法排污、设障、捕捞、养殖、采砂、围垦、侵占水域岸线等活动；建立河道日常监管巡查制度，利用无人机、人工巡查、建立监督平台等方式，实行河道动态监管。

5　保障措施

提出强化组织领导、强化督查考核、强化资金保障、强化技术保障、强化宣传教育等方面的保障措施。

组织保障：明确河道的河长和联系部门，河道流经区域范围内的有关乡镇、村（社区）要设置河段长并确定联系部门。明确河长、下级河长以及牵头部门的具体职责，其他相关部门做好具体配合工作。

督查考核：由"河长办"考核"一河（湖）一策"的工作实施情况。涉及县（区）、乡镇和村按行政辖区范围建立"部门明确、责任到人"的"河长制"工作体系，强化层级考核。"河长制"办公室定期召开协调会议，同时组织成员单位人员定期或不定期开展督查，及时通报工作进展情况。

资金保障：进一步强化各项涉水资金的统筹与整合，提高资金使用效率。加大向上对接争取力度，依托重大项目，从发改、水利、环保、建设、农业等线上争取资金。同时，多渠道筹措社会资金，引导和鼓励社会资本参与治水。

技术保障：加大对河道清淤、轮疏机制、淤泥资源化利用以及生态修复技术等方面的科学研究，解决"一河（湖）一策"实施过程中的重点和难点问题。同时，加强对水域岸线保护利用、排污口监测审核等方面的培训交流。

大众参与：充分发挥广播、电视、网络、报刊等新闻媒体的舆论导向作用，加大对"河长制"的宣传，让水资源、水环境保护的理念真正内化于心、外化于行。加大对先进典型的宣传与推广，引导广大群众自觉履行社会责任，努力形成全社会爱水、护水的良好氛围。

6 附件

附表1　　××河"一河（湖）一策"实施方案重点项目汇总表（示例）

序号	分　类	项目数	投资/万元
一	水污染防治		
1	工业污染治理		
2	城镇生活污染治理		
3	农业农村污染治理		
4	船舶港口污染治理		
二	水环境治理		
5	入河排污（水）口监管		
6	水系连通工程		
7	"清三河"巩固措施		
三	水资源保护		
8	节水型社会创建		
9	引用水源保护		
四	河湖水域岸线保护		
10	河湖管理范围划界确权		
11	清理整治侵占水域安县、非法采砂等		
五	水生态修复		
12	河湖生态修复		
13	防洪河排涝工程建设		
14	河湖库塘清淤		
六	执法监管		
15	监管能力建设		
	合　计		

附表 2　　　××河"一河（湖）一策"实施方案重点项目推进工作表（示例）

大类	分类	序号	市	县（市、区）	牵头单位	项目名称	项目内容	完成年限	投资/万元	责任单位
一、水污染防治	（一）工业污染治理									
	（二）城镇生活污染治理									
	（三）农业农村污染治理									
	（四）船舶港口污染治理									
二、水环境治理	（五）入河排污（水）口监管									
	（六）水系连通工程									
三、水资源保护	（七）落实最严格水资源管理制度									
	（八）水功能区监督管理									
	（九）节水型社会创建									
	（十）引用水源地保护									
四、水域岸线保护	（十一）河湖管理范围划界									
	（十二）水域岸线保护									
	（十三）标准化管理									
五、水生态修复	（十四）生态河道建设									
	（十五）防洪和排涝工程建设									
	（十六）水土流失治理									
	（十七）河湖库塘清淤									
六、执法监管	（十八）监管能力建设									

第二节　水污染防治案例 1——太湖流域漕桥河

一、漕桥河治理前概况

漕桥河位于江苏省宜兴市北部，全长 21.5km，其中 2.5km 是与常州市武进区的交界河段，漕桥河上游与武宜运河相交，下游与太滆运河交汇经百渎港入太湖，沿岸区域工业较发达，人口密集，污染负荷较重，漕桥河及河网水质长期劣于Ⅴ类，在宜兴、武进交界区域的水质"变脸"现象频发，严重影响了周边百姓的正常工作和生活，对太湖造成污染影响。

二、漕桥河综合治理工程

漕桥河水污染问题受到社会各界的高度关注，江苏省原副省长亲自担任"河长"挂帅漕桥河水环境综合整治工作，江苏省环保厅把漕桥河综合整治列为全省十大重点挂牌督办对象。对此江苏省政府 2008 年率先启动漕桥河水环境综合整治规划编制工作。规划在充分调查漕桥河及相关河流、河浜的水文、水质情况，以及当地工业、生活污染源和农业面源的基础上有针对性地提出了重点工程。规划重点在五大方面组织实施了工程项目：

（1）点源污染治理方面：完成宜兴市 42 个工业企业入河排污口封堵，48 家污染严重的工业企业实行关停并转，21 家企业进行清洁生产审核和 ISO 14001 认证，20 家工业企业实施提标治理工程。武进区 57 家化工企业关停并转，关闭 8 家粮食加工企业砻糠发电，以及 4 家企业提标改造和预处理接管工程。

（2）城镇污水处理和垃圾处理处置方面：对规划区域内南漕、和桥、周铁、漕桥污水处理厂均实施脱氮除磷提标改造，并进行扩建，扩建总规模 4 万余吨，同时新建污水管网 200km；新建垃圾中转站 23 座，区域内布置垃圾桶 4500 余个，实行生活垃圾"组保洁、村收集、镇转运"模式，实现无害化、资源化处理。

（3）面源污染治理方面：实施种植业清洁生产，建设生态拦截沟渠 20 余万米，实施 8.8 万亩农田测土配方施肥，并在漕桥河两侧 1km 范围内，建设 2000 余亩的有机农田示范区；开展畜禽养殖废弃物处理利用工程，撤离和拆除太湖一级保护区养猪场 60 户、整治 94 户规模畜禽养殖场（户）；开展水产清洁养殖工程，漕桥河沿岸 2050 亩鱼塘实施生态养殖改造工程。规划区域内退渔还湖 4000 亩，搬迁养殖户 180 户，清除土方 250 万 m³；实施农村生活污水治理，采取集中处理或分散治理的方式，逐个村庄、逐户落实生活污水的治理措施，以控制氮磷污染为重点选择治理技术和工艺，做到污水处理工程全覆盖，规划区域内的行政村生活污水处理率达到 90% 以上，基本消除生活污水直接入河、入浜的现象。

（4）河道综合治理方面：漕桥河主河和支浜实施清淤疏浚工程，主河清淤 19km，清淤土方 132 万 m³，新开 4.4km，开挖土方 67.2 万 m³。支河清淤 69 条，清淤土方 149.5 万 m³。

（5）生态修复方面：实施入湖口生态堤岸修复工程，入湖口 2km 长度沿岸两侧建设生态堤岸，生态堤岸采用生态混凝土护坡堤岸；河岸带植被修复工程，在漕桥河河岸带两侧 50m 范围建设生态防护林带，生态林带总面积约 880 亩；百渎港入湖口内湖净化系统工程，应用悬浮物沉降及植物净化技术，在入湖口设置物理沉降区，建设湖滨带植物净化系统和设置生物净化区，建设总面积 461.0 亩。

三、综合效益评价

经过一系列工程项目整治，流域内工业和农业结构得到优化调整，工业废水集中处理率达到 95% 以上，镇区（含已被撤并的原镇政府所在地）生活污水处理率达到 90% 以上；乡村生活污水处理率达到 70% 以上；村镇生活垃圾无害化处理率达到 75% 以上；种植业和畜禽养殖业等面源污染得到控制，农业面源污染对总氮、氨氮、总磷的贡献量削减 30% 以上。分析表 8-1 可知，河流水质由原来的劣 V 类，已经达到《地表水环境质量标准》（GB 3838—2002）Ⅳ类水功能要求，基本完成 2008 年《漕桥河水环境综合整治规划》的目标。总氮、氨氮、总磷、COD 等主要指标排放总量控制在环境容量范围以内，但仍不能达到《太湖流域水环境综合治理总体方案》（2013 年修编）和《江苏省太湖流域水环境综合治理实施方案》（2013 年修编）所提出的水质目标要求。

各项整治技术和政策的施行，使得漕桥河水质有了明显改善，但是漕桥河作为入太湖主要河道，水质影响因素多，水文条件复杂，所处的太湖流域，历来又是我国人口密度最大、工农业生产最发达、国民经济产值和人均收入增长幅度最快的地区之一，地理区位的

表 8 – 1   2007—2015 年漕桥河水质波动情况

年　份	高锰酸盐指数	氨氮	总磷	总氮
2007	6.6	4.87	0.41	6.69
2008	6.2	2.82	0.35	5.80
2009	5.9	1.44	0.26	4.49
2010	4.9	1.37	0.20	4.03
2011	5.1	1.47	0.17	4.30
2012	5.2	1.29	0.18	4.05
2013	5.3	1.19	0.21	4.20
2014	5.2	1.72	0.24	5.42
2015	5.2	1.80	0.27	4.85
2012 年水质目标 * 完成情况	≤6 (实现目标)	≤1.5 (实现目标)	≤0.3 (实现目标)	—
2015 年水质目标 * 完成情况	≤5 (未达标)	≤2 (未达标)	≤0.15 (未达标)	≤4 (未达标)

注　2012 年水质目标,《漕桥河水环境综合整治规划》；2015 年水质目标,《太湖流域水环境综合治理总体方案》(2013 年修编) 和《江苏省太湖流域水环境综合治理实施方案》(2013 年修编)。

敏感和经济长期高速发展带来的污染压力使得水体功能区长期达标难度较大。结合实际开展"一河一策"的管理模式,深化河长制工作模式,将水质改善的重头由工程技术的实施转变为制度体系的创新和法律法规的完善。

第三节　水污染防治案例2——深圳茅洲河流域

茅洲河发源于深圳市境内的羊台山北麓,地跨深圳、东莞两市,流经石岩、光明、公明、松岗、沙井和东莞长安镇等,在沙井民族村汇入伶仃洋,茅洲河总流域面积344.23km²,其中深圳市境内流域面积 266.85km²,东莞市境内流域面积 77.38km²,茅洲河流域干流全长 30.69km,其中宝安区境内干流河长 19.71km,感潮河段长约 13km,下游河口段 11.4km 为深圳市与东莞市界河。茅洲河流域宝安区境内共有干、支流 19 条,河道总长度 96.56km。

一、流域治理前概况

从 20 世纪 90 年代以来,伴随着深圳市经济的快速发展,茅洲河污染程度逐年加剧,河道两岸建有大批的电镀线路板等配套设备的生产厂房,工厂的废水直接向茅洲河排放,加之部分街道生活污水尚未接入污水处理厂,未经处理直接排放,使工业、生活污水的污染叠加,严重影响河流水质。河道淤积严重,汛期流域内洪涝灾害频发,更因其黑臭被当地人称为"黑河"。广东省环境监测中心的监测结果显示,茅洲河干流和 15 条主要支流水质均劣于 V 类,成为广东省挂牌督办的十大重点环境问题。

2016 年,中国电力建设集团有限公司以"EPC＋施工总承包"模式中标茅洲河(宝安片区)水环境综合整治项目,项目共六大工程 46 个子项目,包括管网、排涝、河流治理、水质改善等工程。

根据对茅洲河相关资料的收集和现场调研，茅洲河流域在治理前存在以下几个方面的主要问题。

（1）水质污染情况严重。根据现场踏勘，茅洲河中下游片区罗田水、龟岭东水、沙井河、排涝河、松岗河、新桥河、万丰河等18条支流各河段或河涌均存在大量漏排污水入河现象，河涌水体黑臭，根据水质监测数据，茅洲河流域内干流、支流水质均为劣Ⅴ类。

（2）现状漏排污水量较大，污水直流河道，是造成河道黑臭污染的最直接原因。

（3）大截排系统属于初小雨收集系统，未配备相应的末端初小雨处理设施，造成污水处理厂水质水量波动大。茅洲河流域内城区管网大部分为合流制，即使有雨污分流系统，混流情况也比较严重，尤其是老城区，而目前采用的末端大截排属于初小雨收集系统，不仅收纳了合流管网的雨污混流水，而且雨季时收集了大量的初小雨，且未经处理即进入污水处理厂或排河，造成目前污水处理厂水质水量波动大，处理效果难以保障。

（4）末端污水处理厂建设滞后，管网建设不完善，导致大量污水未能收集处理，直排入河由于前端管网建设不完善，目前污水处理厂旱季水量偏小，需要抽取河道水，造成处理功效不能完全发挥。

1）水量情况：受收集管网不完善限制，燕川和沙井污水处理厂部分或全部从河道总口截污取水。

2）进厂水质情况：实际进厂水质情况旱季、雨季波动较大，导致出水水质波动。

（5）二、三级管网建设滞后，实施难度大。城区管网存在干管已实施，末端管网不配套的问题，未来二、三级管网建设工作量较大。流域内干管已经完成建设，但二、三级管网建成比例仅7%，而二、三级管网大部分位于城中村等城区内部，牵涉范围广，实施难度大。

（6）污水处理厂需要扩容和提标改造。随着二、三级管网建设，现有污水处理厂需要进行扩容改造，同时，需特别关注污水处理厂对周边环境的二次污染问题，妥善处理周边居民关切。

（7）河道底泥污染严重。根据现场调研及《宝安区土壤（河流底泥）重金属和有机物污染调查报告》，流域内河道底泥污染严重，底泥重金属及有机物均为重度污染，需实施河道清淤，并妥善处置清淤底泥。

（8）潮水回灌。茅洲河下游界河段为感潮河段，受珠江口水系、海水等外部因素的影响，导致茅洲河下游界河段的水质可能存在一定的波动性，给茅洲河下游界河段水质带来一定的影响。

二、整治工程

针对茅洲河流域存在的问题，坚持"系统治理、全流域统筹"的创新治理理念，以流域为单元对水资源与水环境实施统一管理，开展水环境系统综合整治，全面统筹流域上下游、左右岸、干支流之间的关系，打破区域划分限制，以河长制为抓手，成立统筹部门，建立水污染联防联控联治制度，将"防洪防涝与水质提升监测系统、污水截排管控系统、污染底泥处理系统、工程补水增净驱动系统、生态美化循环促进系统、水环境治理管理信息云平台系统"这6大系统在茅洲河充分实践。系统解决思路如下：有效衔接、因地制宜进行工程方案设计；按照"源—迁移—汇"的污染迁移路径进行系统治理；标本兼治、集中与分散处理相结合。从重点片区向全区范围推进、从末端截污向正本清源延伸、从骨干河道向支流系统辐射，提升宝安区整体水环境质量。

根据整体解决思路，按照"源—迁移—汇"的污染物迁移路径，对各类可采取的措施，结合区域实际情况进行梳理。并针对近期、远期水质达标要求，以目标考核为导向，对工程措施进行区分，部分措施作为治本措施，主要包括管网建设、污水处理厂扩建及提标改造、河道清淤及底泥处置；部分措施作为近期达标的治标措施，主要包括完善管网收集系统、处理设施建设、生态工程、引补水等，如图 8-1 所示。

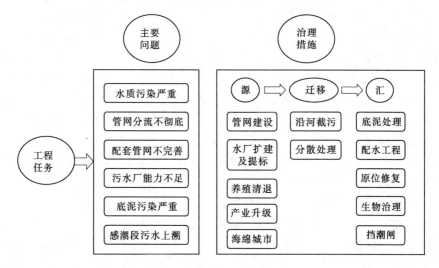

图 8-1 茅洲河流域治理措施

（1）管网收集系统方面：对流域内重点污水处理厂，即沙井污水处理厂和燕川污水处理厂建设配套管网系统，统一收集污水。管网系统主要可分成接驳工程和片区雨污分流管网工程。

流域内污水管道建设年代不一，有部分管道存在各种各样的问题，主要问题见表 8-2，为充分发挥现状管网的功能，接驳工程必不可少。

表 8-2 接驳工程的问题

现 状 存 在 问 题	改 建 方 式
现状污水管道接入雨污合流管段、雨水暗渠	新建下游污水主管
现状污水管道断头，未接入现状污水管道	新建下游污水管道
现状污水管道倒坡	改建该段污水管道
现状管渠渗漏、破损等	修复管道

（2）片区雨污分流方面：片区内的管网多为雨污混合式，故雨污分流管网工程是治污的根本性措施。分流式管网系统完成后，老城区仍维持现有合流制排水系统不变，采用截流式合流制，新建成区一律采用分流制，远期随着旧城区改造，部分区域的排水体制可随城市改造由合流制逐步过渡为分流制。

（3）污水处理厂扩建及提标工程方面：工程对茅洲河流域内沙井污水处理厂和松岗水质净化厂（原燕川污水处理厂）两大重点污水处理厂进行提标改造，扩建后处理规模达80万 t/d、污水处理厂出水水质标准提高至《地表水环境质量标准》（GB 3838—2002）中的Ⅳ类水标准。

（4）截排系统建设方面：为完善防洪体系，消减入河污染，恢复河流生态环境，工程以污染物总量控制及水质达标为目标，在茅洲河中上游河段设计建设了初小雨截排系统，设计选择 7mm/1.5h 为标准雨型，收集到的初小雨全部一级处理后排放。截流标准为旱季 100％截污，雨季相当于削减污染物总量的 9.74％。除此之外，工程还在流域的支流入干流河口处及干流两侧设置截流箱涵，拦截进入河道的污染统一进行处理。

（5）源头分散设施方面：考虑到污水收集管网的覆盖率，工程中还设置了一些污水分散处理设施，就地处理城市污水，就近排放至附近的水体，同时结合生态工程和景观工程，打造城市公园景观。规划小型分散处理设施能力暂时按照旱季污水量的 10％考虑，处理出水标准为一级 A 标准。设置原则为：服务范围边缘区域，污水收集管网较难收集的区域；河道源头，就近建设分散污水处理设施，河道补水；社区居民聚集区，改善水体水质，提升景观效果。

（6）清淤和底泥处置工程方面：考虑到茅洲河流域河道由于多年来的长期污染，河床底部沉积了大量的垃圾、底泥等污染物，这些污染物将长期影响河道水质，所以对河道进行彻底清淤，是后期水体修复能否达到预期目标的关键。工程按照河段行洪断面底标高达到设计河底标高，满足河道水环境要求，暗渠清淤至硬度标高等原则对茅洲河主要河段开展了清淤工作，并建设了广东省最大的底泥处理厂——茅洲河 1 号底泥处理厂对清淤形成的底泥进行处理。

（7）水环境治理工程管控平台子系统搭建方面：可以借助信息化技术提升工程建设的管理水平，同时将工程建设全过程"数据化"记录，以便为后续工程运营管理提供服务。除此之外，工程完善了流域片区（桥头片区、塘下涌片区、沙浦片区、燕罗片区等）的排涝工程，包括：新建及改、扩建排涝泵站，增加片区的抽排能力；整治河道、完善堤防，提高河道行洪能力；根据实际情况完善片区主排水系统；对片区内的主要排水通道进行疏浚、清淤，并且对流域干支流沿线的综合形象作了景观设计。

三、综合效益评价

根据深圳市人居环境委员会公布的 2017 年 11 月深圳市重点河流水质状况调查的结果，茅洲河水质基本达到《广东省环境保护厅印发 2017 年广佛跨界河流、茅洲河、练江、小东江和淡水河、石马河污染整治目标和任务的通知》中的标准评价，即茅洲河共和村断面和洋涌大桥断面主要污染物指标氨氮、总磷浓度同比下降 20％，其他水质指标达到Ⅴ类，水质的提升和河流域景观的美化，得到了茅洲河沿岸居民的高度评价，茅洲河沙井段黑臭水体公众调查满意度达到 90％以上。

第四节　水污染防治案例 3——欧洲莱茵河

莱茵河是欧洲最著名的河流之一，在欧洲发挥着航运、发电、供水、旅游、灌溉等多项服务功能。自 19 世纪末期开始，由于欧洲经济和工业的发展，莱茵河的水质日益下降，水生生物种群数量大幅减少，河流水生态系统恶化，污染严重的莱茵河逐渐引起了人们的关注。第一次世界大战结束后，莱茵河上下游各个国家开始协作治理河流污染。如今，莱茵河已经恢复了原有的面貌，它完成了从"最浪漫的臭水沟"到"清澈美丽母亲河"的完美蜕变。可以说，莱茵河的成功治理是城市典型河道治理的典范，也是世界环境保护的典范。

一、莱茵河治理前的概况

莱茵河发源于瑞士境内阿尔卑斯山脉的沃德和亨特莱茵河，流经列支敦士登、奥地利、法国、德国和荷兰 6 国，最后在鹿特丹附近注入北海。莱茵河全长 1320km，流域面积 18.5 万 km^2，平均流量 2200m^3/s，流域内平均降水 1100mm，降水变化在 500～2000mm。按流量计算，莱茵河是欧洲继伏尔加河和多瑙河之后的第三大河，流域人口约5400 万人，人口密度为 270 人/km^2，其中约 2000 万人以莱茵河作为直接饮用水源。莱茵河是德国最长的河流，莱茵河流经德国的部分长约 865km，流域面积有 10 万 km^2，约占德国总面积的 40%，荷兰境内约 2.5 万 km^2，而意大利、列支敦士登和比利时境内只有很小的面积。

19 世纪初期，工业发展带动了莱茵河沿岸城市的兴起，19 世纪末至 20 世纪中期，工业化发展的狂热让人们忽略了对莱茵河的保护，在这段时期，莱茵河不仅承担着繁忙的水上运输，还遭受着各种工业污水、城市污水和水上交通污染的"洗礼"。莱茵河水质日益下降，所有的水生生物几乎全部灭绝。除此之外，人们还在莱茵河修建大坝、水电站一类的水利工程。为了满足现代航运和运输要求，对莱茵河天然弯曲的河道进行了裁弯取直，如：德国到布兰的莱茵河改造工程为了把德国黑林山伐下的木材运到荷兰，对莱茵河实施了裁弯取直，改造后的莱茵河失去了缓冲的河湾，洪水期木材同急流直下，三年两载闹洪灾，给沿河西岸的人们带来威胁。到了 20 世纪中后期，莱茵河水环境污染更加严重，1986 年 11 月，瑞士桑多兹化工厂装有约 1250t 剧毒农药的铜管发生爆炸，硫、磷、汞等有毒物质随着大量的灭火用水流入下水道排入莱茵河，这次事故造成数百里河段的鱼类和有机生物死亡，约 480km 范围内的井水受到污染而不能饮用，事故发生后，莱茵河里几乎无鱼可捞，沿岸地区的人们也无法饮用莱茵河水，这次震惊公众的事故为人们的肆意发展敲响了警钟，也成为各国开始大力治理莱茵河污染的契机。

二、整治工程

1950 年，为了保护莱茵河免受污染，由当时的下游国家（荷兰）提议，瑞士、法国、德国、卢森堡和荷兰 6 国在瑞士巴塞尔成立了莱茵河保护国际委员会（International Commission for the Protection of the Rhine，ICPR）。但由于第二次世界大战刚刚结束，欧洲各国迫切需要在废墟上重新建立家园，发展工业成了头等大事，几乎没有人关心河流污染治理的问题，尽管 ICPR 做了许多努力，但始终没有取得显著成效，直至瑞士化工厂爆炸事件发生，人们才意识到莱茵河保护的重要性，沿岸国家负责人在事故发生后委托ICPR 制定彻底根治莱茵河方案，从此拉开了莱茵河重建的序幕，莱茵河的重建旨在恢复其原有的生态系统，莱茵河的治理措施主要包括改善河水水质、修复生态系统、强化防洪措施、发展航运以及提高工业管理水平等。

（1）改善河水水质方面：在德国境内，莱茵河沿岸兴建了大量污水处理厂，排入莱茵河 60％以上的工业废水和生活污水得到了治理，德国政府还成立了一个"黄金舰队"，主要负责处理压船水等含油污水。此外，德国还在黑森州和北威州交界断面处设置水质自动监测哨，目的是对莱茵河水体中的有毒物质、油类物质以及死鱼、缺氧等情况进行监测，有利于及时发现污染，使下游地区及时采取防范措施。

（2）修复生态系统方面：河流生态修复的概念最早由德国提出，强调在治理河流基本功能的同时，还应达到接近自然的目的。1965 年，德国的 Emst Bittmann 在莱茵河用芦苇和柳树进行生态护岸试验，成为最早的河流生态修复实践。1987 年 9 月，莱茵河保护国际委员会通过"莱茵河 2000 年行动计划"，开始莱茵河生态系统整体修复计划，计划的主要内容包括：以 2000 年大马哈鱼回莱茵河作为检验环境治理的标准，整体恢复莱茵河生态系统；莱茵河继续作为饮用水水源；减少莱茵河淤泥中污染物的含量，全面控制和减少污染；防止工厂中的有害物质危及水质；全面改善莱茵河及沿岸湿地动植物的生存环境。

（3）强化防洪措施方面：1993—1995 年洪水泛滥，莱茵河、莫泽尔河和默兹河许多沿河的城市都遭到了洪涝，1995 年大水期间，荷兰境内还出现了溃堤现象。1998 年，莱茵河保护国际委员会制定了"防洪行动计划"，在计划实施期间，莱茵河流域各国纷纷采取措施来提高莱茵河水系的生态功能，主要措施有：重新确定河堤的位置；沿河建立技术性滞水设施；复原河道和以前的洪泛区；提倡广泛的农业活动、自然发展、造林和雨水渗流等。

三、综合效益评价

莱茵河流域经历了"先污染，后治理""先开发，后保护"的曲折历程，其治理代价是巨大的，治理效果也是显著的。

20 世纪 70 年代以前莱茵河五日生化需氧量逐渐升高，70 年代中后期开始稳步下降，80 年代末已减少到 3mg/L 以下，90 年代后已稳定保持在 2mg/L 以下；20 世纪 60 年代中期和 70 年代初，莱茵河氨氮浓度一度超过 3.3mg/L，70 年代中后期氨氮逐渐减少，21 世纪以后，水体中氨氮浓度基本保持在 0.1mg/L 以下；从 20 世纪 70 年代起，莱茵河总磷一直呈下降趋势，1973—2000 年总磷削减率达到 85.4％。

20 世纪 70 年代早期，莱茵河大型底栖动物种类已从原有的 165 种下降到 27 种，直至 70 年代中期，动物种类才有所增加，1990 年大西洋鲑鱼第一次重新出现在齐格河（莱茵河支流之一）。目前，莱茵河内可迁移的大型底栖动物种类已达 150 种。

四、启示与经验

经过多年的治理，有"欧洲下水道"之称的莱茵河已重现生机，莱茵河的改变给河流治理提供了新的启示和经验。

（1）国际合作机制的形成。莱茵河作为一条国际河流，其治理本身具有一定的复杂性，跨国河流的治理需要各国建立统一的治理理念才能对河流进行综合有效的整治。除此之外，由于各国分布于莱茵河的不同区域，其治理利益存在差异，这就要求各国不仅要具有高度的合作精神，还要有从全流域考虑问题的思想，即使"防洪行动计划"中扩大行洪河道、增加滞洪区都由各国自己承担，而受益者可能更多的是下游国家和地区，但处于上游的国家也积极加入到莱茵河综合整治行动中，为莱茵河综合整治的成功奠定了基础。

（2）法律保障为基础。1950年7月，为了应对严重的水环境污染问题，莱茵河下游的国家荷兰提议，瑞士、法国、卢森堡和德国等国家在瑞士巴基尔成立了莱茵河保护国际委员会，该委员会旨在全面处理莱茵河流域保护问题并寻求水污染防治对策。1963年签订的《保护莱茵河伯尔尼公约》，奠定了共同治理莱茵河的国际合作基础；1976年，ICPR通过了《防止莱茵河化学污染国际公约》；同年，欧洲共同体加入签约方，签署了《伯尔尼公约》补充协议；1987年，ICPR各成员国部长会议正式通过旨在保护莱茵河的"莱茵河行动计划"；1995年，ICPR更加关注洪水风险，首次将防洪纳入其工作范畴；1998年，通过"防洪行动计划"和《新莱茵河公约》。

（3）贯彻可持续发展理念。与成立初期仅致力于防治污染不同，ICPR将莱茵河生态系统可持续发展确定为自己的首要目标，早在2001年，莱茵河流域国家在法国斯特拉斯堡通过了《莱茵河2020计划》即《莱茵河可持续发展计划》，这一计划确定了莱茵河生态系统可持续发展的总体目标，该计划将可持续思想体现在维护生态系统、改善地表水水质及改善洪水防护系统等多个方面。如今，该计划第一阶段的工作正在实施过程中，未来，各流域政府除致力于莱茵河生态系统的可持续发展外，还将兼顾饮用水供应、污水排放、电力生产和渔业养殖等其他功能，以确保莱茵河流域的可持续发展。

附　　表

附表 1　　　　　　"一河一策"实施方案编制工作所需资料清单简表

序号	项　　目	备注（来源）
1	国民经济与社会发展"十三五"规划	发改
2	工厂企业清洁化改造和达标整治方案（经信）	经信
	产业结构调整、工业节水、工业园区建设等相关规划或整治方案	
	行政执法资料（执法队伍、管理制度、执法情况等）	
3	城市总体规划	规划
	城镇体系规划及各乡镇总体规划	
	生态控制线划定方案	
	城市基础设施建设专项规划	
	市政综合管网专项规划（排水、污水管）	
4	（1）规划报告	国土
	土地利用规划	
	矿山环境保护与治理规划	
	（2）现状资料	
	土地利用现状	
	行政执法资料（执法队伍、管理制度、执法情况等）	
5	（1）规划报告	环保
	环保"十三五"规划	
	生态建设与环境保护规划	
	生态严格控制区划定方案或生态保护红线划定方案	
	饮用水源地保护规划	
	（2）污染源	
	污染源调查报告、污染源普查报告、入河排污口普查报告、重点河流水污染情况分析报告	
	工厂企业清洁化改造和达标整治方案（环保）	
	（3）水质资料	
	环境质量报告书（近三年）	
	河流及水库常规水质监测资料（近三年逐月或季度）	
	集中式生活饮用水水源水质资料（近三年逐月或季度）	
	（4）污染防治方案	

序号	项 目	备注（来源）
5	水污染防治工作方案及实施情况、年度水污染防治行动计划	环保
	工业聚集区污染整治方案及实施情况	
	饮用水源保护区清理整顿、规范化建设方案及实施情况	
	突发水污染事件应急预案	
	生态文明村、镇创建方案及实施情况	
	（5）环保执法情况（执法队伍、管理制度、执法情况等或年度总结报告）	
	（6）水污染事故记录及水环境存在问题总结资料	
6	住建"十三五"规划	住建
	供排水规划	
	公共供水管网建设与改造规划	
	节水型单位建设规划	
	城镇污水处理设施和配套管网建设规划	
	城乡生活垃圾处理规划	
	城市黑臭水体整治计划	
	城市排水防涝规划	
	农村环境整治规划	
	农村污水治理规划	
	区域雨水管网规划	
	海绵城市建设规划	
	新农村建设规划	
	行政执法资料（执法队伍、管理制度、执法情况等）	
7	港口规划	交通、海事
	港口岸线利用规划	
	内河航运发展规划	
	港口和码头水污染防治实施方案	
	行政执法资料（执法队伍、管理制度、执法情况等）	
8	（1）规划报告	水利
	防洪规划	
	水利"十三五"规划	
	水环境整治规划	
	水生态修复规划	
	节水型社会建设规划	
	河涌整治规划	
	水功能区限制纳污能力分析和限制排污总量控制规划	

序号	项　　目	备注 (来源)
8	(2) 现状资料	水利
	河道或河涌整治资料，包括 2017—2020 年河道或河涌整治规划的编制情况；河道或河涌总长度和数量、已完成整治的长度和数量；河道或河涌整治的计划投资额和已累计投资额	
	水利志	
	河道地形资料	
	水土流失现状资料	
	农田灌溉资料（灌溉面积、灌溉定额）	
	有关灾害记录的报告	
	年度最严格水资源考核的资料报告、水资源管理资料	
	水资源公报数据资料成果表	
	取水口统计资料（位置、取水河道、取水规模、取水用途、审批机构等）	
	行政执法资料（执法队伍、管理制度、执法情况等）	
	(3) 流域内水系图、水利工程概况图、水文站点分布图等	
9	(1) 规划报告	农业
	农业"十三五"规划	
	畜牧业发展规划	
	农业高效节水灌溉、农业节水示范区建设规划	
	高标准农田建设规划	
	(2) 农业面源污染源资料	
	种植业规模、分布、产业结构及变化情况	
	农药、化肥使用情况及流失率	
	测土配方施肥推广面积，有机肥使用量和农业废弃物资源化利用量	
	畜禽养殖情况，包括畜禽养殖种类、数量、分布、主要污染治理措施等	
	(3) 污染防治方案	
	畜禽养殖业清理整治方案	
	农业面源污染防治方案	
	(4) 行政执法资料（执法队伍、管理制度、执法情况等）	
10	(1) 规划报告	林业
	林业"十三五"规划	
	退耕还林规划	
	林业生态红线划定方案	
	林业建设规划	
	湿地公园建设规划	
	(2) 现状资料	
	林业资源调查资料	

序号	项 目	备注 (来源)
10	湿地资源普查报告	林业
	(3) 行政执法资料（执法队伍、管理制度、执法情况等）	
11	(1) 海洋渔业"十三五"规划	海洋 渔业
	(2) 渔业资源调查报告	
	(3) 渔业资源保护区、渔业种质保护区	
	(4) 行政执法资料（执法队伍、管理制度、执法情况等）	
12	(1) 海事"十三五"规划	海事
	(2) 行政执法资料（执法队伍、管理制度、执法情况等）	
13	2016 年统计年鉴、其他统计资料	统计
14	环卫规划及现有环保设施建设情况	城管
	行政执法资料（执法队伍、管理制度、执法情况等）	

注　资料收集时不局限于表中所列资料。参考《广东省全面推行河长制"一河一策"实施方案》，下同。

附表 2　　　　　　　　　牵头部门主要负责任务内容清单

任务分类	主 要 内 容	责 任 部 门
水资源保护	(1) 水资源"三条红线"控制	水利
	(2) 节约用水	住建、水利、农业
	(3) 水功能区管理	水利、环保
	(4) 水资源管理制度	水利
	(5) 水资源监控能力建设	水利、环保
水安全保障	(1) 防洪控制性工程	水利
	(2) 薄弱环节建设	水利
	(3) 河口整治	水利
	(4) 流域防洪联合调度	水利
	(5) 内涝整治	住建、水利
	(6) 洪水风险图	水利
	(7) 防御超标准洪水预案	水利、气象
水污染防治	(1) 入河排污口整治	环保、水利
	(2) 工矿企业污染防治	环保、经信
	(3) 城镇生活污染防治	住建、环保
	(4) 畜禽养殖污染防治	农业、环保
	(5) 水产养殖污染防治	海洋渔业、环保
	(6) 农业面源污染防治	农业、环保
	(7) 船舶港口污染防治	交通、海事、环保
	(8) 入河排污口监测	环保、水利
	(9) 突发水污染事故应急预案	环保、水利

任务分类	主 要 内 容	责 任 部 门
水环境治理	（1）水环境综合整治	环保、经信、水利、住建
	（2）截污治污	住建、环保
	（3）清淤疏浚	水利、环保
	（4）生态补水	水利、环保
	（5）重污染流域治理	住建、环保、经信、水利
	（6）城市建成区黑臭水体治理	住建、环保、水利
	（7）饮用水源地规范化建设	环保、水利
	（8）农村水环境整治	住建、环保、农业、水利
水生态修复	（1）生态基流保障	水利、环保
	（2）河湖生态特征保护与修复	水利、环保
	（3）重要生物栖息地与水生生物资源保护	林业、海洋渔业
	（4）水土流失治理	水利、环保
	（5）生态保护红线及生态补偿机制	林业、海洋渔业、环保、水利
	（6）重点区域生态保护与修复	林业、海洋渔业、环保、水利

附表 3 　　　　　　　××河现状清单

建议填表部门	工 程 类 型	××县				合计	
		宗数	规模			宗数	规模
水利	蓄水工程（库容，万 m³）						
	引水工程（流量，m³/s）						
	提水工程（流量，m³/s）						
	调水工程（流量，m³/s）						
	堤防工程（长度，km）						
	水闸工程（流量，m³/s）						
	泵站工程（装机，kW）						
	分洪、截洪工程（长度，km）						
	非工程措施						
	……						
环保、住建、水利、城管	城镇生活污水处理厂（处理能力，万 m³/d）						
	截污管网（长度，km）						
	生活垃圾处理设施/(t/d)						
	工业废水治理工程（处理能力，万 m³/d）						
	农村生活污水处理工程（处理能力，万 m³/d）						
	生态补水工程（流量，m³/s）						
	入河排污口（流量，m³/s）						
	黑臭水体（长度，km）						
	非工程措施						
	……						

建议填表部门	工 程 类 型	××县				合计	
		宗数	规模			宗数	规模
林业	重要湿地（面积，km²）						
	生态防护林和水源涵养林（面积，km²）						
	人工湿地（面积，km²）						
	非工程措施						
	……						
农业	畜禽养殖场（数量，头，换算为生猪）						
	水产养殖场（面积，km²）						
	农田耕地（面积，km²）						
	非工程措施						
	……						
渔业	鱼类自然保护区或栖息地（面积，km²）						
	水产种质资源保护区（面积，km²）						
	非工程措施						
	……						
交通	港口（面积，hm²）						
	码头工程（面积，hm²）						
	桥梁工程（长度，km）						
	跨河管线、电缆（长度，km）						
	非工程措施						
	……						
其他部门							

注 其他部门有需要增加的工程项目类型，在表中空白行补充增加即可。

附表 4　　　　　　　××河问题清单

地级市	××市	××市	××市		合计
县名	××县	××县	××县		
水资源					
水安全					
水污染					
水环境					
水生态					
岸线管理					
执法监管					

注 可以根据问题重要程度调整排列顺序。

附表 5　　　　　　　　　　　　　　××河目标清单

序号	指标类别	指标	××年	××年	××年	××年
1	水资源	年用水总量/亿 m³*				
2		重要水功能区水质达标率/%*				
3		取水许可比例/%				
4	水安全	堤防加固达标率*/%				
5		城镇排涝达标率/%				
6		中小河流治理长度*/km				
7		洪涝（干旱）灾害损失率/%				
8		险工险段治理率/%				
9	水污染	城市及县城生活污水处理率*/%				
10		城镇生活垃圾无害化处理率*/%				
11		城镇污水收集率/%				
12		工业废水排放达标率/%				
13		农村生活污水处理率/%				
14		畜禽养殖污水处理率/%				
15	水环境	地级以上及县城集中式饮用水水源水质达标率*/%				
16		地表水水质优良（达到或优于Ⅲ类）比例*/%				
17		地表水丧失使用功能（劣于Ⅴ类）水体断面比例*/%				
18		城市建成区黑臭水体控制比例*/%				
19	水生态	生态流量满足率/%				
20		城市水域面积率*/%				
21		水网湿地保护率（重要湿地保留率）*/%				
22	水域岸线管理	划定河湖管理范围比例/%				
23		划定岸线功能区工作目标/m²				
24		岸线乱占滥用治理目标/m²				
25	执法监管	法规制度建设目标/项				
26		涉河案件结案率/%				
27		人民群众对河道环境满意度				

注　标"*"为必填指标。

附表 6

×× 河措施清单

工程类型	项目名称	所在行政区	所在河流	建设性质	依据	项目主要内容	建设规模	投资/万元	实施年份	责任部门	备注
蓄水工程											
引水工程											
提水工程											
调水工程											
堤防工程											
水闸工程											
泵站工程											
分洪、截洪工程											
灌区绿化配套与节水改造工程											
污水处理厂建设工程											
污水管网建设工程											
工业废水治理工程											
固体废弃物处理处置设施建设工程											
矿山污染防治及生态治理工程											
农村环境连片综合整治工程											
河道综合整治工程（包括沿河截污治污工程、清淤清障工程、生态补水及水系连通工程、河道生态修复与景观绿化工程中的一项或多项）											

工　程　类　型	项目名称	所在行政区	所在河流	建设性质	依据	项目主要内容	建设规模	投资/万元	实施年份	责任部门	备注
饮用水源地保护工程（包括水源保护区清理整顿、规范化建设工程、应急备用水源地建设工程、水源地生态修复工程、水源保护区污染治理和排水改道工程中的一项或多项）											
非工程措施（包括风险控制、监测、监控能力建设、突发污染事故应急处置、入河排污口管理、工厂企业清洁化改造等）											
公共供水管网节水改造工程											
节水型单位建设											
湿地保护与恢复工程											
人工湿地											
生态防护林和水源涵养林建设工程											
畜禽养殖污染防治工程											
水产养殖污染防治工程											
农业面源污染综合防治工程											
农业节水示范工程											
高标准农田建设工程											
鱼类自然保护区或栖息地保护工程											
水产种质资源保护区保护工程											
鱼类增殖放流											
港口、码头污染防治工程											
非工程措施											

参 考 文 献

［1］ Han Z，Liu Y，Zhong M，et al. Influencing factors of domestic waste characteristics in rural areas of developing countries ［J］. Waste Management，2018，72：45-54.

［2］ Li F，Cheng S，Yu H，et al. Waste from livestock and poultry breeding and its potential assessment of biogas energy in rural China ［J］. Journal of Cleaner Production，2016，126（126）：451-460.

［3］ Wu Y，Liu J，Shen R，et al. Mitigation of nonpoint source pollution in rural areas：From control to synergies of multi ecosystem services ［J］. Science of the Total Environment，2017，607-608：1376-1380.

［4］ Zou L，Huang S. Chinese aquaculture in light of green growth ［J］. Aquaculture Reports，2015，2（C）：46-49.

［5］ 薄涛，季民. 内源污染控制技术研究进展 ［J］. 生态环境学报，2017（03）：514-521.

［6］ 上海如何实现污染物排放口的信息化管理 ［EB/OL］. 北极星环保网，［2017-09-05］. http://huanbao. bjx. com. cn/news/20170905/847961. shtml.

［7］ 杜群，杜寅. 水保护法律体系的冲突与协调：以入河排污口监督管理为切入点 ［N］. 武汉大学学报（哲学社会科学版），2016，69（1）：122-128.

［8］ 关于乡镇污水处理厂问题与发展的讨论 ［EB/OL］. 北极星环保网，［2016-11-16］. http://huanbao. bjx. com. cn/tech/20161116/154021. shtml.

［9］ 韩小波，辛小康，朱惇. 入河排污口管理办法实施效果及相关问题探讨 ［J］. 环境科学与技术，2015，38（s2）：428-431.

［10］ 胡路怡. 温哥华岛的多营养层次综合养殖系统 ［J］. 海洋与渔业·水产前沿，2016（9）：1672-4046.

［11］ 黄天寅，刘寒寒，吴玮，等. 城镇化背景下工业园区水污染控制研究 ［J］. 中国给水排水，2013，29（22）：14-17.

［12］ 鞠昌华，张卫东，朱琳，等. 我国农村生活污水治理问题及对策研究 ［J］. 环境保护，2016（6）：49-52

［13］ 李文腾. 农村环境污染控制及对策研究 ［D］. 杭州：浙江大学，2017.

［14］ 李勇，李一平，陈德强. 环境影响评价 ［M］. 南京：河海大学出版社，2012.

［15］ 林莉峰，王丽花. 上海市竹园污泥干化焚烧工程设计及试运行总结 ［J］. 给水排水，2017，43（1）：15-21.

［16］ 刘天雄，何丽波. 农村畜禽养殖污染治理现状及建议 ［J］. 当代畜牧，2015（11）：17-18.

［17］ 刘亦凡，陈涛，李军. 中国城镇污水处理厂提标改造工艺及运行案例 ［J］. 中国给水排水，2016，32（16）：36-41.

［18］ 罗春华. 畜禽养殖污染成因分析及治理对策 ［J］. 农村经济，2006（12）：99-102.

［19］ 雒文生. 水环境保护 ［M］. 北京：中国水利水电出版社，2009.

［20］ 农村生活污水处理技术方案 ［EB/OL］. 国联资源网，［2014-07-15］. http://zixun. ibicn. com/d1123662. html.

［21］ 农村污水处理之路该怎么走 ［EB/OL］. 能源信息网，［2016-12-07］. http://www. cnei. info/9389/13211335. html.

[22] 逄勇，陆桂华. 水环境容量计算理论及应用［M］. 北京：科学出版社，2010.

[23] 任黎华，苏州地区虾蟹池塘多营养层次综合养殖浅析［J］. 科学养鱼，2016，05：30-31.

[24] 邵蕾，王一，何家军. 乡镇污水处理设施建设与运营管理若干问题及对策分析［J］. 环境保护，2017（24）：56-58.

[25] 沈梦姣. 长江经济带产业空间布局优化研究［D］. 南京：东南大学，2017.

[26] 盛瑜，周虹好，史伯春，等. 畜禽养殖污染防治工作存在的问题及对策分析［J］. 中国畜牧杂志，2016，52（6）：68-70.

[27] 唐建国. 工欲解黑臭 必先治管道：《城市黑臭水体整治：排水口、管道及检查井治理技术指南》解读［J］. 给水排水，2016，42（12）：1-3.

[28] 唐黎标. 水产养殖对环境污染的防治措施［J］. 科学种养，2017（4）：37-39.

[29] 陶秀萍. 畜禽养殖废弃物处理和利用技术模式［J］. 中国禽业导刊，2016（2）：36-37.

[30] 王清印. 多营养层次的海水综合养殖［M］. 北京：海洋出版社，2011.

[31] 王秋莉. 算好"三笔账"提升"低小散"［N］. 绍兴日报，2015-12-06（1）.

[32] 王滢芝. 我国水污染事件应急预案的现状及建议［J］. 市场，2010（09）：34-37.

[33] 吴根义，廖新俤，贺德春，等. 我国畜禽养殖污染防治现状及对策［J］. 农业环境科学学报，2014，33（7）：1261-1264.

[34] 许炼烽，邓绍龙，陈继鑫，等. 河流底泥污染及其控制与修复［J］. 生态环境学报，2014，23（10）：1708-1715.

[35] 杨国胜. 水利部印发长江经济带沿江取水口排污口和应急水源布局规划［EB/OL］. 2016. http://www.ywrp.gov.cn/jnyw/4454.html.

[36] 尹洁. 中国水务行业PPP模式研究：以汕头市6座污水处理厂PPP项目为例［D］. 暨南大学，2016.

[37] 余池明. 石门县城乡环卫一体化PPP项目案例（2）［EB/OL］. 环卫科技网，2017. http://www.cn_hw.net/html/PPPzhuanqu/PPPanli/2017/0826/59531_2.html.

[38] 张磊，苗华楠. 宁波市区工业用地存量开发空间整合与管控［J］. 规划师，2017，33（7）：137-141.

[39] 张立秋，我国农村生活污水处理问题解析与案例分享［R］. 2017.

[40] 张齐生. 中国农村生活污水处理［M］. 南京：江苏科学技术出版社，2013.

[41] 张悦，唐建国.《城市黑臭水体整治：排水口、管道及检查井治理技术指南（试行）》释义［M］. 北京：中国建筑工业出版社，2016.

[42] 赵丽娜，姚芝茂，武雪芳，等. 我国工业固体废物的产生特征及控制对策［J］. 环境工程，2013，31（S1）：464-469.

[43] 赵润，渠清博，冯洁，等. 我国畜牧业发展态势与环境污染防治对策［J］. 天津农业科学，2017，23（3）：9-16.

[44] 郑江. 城镇排水系统厂网一体化运营模式的研究与实践［J］. 给水排水，2016，42（10）：47-51.

[45] 郑思宁，刘强，郑逸芳，规模化水产养殖技术效率及其影响因素分析［J］. 农业工程学报，2016，32：229-235.

[46] 南湖区一季度"退散进集"工作开展顺利［EB/OL］. 中国嘉兴，［2017-04-17］. http://www.jiaxing.gov.cn/sjxw/gzdt_5303/qtywxx_5307/201704/t20170417_680705.html.

[47] 【合同节水工程案例】上海嘉定区安亭老街景观河水生态修复项目［EB/OL］. 中国水利科技推广网，［2016-12-23］. http://www.cwsts.com/15141.html.

[48] 钟玲，柳若安，李燚佩，等. 新形势下我国工业园区水污染减排机制的构建研究［J］. 工业水处理，2017，37（4）：1-5.

［49］　周天水，崔荣煜，王东田，等. 市政污泥和工业污泥资源化处置利用技术 ［J］. 环境科学与技术，2016，39（s2）：251－255.

［50］　朱杰，黄涛. 畜禽养殖废水达标处理新工艺 ［M］. 北京：化学工业出版社，2010.

［51］　朱兆良，（英）David Norse，孙波. 中国农业面源污染控制对策 ［M］. 北京：中国环境科学出版社，2006.

［52］　邹伟国. 城市黑臭水体控源截污技术探讨 ［J］. 给水排水，2016，42（6）：56－58.